普通高等教育土建学科专业“十二五”规划教材
全国高职高专教育土建类专业教学指导委员会规划推荐教材

工程招投标与合同管理

夏清东　蒋慧杰　主编

中国建筑工业出版社

图书在版编目（CIP）数据

工程招投标与合同管理/夏清东，蒋慧杰主编．—北京：中国建筑工业出版社，2014.7

普通高等教育土建学科专业“十二五”规划教材．

全国高职高专教育土建类专业教学指导委员会规划推荐教材

ISBN 978-7-112-16934-4

Ⅰ.①工… Ⅱ.①夏… ②蒋… Ⅲ.①建筑工程-招标-高等职业教育-教材②建筑工程-投标-高等职业教育-教材③建筑工程-经济合同-管理-高等职业教育-教材 Ⅳ.①TU723

中国版本图书馆CIP数据核字(2014)第117091号

本书是依据《中华人民共和国建筑法》、《中华人民共和国招标投标法》、《中华人民共和国合同法》、《建设工程施工合同（示范文本）》GF-2013-0201)、《建设工程工程量清单计价规范》GB 50500—2013编写的。

本书采用通过例子解释法律法规条文、通过案例分析串联章节知识点的编辑方式，系统讲解了建设工程主要法律的立法目的和内容、工程招标投标的运作过程、一般合同与施工合同的编制与履行、工程变更与索赔的操作方法，以便于学生的接受和理解，培养学生的实际运用能力。全书共分5章，各章后均附有综合案例分析和练习题，书末附有练习题参考答案，为教师教学、学生自学提供方便。

本书主要作为高职高专院校建筑工程技术、工程造价、建筑经济管理等专业的教材，也可用于建筑类应用型本科院校上述专业的教学，本书还可作为工程规划、咨询、设计、施工、管理等单位的技术与管理人员的参考书。

* * *

责任编辑：张　晶　张　健
责任设计：张　虹
责任校对：张　颖　党　蕾

普通高等教育土建学科专业“十二五”规划教材
全国高职高专教育土建类专业教学指导委员会规划推荐教材

工程招投标与合同管理

夏清东　蒋慧杰　主编

*

中国建筑工业出版社出版、发行（北京西郊百万庄）
各地新华书店、建筑书店经销
北京红光制版公司制版
北京建筑工业印刷厂印刷

*

开本：787×1092毫米　1/16　印张：17　字数：423千字
2014年8月第一版　2014年8月第一次印刷
定价：**33.00**元

ISBN 978-7-112-16934-4
(25725)

序　言

住房和城乡建设部高职高专教育土建类专业教学指导委员会工程管理类专业分委员会（以下简称工程管理类分指委），是受教育部、住房和城乡建设部委托聘任和管理的专家机构。其主要工作职责是在教育部、住房和城乡建设部、全国高职高专教育土建类专业教学指导委员会的领导下，按照培养高端技能型人才的要求，研究和开发高职高专工程管理类专业的人才培养方案，制定工程管理类的工程造价专业、建筑经济管理专业、建筑工程管理专业的教育教学标准，持续开发“工学结合”及理论与实践紧密结合的特色教材。

高职高专工程管理类的工程造价、建筑经济管理、建筑工程管理等专业教材自2001年开发以来，经过“专业评估”、“示范性建设”、“骨干院校建设”等标志性的专业建设历程和普通高等教育“十一五”国家级规划教材、教育部普通高等教育精品教材的建设经历，已经形成了有特色的教材体系。

通过完成住建部课题“工程管理类学生学习效果评价系统”和“工程造价工作内容转换为学习内容研究”任务，为该系列“工学结合”教材的编写提供了方法和理论依据。使工程管理类专业的教材在培养高素质人才的过程中更加具有针对性和实用性。形成了“教材的理论知识新颖、实践训练科学、理论与实践结合完美”的特色。

本轮教材的编写体现了“工程管理类专业教学基本要求”的内容，根据2013年版的《建设工程工程量清单计价规范》内容改写了与清单计价和合同管理等方面的内容。根据“计标［2013］44号”的要求，改写了建筑安装工程费用项目组成的内容。总之，本轮教材的编写，继承了管理类分指委一贯坚持的“给学生最新的理论知识、指导学生按最新的方法完成实践任务”的指导思想，让该系列教材为我国的高职工程管理类专业的人才培养贡献我们的智慧和力量。

住房和城乡建设部高职高专教育土建类专业教学指导委员会
工程管理类专业分委员会
2013年5月

前　　言

工程招标、投标与工程合同管理是建筑工程技术、造价、经济与管理类专业必修的专业基础课，内容选取合适、深浅度把握适宜的教材是取得良好教学效果的关键。本书是针对土建类高职高专院校的教学特点，为工程造价、建筑工程管理、工程监理、建筑工程技术、建筑经济管理、房地产经营与估价等专业的《合同管理》、《建筑工程招投标与合同管理》、《建筑工程合同管理》、《合同管理与索赔》类课程的教学编写的专门教材。教材内容按照我国建设工程主要法律法规和新出台的相关政策组织，具有内容新、针对性和实用性强的特点。本书在内容取舍与组织方式上有以下两点特色：

1. 避免与工程造价、建筑工程管理、工程监理、建筑工程技术、建筑经济管理、房地产经营与估价等专业的其他相关专业课内容重复。即本教材在工程法律法规部分编写时仅对建筑法、合同法、招标投标法进行了提炼，在招投标部分编写时仅对招投标程序、招投标文件编制、开标评标定标方法进行了提炼，在合同管理部分编写时仅对合同内容的订立、合同书的编制、施工合同的履行、工程变更与索赔进行了提炼，使教材内容相对独立且有针对性。

2. 编辑时通过用例子解释法律法规条文的运用、用综合案例串联各章知识点的方式，把重点放在讲清工程法律法规、工程招投标、工程合同管理的应用方面，突出高职院校工程造价、建筑工程管理、工程监理、建筑工程技术、建筑经济管理、房地产经营与估价等专业学生的专业基础技能的培养和实际应用能力的提高，便于教师组织教学和学生自学。

使用本书作为建设工程法律法规、招标与投标、合同管理类课程的教材时，建议总学时为45～60学时，各章控制学时建议：

第1章　建设工程相关法律概述：4～6学时

第2章　建设工程招投标：8～10学时

第3章　合同的订立与履行：14～18学时

第4章　施工合同的订立与履行：12～16学时

第5章　工程变更与索赔：7～10学时

本书第1、2、3章由深圳职业技术学院夏清东编写，第4、5章以及各章后习题和答案由深圳职业技术学院蒋慧杰编写。

全书由夏清东统稿。本书在编写过程中参考了众多教材与著作，在此向其作者表示衷心的感谢。本书难免存在许多不足之处，敬请使用者批评指正。

深圳职业技术学院建筑与环境工程学院

夏清东

2013年12月

目 录

第1章　建设工程相关法律概述

教学目的：使学生对建设工程领域现行的《建筑法》、《招标投标法》、《合同法》三个国家层面的法律有一个概略性认识。

知识点：《建筑法》、《招标投标法》、《合同法》三个国家法律的立法机构、通过时间、实施时间、立法目的和主要内容。

学习提示：通过立法背景分析，理解《建筑法》、《招标投标法》、《合同法》的立法目的，以及在工程建设中的意义和主要法律规定。

1.1　建筑法简介

《中华人民共和国建筑法》（简称《建筑法》）是1997年11月1日由中华人民共和国第八届全国人民代表大会常务委员会第二十八次会议通过并发布，自1998年3月1日起实施。2011年4月22日全国人民代表大会常务委员会第二十次会议对1997年的《建筑法》进行了修订，将原来的第四十八条"建筑施工企业必须为从事危险作业的职工办理意外伤害保险，支付保险费"改为"建筑施工企业应当依法为职工参加工伤保险缴纳工伤保险费。鼓励企业为从事危险作业的职工办理意外伤害保险，支付保险费"，于2011年7月1日起实施。

《建筑法》立法的目的是加强建筑活动的监督管理，维护建筑市场秩序，保证建筑工程的质量和安全，促进建筑业健康发展。《建筑法》共包括八十五项条款，主要从建筑许可、建筑工程发包与承包、建筑工程监理、建筑安全生产管理、建筑工程质量管理等五个方面做出了规定。

1.1.1　建筑许可

《建筑法》对建筑许可分为建筑工程施工许可和从业资格许可两部分，对建筑许可制度做出了八条规定。

1. 建筑工程施工许可

（1）建筑工程开工前，建设单位应当按照国家有关规定向工程所在地县级以上人民政府建设行政主管部门申请领取施工许可证，但国务院建设行政主管部门确定的限额以下的小型工程除外。

小型建筑工程由于投资少、建设规模小、施工相对比较简单，没有必要都向建设行政主管部门申请领取施工许可证，建设行政主管部门实际上也管不过来。因此《建筑法》授权国务院建设行政主管部门根据实际情况确定一个限额，限额以下小型工程的施工不需要申请领取施工许可证。

（2）申请领取施工许可证应具备的条件：已经办理该建筑工程用地批准手续；在城市规划区的建筑工程，已经取得规划许可证；需要拆迁的，其拆迁进度符合施工要求；已经确定建筑施工企业；有满足施工需要的施工图纸及技术资料；有保证工程质量和安全的具体措施；建设资金已经落实；法律、行政法规规定的其他条件。

建设行政主管部门应当自收到申请之日起十五日内，对符合条件的申请颁发施工许可证。

(3) 建设单位应当自领取施工许可证之日起三个月内开工。因故不能按期开工的，应当向发证机关申请延期；延期以两次为限，每次不超过三个月。既不开工又不申请延期或者超过延期时限的，施工许可证自行废止。

(4) 在建的建筑工程因故中止施工的，建设单位应当自中止施工之日起一个月内，向发证机关报告，并按照规定做好建筑工程的维护管理工作。

建筑工程恢复施工时，应当向发证机关报告；中止施工满一年的工程恢复施工前，建设单位应当报发证机关核验施工许可证。

(5) 按照国务院有关规定批准开工报告的建筑工程，因故不能按期开工或者中止施工的，应当及时向批准机关报告情况。因故不能按期开工超过六个月的，应当重新办理开工报告的批准手续。

2. 从业资格许可

(1) 从事建筑活动的建筑施工企业、勘察单位、设计单位和监理单位应具备的条件：有符合国家规定的注册资本；有与其从事的建筑活动相适应的具有法定执业资格的专业技术人员；有从事相关建筑活动所应有的技术装备；法律、行政法规规定的其他条件。

(2) 从事建筑活动的建筑施工企业、勘察单位、设计单位和工程监理单位，按照其拥有的注册资本、专业技术人员、技术装备和已完成的建筑工程业绩等资质条件，划分为不同的资质等级，经资质审查合格，取得相应等级的资质证书后，方可在其资质等级许可的范围内从事建筑活动。

(3) 从事建筑活动的专业技术人员，应当依法取得相应的执业资格证书，并在执业资格证书许可的范围内从事建筑活动。

1.1.2 建筑工程发包与承包

关于建筑工程的发包与承包，《建筑法》共有十五项条款。其中一般性规定四项，工程发包规定七项，工程承包规定四项。

1. 工程发包

(1) 建筑工程依法实行招标发包，对不适于招标发包的可以直接发包。

(2) 建筑工程实行公开招标的，发包单位应当依照法定程序和方式，发布招标公告，提供载有招标工程的主要技术要求、主要的合同条款、评标的标准和方法以及开标、评标、定标的程序等内容的招标文件。

开标应当在招标文件规定的时间、地点公开进行。开标后应当按照招标文件规定的评标标准和程序对标书进行评价、比较，在具备相应资质条件的投标者中，择优选定中标者。

(3) 建筑工程招标的开标、评标、定标由建设单位依法组织实施，并接受有关行政主管部门的监督。

(4) 建筑工程实行招标发包的，发包单位应当将建筑工程发包给依法中标的承包单位。建筑工程实行直接发包的，发包单位应当将建筑工程发包给具有相应资质条件的承包单位。

（5）政府及其所属部门不得滥用行政权力，限定发包单位将招标发包的建筑工程发包给指定的承包单位。

（6）提倡对建筑工程实行总承包，禁止将建筑工程肢解发包。

建筑工程的发包单位可以将建筑工程的勘察、设计、施工、设备采购一并发包给一个工程总承包单位，也可以将建筑工程勘察、设计、施工、设备采购的一项或者多项发包给一个工程总承包单位，但不得将应当由一个承包单位完成的建筑工程肢解成若干部分发包给几个承包单位。

（7）按照合同约定，建筑材料、建筑构配件和设备由工程承包单位采购的，发包单位不得指定承包单位购入用于工程的建筑材料、建筑构配件和设备或者指定生产厂、供应商。

2. 工程承包

（1）承包建筑工程的单位应当持有依法取得的资质证书，并在其资质等级许可的业务范围内承揽工程。

禁止建筑施工企业超越本企业资质等级许可的业务范围或者以任何形式用其他建筑施工企业的名义承揽工程，禁止建筑施工企业以任何形式允许其他单位或者个人使用本企业的资质证书、营业执照，以本企业的名义承揽工程。

（2）大型建筑工程或者结构复杂的建筑工程，可以由两个以上的承包单位联合共同承包。共同承包的各方对承包合同的履行承担连带责任。

两个以上不同资质等级的单位实行联合共同承包的，应当按照资质等级低的单位的业务许可范围承揽工程。

（3）禁止承包单位将其承包的全部建筑工程转包给他人，禁止承包单位将其承包的全部建筑工程肢解以后以分包的名义分别转包给他人。

（4）建筑工程总承包单位可以将承包工程中的部分工程发包给具有相应资质条件的分包单位，但除总承包合同中约定的分包外，必须经建设单位认可。施工总承包的，建筑工程主体结构的施工必须由总承包单位自行完成。

建筑工程总承包单位按照总承包合同的约定对建设单位负责，分包单位按照分包合同的约定对总承包单位负责。总承包单位和分包单位就分包工程对建设单位承担连带责任。

禁止总承包单位将工程分包给不具备相应资质条件的单位，禁止分包单位将其承包的工程再分包。

1.1.3　建筑工程监理

在建筑工程监理方面，《建筑法》有六条规定。

1. 国家推行建筑工程监理制度。国务院可以规定实行强制监理的建筑工程的范围。

2. 实行监理的建筑工程，由建设单位委托具有相应资质条件的工程监理单位监理。建设单位与其委托的工程监理单位应当订立书面委托监理合同。

3. 建筑工程监理应当依照法律、行政法规及有关的技术标准、设计文件和建筑工程承包合同，对承包单位在施工质量、建设工期和建设资金使用等方面，代表建设单位实施监督。

工程监理人员认为工程施工不符合工程设计要求、施工技术标准和合同约定的，有权要求建筑施工企业改正。

工程监理人员发现工程设计不符合建筑工程质量标准或者合同约定的质量要求的，应当报告建设单位要求设计单位改正。

4. 实施建筑工程监理前，建设单位应当将委托的工程监理单位、监理的内容及监理权限，书面通知被监理的建筑施工企业。

5. 工程监理单位应当在其资质等级许可的监理范围内，承担监理业务。工程监理单位应当根据建设单位的委托，客观、公正地执行监理任务。

工程监理单位与被监理工程的承包单位以及建筑材料、建筑构配件和设备供应单位不得有隶属关系或者其他利害关系。

工程监理单位不得转让工程监理业务。

6. 工程监理单位不按照委托监理合同的约定履行监理义务，对应当监督检查的项目不检查或者不按照规定检查，给建设单位造成损失的，应当承担相应的赔偿责任。

工程监理单位与承包单位串通，为承包单位谋取非法利益，给建设单位造成损失的，应当与承包单位承担连带赔偿责任。

1.1.4 建筑安全生产管理

在建筑安全生产方面，《建筑法》对工程设计、施工企业、建设单位做出了十六项规定，主要内容可概括为三个方面。

1. 建筑工程设计应当符合按照国家规定制定的建筑安全规程和技术规范，保证工程的安全性能。

2. 施工企业编制施工组织设计时，应根据建筑工程的特点制定相应的安全技术措施；对专业性较强的工程项目，应编制专项安全施工组织设计，并采取安全技术措施。

施工企业应在施工现场采取维护安全、防范危险、预防火灾等措施；有条件的应对施工现场实行封闭管理。

施工现场对毗邻的建筑物、构筑物和特殊作业环境可能造成损害的，施工企业应当采取安全防护措施。

施工企业应当遵守有关环境保护和安全生产的法律、法规的规定，采取控制和处理施工现场的各种粉尘、废气、废水、固体废物以及噪声、振动对环境的污染和危害的措施。

施工企业的法定代表人对本企业的安全生产负责。

施工现场安全由施工企业负责。实行施工总承包的，由总承包单位负责。分包单位向总承包单位负责，服从总承包单位对施工现场的安全生产管理。未经安全生产教育培训的人员，不得上岗作业。

施工企业和作业人员在施工过程中，不得违章指挥或者违章作业。作业人员有权对影响人身健康的作业程序和作业条件提出改进意见，有权获得安全生产所需的防护用品。作业人员对危及生命安全和人身健康的行为有权提出批评、检举和控告。

房屋拆除应当由具备保证安全条件的建筑施工单位承担，由建筑施工单位负责人对安全负责。

施工中发生事故时，施工企业应当采取紧急措施减少人员伤亡和事故损失，并按照国家有关规定及时向有关部门报告。

3. 建设单位应当向施工企业提供与施工现场相关的地下管线资料，施工企业应当采取措施加以保护。

有下列情形之一的，建设单位应当按照国家有关规定办理申请批准手续：需要临时占用规划批准范围以外场地的；可能损坏道路、管线、电力、邮电通讯等公共设施的；需要临时停水、停电、中断道路交通的；需要进行爆破作业的；法律、法规规定需要办理报批手续的其他情形。

涉及建筑主体和承重结构变动的装修工程，设计单位应当在施工前委托原设计单位或者具有相应资质条件的设计单位提出设计方案。没有设计方案的，不得施工。

1.1.5　建筑工程质量管理

在建筑工程质量方面，《建筑法》对质量认证体系、建筑从业各方、工程质量检验、工程保修等做出了十二项规定。

1. 国家对从事建筑活动的单位推行质量体系认证制度。从事建筑活动的单位根据自愿原则可以向国务院产品质量监督管理部门或者国务院产品质量监督管理部门授权的部门认可的认证机构申请质量体系认证。经认证合格的，由认证机构颁发质量体系认证证书。

2. 建设单位不得以任何理由要求设计单位或施工企业，在工程设计或施工作业中，违反法律、行政法规和建筑工程质量、安全标准，降低工程质量。设计单位和施工企业对建设单位违反规定提出的降低工程质量的要求，应予以拒绝。

3. 建筑工程的勘察、设计单位对其勘察、设计的质量负责。勘察、设计文件应符合有关法律、行政法规的规定和建筑工程质量、安全标准、建筑工程勘察、设计技术规范以及合同的约定。设计文件选用的建筑材料、建筑构配件和设备，应注明其规格、型号、性能等技术指标，其质量要求须符合国家规定的标准。

设计单位对设计文件选用的建筑材料、构配件和设备，不得指定生产厂、供应商。

4. 施工企业对工程施工质量负责。工程实行总承包的，工程质量由总承包单位负责，总承包单位将工程分包给其他单位的，应对分包工程的质量与分包单位承担连带责任。分包单位应接受总承包单位的质量管理。

施工企业必须按设计图纸和施工技术标准施工，不得偷工减料。工程设计的修改由原设计单位负责，施工企业不得擅自修改工程设计。

施工企业必须按照工程设计要求、施工技术标准和合同的约定，对建筑材料、建筑构配件和设备进行检验，不合格的不得使用。

建筑工程竣工时，屋顶、墙面不得留有渗漏、开裂等质量缺陷；对已发现的质量缺陷，施工企业应当修复。

5. 交付竣工验收的建筑工程，必须符合规定的建筑工程质量标准，有完整的工程技术经济资料和经签署的工程保修书，并具备国家规定的其他竣工条件。

建筑工程竣工经验收合格后，方可交付使用；未经验收或者验收不合格的，不得交付使用。

6. 建筑工程实行质量保修制度。

建筑工程的保修范围应当包括地基基础工程、主体结构工程、屋面防水工程和其他土建工程，以及电气管线、上下水管线的安装工程，供热、供冷系统工程等项目；保修的期限应当按照保证建筑物合理寿命年限内正常使用，维护使用者合法权益的原则确定。具体的保修范围和最低保修期限由国务院规定。

1.2 招标投标法简介

《中华人民共和国招标投标法》（简称《招标投标法》）是1999年8月30日由中华人民共和国第九届全国人民代表大会常务委员会第十一次会议通过并发布，自2000年1月1日起实施。

《招标投标法》立法的目的在于规范招投标活动，保护国家利益、社会公共利益和招投标活动当事人的合法权益，提高经济效益，保证项目质量。《招标投标法》共包括六十八项条款，主要从招标、投标、开标、评标和中标等各主要阶段对招投标活动做出了规定。依据《招标投标法》，我国陆续发布了一系列规范招标投标活动的行政法规和部门规章。

1.2.1 一般规定

1. 在中华人民共和国境内进行的工程建设项目包括项目的勘察、设计、施工、监理以及与工程建设有关的重要设备、材料等的采购，必须进行招标：大型基础设施、公用事业等关系社会公共利益、公众安全的项目；全部或者部分使用国有资金投资或者国家融资的项目；使用国际组织或者外国政府贷款、援助资金的项目。

2. 任何单位和个人不得将依法必须进行招标的项目化整为零或者以其他任何方式规避招标。

3. 依法必须进行招标的项目，其招标投标活动不受地区或者部门的限制。任何单位和个人不得违法限制或者排斥本地区、本系统以外的法人或者其他组织参加投标，不得以任何方式非法干涉招标投标活动。

4. 招标投标活动应当遵循公开、公平、公正和诚实信用的原则。

1.2.2 招标

1. 招标分为公开招标和邀请招标。公开招标是指招标人以招标公告的方式邀请不特定的法人或者其他组织投标。邀请招标是指招标人以投标邀请书的方式邀请特定的法人或者其他组织投标。

2. 国务院发展计划部门确定的国家重点项目和省、自治区、直辖市人民政府确定的地方重点项目不适宜公开招标的，经国务院发展计划部门或者省、自治区、直辖市人民政府批准，可以进行邀请招标。

3. 招标人有权自行选择招标代理机构，委托其办理招标事宜。任何单位和个人不得以任何方式为招标人指定招标代理机构。招标人具有编制招标文件和组织评标能力的，可以自行办理招标事宜。任何单位和个人不得强制其委托招标代理机构办理招标事宜。依法必须进行招标的项目，招标人自行办理招标事宜的，应当向有关行政监督部门备案。

4. 招标代理机构是依法设立、从事招标代理业务并提供相关服务的社会中介组织。招标代理机构应当具备下列条件：有从事招标代理业务的营业场所和相应资金；有能够编制招标文件和组织评标的相应专业力量；有可以作为评标委员会成员人选的技术、经济等方面的专家库。

5. 招标人采用公开招标方式的，应当发布招标公告。依法必须进行招标项目的招标公告，应通过国家指定的报刊、信息网络或者其他媒介发布。招标公告应载明招标人的名称和地址，招标项目的性质、数量、实施地点和时间以及获取招标文件的办法等事项。

招标人采用邀请招标方式的，应当向三个以上具备承担招标项目的能力、资信良好的特定的法人或者其他组织发出投标邀请书。

招标人可以根据招标项目本身的要求，在招标公告或者投标邀请书中，要求潜在投标人提供有关资质证明文件和业绩情况，并对潜在投标人进行资格审查；国家对投标人的资格条件有规定的，依照其规定。招标人不得以不合理的条件限制或者排斥潜在投标人，不得对潜在投标人实行歧视待遇。

招标人应根据招标项目的特点和需要编制招标文件。招标文件应包括招标项目的技术要求、对投标人资格审查的标准、投标报价要求和评标标准等所有实质性要求和条件以及拟签订合同的主要条款。国家对招标项目的技术、标准有规定的，招标人应当按照其规定在招标文件中提出相应要求。招标项目需要划分标段、确定工期的，招标人应当合理划分标段、确定工期，并在招标文件中载明。

招标文件不得要求或者标明特定的生产供应者以及含有倾向或者排斥潜在投标人的其他内容。

招标人根据招标项目的具体情况，可以组织潜在投标人踏勘项目现场。

招标人不得向他人透露已获取招标文件的潜在投标人的名称、数量以及可能影响公平竞争的有关招标投标的其他情况。招标人设有标底的，标底必须保密。

招标人对已发出的招标文件进行必要的澄清或者修改的，应当在招标文件要求提交投标文件截止时间至少十五日前，以书面形式通知所有招标文件收受人。该澄清或者修改的内容为招标文件的组成部分。

1.2.3　投标

1. 投标人是响应招标、参加投标竞争的法人或者其他组织。依法招标的科研项目允许个人参加投标的，投标的个人适用本法有关投标人的规定。

投标人应当具备承担招标项目的能力；国家有关规定对投标人资格条件或者招标文件对投标人资格条件有规定的，投标人应当具备规定的资格条件。

投标人应当按照招标文件的要求编制投标文件。投标文件应当对招标文件提出的实质性要求和条件作出响应。招标项目属于建设施工的，投标文件的内容应当包括拟派出的项目负责人与主要技术人员的简历、业绩和拟用于完成招标项目的机械设备等。

投标人应在招标文件要求提交投标文件的截止时间前，将投标文件送达投标地点。招标人收到投标文件后，应签收保存，不得开启。投标人少于三个的，招标人应依照本法重新招标。在招标文件要求提交投标文件的截止时间后送达的投标文件，招标人应当拒收。

投标人在招标文件要求提交投标文件的截止时间前，可以补充、修改或者撤回已提交的投标文件，并书面通知招标人。补充、修改的内容为投标文件的组成部分。

投标人根据招标文件载明的项目实际情况，拟在中标后将中标项目的部分非主体、非关键性工作进行分包的，应当在投标文件中载明。

2. 两个以上法人或者其他组织可以组成一个联合体以一个投标人的身份共同投标。联合体各方均应当具备承担招标项目的相应能力；国家有关规定或者招标文件对投标人资格条件有规定的，联合体各方均应具备规定的相应资格条件。由同一专业的单位组成的联合体，按照资质等级较低的单位确定资质等级。联合体各方应当签订共同投标协议，明确约定各方拟承担的工作和责任，并将共同投标协议连同投标文件一并提交招标人。联合体中标的，联合体各方应当共同与招标人签订合同，就中标项目向招标人承担连带责任。招标人不得强制投标人组成联合体共同投标，不得限制投标人之间的竞争。

3. 投标人不得相互串通投标报价，不得排挤其他投标人的公平竞争，损害招标人或者其他投标人的合法权益。投标人不得与招标人串通投标，损害国家利益、社会公共利益或者他人的合法权益。禁止投标人以向招标人或者评标委员会成员行贿为手段谋取中标。

4. 投标人不得以低于成本的报价竞标，也不得以他人名义投标或者以其他方式弄虚作假，骗取中标。

1.2.4 开标、评标和中标

1. 开标时，由投标人或者其推选的代表检查投标文件的密封情况，也可以由招标人委托的公证机构检查并公证；经确认无误后，由工作人员当众拆封，宣读投标人名称、投标价格和投标文件的其他主要内容。招标人在招标文件要求提交投标文件的截止时间前收到的所有投标文件，开标时都应当当众予以拆封、宣读。开标过程应当记录，并存档备查。

2. 评标由招标人依法组建的评标委员会负责。依法必须进行招标的项目，其评标委员会由招标人的代表和有关技术、经济等方面的专家组成，成员人数为五人以上单数，其中技术、经济等方面的专家不得少于成员总数的三分之二。技术、经济等方面的专家应当从事相关领域工作满八年并具有高级职称或具有同等专业水平，由招标人从国务院有关部门或者省、自治区、直辖市人民政府有关部门提供的专家名册或者招标代理机构的专家库内的相关专业的专家名单中确定。一般招标项目可以采取随机抽取方式，特殊招标项目可以由招标人直接确定。与投标人有利害关系的人不得进入相关项目的评标委员会；已经进入的应更换。评标委员会成员的名单在中标结果确定前应保密。

评标委员会可以要求投标人对投标文件中含义不明确的内容作必要的澄清或者说明，但澄清或说明不得超出投标文件的范围或者改变投标文件的实质性内容。

评标委员会应当按照招标文件确定的评标标准和方法，对投标文件进行评审和比较；设有标底的，应当参考标底。评标委员会完成评标后，应当向招标人提出书面评标报告，并推荐合格的中标候选人。招标人根据评标委员会提出的书面评标报告和推荐的中标候选人确定中标人。招标人也可以授权评标委员会直接确定中标人。

任何单位和个人不得非法干预、影响评标的过程和结果。

评标委员会经评审，认为所有投标都不符合招标文件要求的，可以否决所有投标。依法必须进行招标的项目的所有投标被否决的，招标人应重新招标。

评标委员会成员应客观、公正地履行职务，遵守职业道德，对所提出的评审意见承担个人责任。评标委员会成员不得私下接触投标人，不得收受投标人的财物或者其他好处。评标委员会成员和参与评标的有关工作人员不得透露对投标文件的评审和比较、中标候选人的推荐情况以及与评标有关的其他情况。

3. 中标人的投标应当符合下列条件之一：能够最大限度地满足招标文件中规定的各项综合评价标准；能够满足招标文件的实质性要求，并且经评审的投标价格最低，但投标价格低于成本的除外。

中标人确定后，招标人应向中标人发出中标通知书，并同时将中标结果通知所有未中标的投标人。中标通知书对招标人和中标人具有法律效力。中标通知书发出后，招标人改变中标结果的，或者中标人放弃中标项目的，应当依法承担法律责任。

中标人不得向他人转让中标项目，也不得将中标项目肢解后分别向他人转让。中标人按照合同约定或者经招标人同意，可以将中标项目的部分非主体、非关键性工作分包给他人完成。接受分包的人应具备相应的资格条件，并不得再次分包。中标人应当就分包项目向招标人负责，接受分包的人就分包项目承担连带责任。

4. 招标人和中标人应当自中标通知书发出之日起三十日内，按照招标文件和中标人的投标文件订立书面合同。招标人和中标人不得再行订立背离合同实质性内容的其他协议。招标文件要求中标人提交履约保证金的，中标人应当提交。

招标人应当自确定中标人之日起十五日内，向有关行政监督部门提交招标投标情况的书面报告。

1.3　合同法简介

《中华人民共和国合同法》(简称《合同法》) 是1999年3月15日由中华人民共和国第九届全国人民代表大会常务委员会第二次会议通过并发布，自1999年10月1日起实施。

《合同法》立法的目的是为了保护合同当事人的合法权益，维护社会经济秩序，促进社会主义现代化建设。《合同法》分为总则、分则和附则三部分。总则包括八章内容，主要是对合同的订立、效力、履行、变更和转让、权利义务的终止、违约责任等做出的规定。分则包括十五章内容，主要是对买卖、借款、建设工程等十五种具体的合同形式做出的规定。附则是对《合同法》的实施时间做出的规定。

合同订立与履行应遵循的基本原则是：平等原则、合同自由原则、公平原则、诚实信用原则、遵纪守法原则、依合同履行义务原则。依法成立的合同，受法律保护。

本节将对《合同法》总则中的合同订立、合同效力、合同履行、合同变更和转让、合同权利义务终止、违约责任等做以简介。

1.3.1　合同的订立

1. 当事人订立合同，应当具有相应的民事权利能力和民事行为能力。当事人依法可以委托代理人订立合同。

2. 当事人订立合同，有书面形式、口头形式和其他形式。书面形式是指合同书、信件和数据电文（包括电报、电传、传真、电子数据交换和电子邮件）等可以有形地表现所载内容的形式。

3. 合同的内容由当事人约定，一般包括以下条款：当事人的名称或者姓名和住所；标的；数量；质量；价款或者报酬；履行期限、地点和方式；违约责任；解决争议的方法。

4. 当事人订立合同，采取要约、承诺方式。

要约是希望和他人订立合同的意思表示，该意思表示应当符合：内容具体确定；经受要约人承诺，要约人即受该意思表示约束。

承诺是受要约人同意要约的意思表示，承诺生效时合同成立。

5. 当事人采用合同书形式订立合同的，自双方当事人签字或者盖章时合同成立。当事人采用信件、数据电文等形式订立合同的，可以在合同成立之前要求签订确认书，签订确认书时合同成立。

6. 当事人在订立合同过程中有下列情形之一，给对方造成损失的，应当承担损害赔偿责任：假借订立合同，恶意进行磋商；故意隐瞒与订立合同有关的重要事实或者提供虚假情况；有其他违背诚实信用原则的行为。

1.3.2 合同的效力

1. 依法成立的合同，自成立时生效。

当事人对合同的效力可以约定附条件。附生效条件的合同，自条件成就时生效；附解除条件的合同，自条件成就时失效。

当事人对合同的效力可以约定附期限。附生效期限的合同，自期限届至时生效；附终止期限的合同，自期限届满时失效。

2. 有下列情形之一的合同无效：一方以欺诈、胁迫的手段订立合同，损害国家利益；恶意串通，损害国家、集体或者第三人利益；以合法形式掩盖非法目的；损害社会公共利益；违反法律、行政法规的强制性规定。

3. 当事人一方有权请求法院或者仲裁机构变更或撤销的合同：因重大误解订立的；在订立合同时显失公平的。

一方以欺诈、胁迫的手段或者乘人之危，使对方在违背真实意思的情况下订立的合同，受损害方有权请求法院或者仲裁机构变更或撤销。

4. 无效的合同或被撤销的合同没有法律约束力。合同部分无效，不影响其他部分的法律效力的，其他部分仍然有效。

5. 合同无效或被撤销后，因该合同取得的财产，应当予以返还；不能返还或者没有必要返还的，应当折价补偿。有过错的一方应当赔偿对方因此所受到的损失，双方都有过错的，应当各自承担相应的责任。

1.3.3 合同的履行

1. 合同生效后，当事人就质量、价款或者报酬、履行地点等内容没有约定或者约定不明确的，可以协议补充。

2. 当事人有关合同内容约定不明确的可按下列规定执行：

质量要求不明确的，按照国家标准、行业标准履行；没有国家标准、行业标准的，按照通常标准或者符合合同目的的特定标准履行。

价款或者报酬不明确的，按照订立合同时履行地的市场价格履行；依法应当执行政府定价或者政府指导价的，按照规定履行。

履行地点不明确，给付货币的，在接受货币一方所在地履行；交付不动产的，在不动产所在地履行；其他标的，在履行义务一方所在地履行。

履行期限不明确的，债务人可以随时履行，债权人也可以随时要求履行，但应当给对方必要的准备时间。

履行方式不明确的，按照有利于实现合同目的的方式履行。

履行费用的负担不明确的，由履行义务一方负担。

3. 执行政府定价或者政府指导价的，在合同约定的交付期限内政府价格调整时，按照交付时的价格计价。逾期交付标的物的，遇价格上涨时，按照原价格执行；价格下降时，按照新价格执行。逾期提取标的物或者逾期付款的，遇价格上涨时，按照新价格执行；价格下降时，按照原价格执行。

1.3.4　合同的变更和转让

1. 当事人协商一致，可以变更合同。当事人对合同变更的内容约定不明确的，推定为未变更。

2. 债权人可以将合同的权利全部或者部分转让给第三人。债权人转让权利的，应当通知债务人。未经通知，该转让对债务人不发生效力。

3. 债务人将合同的义务全部或者部分转移给第三人的，应当经债权人同意。

4. 当事人订立合同后合并的，由合并后的法人或者其他组织行使合同权利，履行合同义务。当事人订立合同后分立的，除债权人和债务人另有约定的以外，由分立的法人或者其他组织对合同的权利和义务享有连带债权，承担连带债务。

1.3.5　合同的权利义务终止

1. 有下列情形之一的，合同的权利义务终止：债务已经按照约定履行；合同解除；债务相互抵销；债务人依法将标的物提存；债权人免除债务；债权债务同归于一人；法律规定或者当事人约定终止的其他情形。

2. 当事人协商一致，可以解除合同。

有下列情形之一的，当事人可以解除合同：因不可抗力致使不能实现合同目的；在履行期限届满之前，当事人一方明确表示或者以自己的行为表明不履行主要债务；当事人一方迟延履行主要债务，经催告后在合理期限内仍未履行；当事人一方迟延履行债务或者有其他违约行为致使不能实现合同目的；法律规定的其他情形。

3. 合同解除后，尚未履行的，终止履行；已经履行的，根据履行情况和合同性质，当事人可以要求恢复原状、采取其他补救措施，并有权要求赔偿损失。

4. 债权人免除债务人部分或者全部债务的，合同的权利义务部分或者全部终止。

1.3.6　违约责任

1. 当事人一方不履行合同义务或者履行合同义务不符合约定的，应当承担继续履行、采取补救措施或者赔偿损失等违约责任。

2. 当事人一方明确表示或者以自己的行为表明不履行合同义务的，对方可以在履行期限届满之前要求其承担违约责任。

3. 质量不符合约定的，应按照当事人的约定承担违约责任。对违约责任没有约定或者约定不明确，受损害方根据标的的性质以及损失的大小，可以合理选择要求对方承担修理、更换、重做、退货、减少价款或者报酬等违约责任。

4. 当事人可以约定一方违约时应当根据违约情况向对方支付一定数额的违约金，也可以约定因违约产生的损失赔偿额的计算方法。

5. 当事人可以约定一方向对方给付定金作为债权的担保。债务人履行债务后，定金应当抵作价款或者收回。给付定金的一方不履行约定的债务的，无权要求返还定金；收受定金的一方不履行约定的债务的，双倍返还定金。

6. 因不可抗力不能履行合同的，根据不可抗力的影响，部分或者全部免除责任。当事人迟延履行后发生不可抗力的，不能免除责任。

7. 当事人一方违约后，对方应当采取适当措施防止损失的扩大，没有采取适当措施致使损失扩大的，不得就扩大的损失要求赔偿。

当事人因防止损失扩大而支出的合理费用，由违约方承担。

8. 当事人双方都违反合同的，应当各自承担相应的责任。

练 习 题

单项选择题

1. 建设单位在领取施工许可证后因故不能按期开工的，应当向发证机关申请延期，且延期以(　)为限，每次不超过3个月。

A. 1次　　B. 2次　　C. 3次　　D. 4次

2. 根据《建筑法》的规定，申请领取施工许可证不必具备的条件是下列的(　)。

A. 在城市规划区的建筑工程，已经取得规划许可证

B. 已经确定建筑施工企业

C. 建设资金已经落实

D. 拆迁工作已经全部完成

3. 建设单位应当自领取施工许可证之后(　)个月内开工。

A. 1　　B. 2　　C. 3　　D. 6

4. 在建的建筑工程因故中止施工的，建设单位应当自中止施工之日起(　)个月内，向发证机关报告，并按照规定做好建筑工程的维护管理工作。

A. 1　　B. 2　　C. 3　　D. 6

5. 在建的建筑工程因故中止施工满(　)的，在工程恢复施工前，建设单位应当报发证机关核验施工许可证。

A. 三个月　　B. 六个月　　C. 一年　　D. 二年

6. 按照国务院有关规定批准开工报告的建筑工程，因故不能按期开工或者中止施工的，应当及时向批准机关报告情况，因故不能按期开工超过(　)的，应当重新办理开工报告的批准手续。

A. 三个月　　B. 六个月　　C. 一年　　D. 两年

7. 承包建筑工程的单位在承揽工程时应遵守(　)的规定。

A. 承包建筑工程的单位应当持有依法取得的资质证书，并在其资质等级许可的业务范围内承揽工程

B. 建筑施工企业可以超越本企业资质等级许可的业务范围或者以任何形式用其他建筑施工企业的名义承揽工程

C. 建筑施工企业可允许其他单位或者个人使用本企业的资质证书、营业执照，以本企业的名义承揽工程

D. 建筑企业可以借用其他建筑施工企业的名义承揽工程

8. 从事建筑活动的经济组织应当具备的条件是符合国家规定的(　)。

A. 注册资本、专业技术人员和技术装备

B. 流动资金、专业技术人员和突出业绩

C. 注册资本、专业管理人员并依法设立

D. 流动资金、专业管理人员和资格证书

9. 施工总承包单位与分包单位依法签订了“幕墙工程分包协议”，在建设单位组织竣工验收时发现幕墙工程质量不合格。下列表述正确的是(　　)。

A. 分包单位就全部工程对建设单位承担法律责任

B. 分包单位可以不承担法律责任

C. 总包单位应就分包工程对建设单位承担全部法律责任

D. 总包单位和分包单位就分包工程对建设单位承担连带责任

10. 某建设单位2013年2月1日领取了施工许可证。由于某种原因，工程不能按期开工，故向发证机关申请延期。根据《建筑法》的规定，申请延期应在(　　)前进行。

A. 2013年3月1日　　B. 2013年4月1日

C. 2013年5月1日　　D. 2013年6月1日

11. 根据施工许可制度的要求，建设项目因故停工，(　　)应当自中止之日起1个月内向发证机关报告。

A. 项目部　　B. 施工企业　　C. 监理单位　　D. 建设单位

12. 甲房地产开发公司将一住宅小区工程以施工总承包方式发包给乙建筑公司，建筑公司又将其中场地平整及土方工程分包给丙土方公司。在工程开工前，应当由（　　）按照有关规定申请领取施工许可证。

A. 乙建筑公司

B. 丙土方公司

C. 甲房地产开发公司和乙建筑公司共同

D. 甲房地产开发公司

13. 施工企业的(　　)对本企业的安全生产负责。

A. 项目经理　　B. 法定代表人　　C. 技术负责人　　D. 安全员

14. 根据《招标投标法》规定，招标人采用邀请招标方式招标，应向至少(　　)个具备承担招标项目资格的承包商发出招标邀请书。

A. 1　　B. 2　　C. 3　　D. 5

15. 招标人对已发出的招标文件进行必要的澄清或者修改的，应当在招标文件要求提交投标文件截止时间至少(　　)日前，以书面形式通知所有招标文件收受人。

A. 5　　B. 7　　C. 10　　D. 15

16. 同一专业的单位组成联合体投标，按照(　　)单位确定资质等级。

A. 资质等级较高的　　B. 资质等级较低的

C. 联合体主办者的　　D. 承担主要任务的

17. 投标人不得以低于成本的报价竞标，此处成本是指(　　)。

A. 社会平均成本　　B. 所有投标人的平均成本

C. 招标控制价中的价格　　D. 该投标人自身企业成本

18. 招标人和中标人应当自中标通知书发出之日起(　　)日内，按照招标文件和中标人的投标文件订立书面施工合同。

A. 15　　B. 20　　C. 30　　D. 60

19. 在缔约过程中，受要约人做出承诺后，要约和承诺的内容产生法律约束力的对象是（　　）。

A. 要约人　　B. 受要约人　　C. 双方　　D. 双方都不

20. 依据《合同法》，债权人决定将合同中的权利转让给第三人时，转让行为（　　）。

A. 必须征得对方同意

B. 无须征得对方同意，但应提供担保

C. 无须征得对方同意，但要通知对方

D. 无须征得对方同意，也无须通知对方

21. 根据《合同法》规定，下列合同中，属于无效合同的是（　　）。

A. 一方因重大误解而订立的合同

B. 双方协商一致订立的显失公平的合同

C. 双方协商一致订立的掩盖非法目的的合同

D. 一方以欺诈手段，使对方在违背真实意思的情况下订立的合同

22. 甲乙两公司为减少应纳税款，以低于实际成交的价格签订合同。根据《合同法》，该合同为（　　）合同。

A. 有效　　B. 无效　　C. 效力待定　　D. 可变更、可撤销

多项选择题

1. 实施建筑工程监理前，建设单位应当将委托的（　　），书面通知被监理的建筑施工企业。

A. 工程监理单位　　B. 监理的内容

C. 监理权限　　D. 总监理工程师

E. 监理组织结构

2. 有下列情形（　　）之一的，建设单位应当按照国家有关规定办理申请批准手续。

A. 需要临时占用规划场地

B. 可能损坏道路、管线、电力、邮电通讯等公共设施

C. 需要临时停水、停电

D. 需要进行爆破作业

E. 需要中断道路交通

3. 下列有关建筑工程质量管理，说法正确的是（　　）。

A. 建设单位不得以任何理由，要求建筑设计单位在工程设计中，降低工程质量

B. 设计单位对设计文件选用的建筑材料、构配件和设备，不得指定生产厂、供应商

C. 建筑工程实行总承包的，工程质量由工程总承包单位负责

D. 工程设计的修改由原设计单位负责，建筑施工企业不得擅自修改工程设计

E. 建筑工程竣工经验收合格后，方可交付使用

4. 建设单位组织施工招标应具备的条件中，包括（　　）。

A. 必须是法人

B. 有与招标工程相适应的经济、技术管理人员

C. 有组织编制招标文件的能力

D. 有审查投标单位资质的能力

E. 有组织开标、评标、定标的能力

5. 根据《招标投标法》的规定，下列各类项目中，必须进行招标的有(　　)。

A. 大型基础设施建设项目

B. 涉及国家安全的保密工程项目

C. 国家融资的工程项目

D. 世界银行贷款项目

E. 采用特定专有技术施工的项目

6. 招标人不得向他人透露(　　)。

A. 标底

B. 已获取招标文件的潜在投标人的名称

C. 评标办法

D. 可能影响公平竞争的情况

E. 已获取招标文件的潜在投标人的数量

7. 招标公告应当载明(　　)。

A. 招标人的名称和地址

B. 招标项目的性质

C. 评标办法

D. 获取招标文件的办法

E. 开标时间

8. 某一般项目的评标委员会组成如下：招标人代表2名，建设行政监督部门代表2名，技术、经济方面专家4人，招标人直接指定的技术专家1人。下列关于评标委员会人员组成的说法正确的是(　　)。

A. 不应该包括建设行政监督部门代表

B. 不应包括招标人代表

C. 技术、经济方面的专家所占比例偏低

D. 招标人代表比例偏低

E. 招标人可以直接指定专家

9. 中标人的投标应当符合(　　)。

A. 能够最大限度地满足招标文件中规定的各项综合评价标准

B. 投标价格最接近标底

C. 能够满足招标文件的实质性要求，并且经评审的投标价格最低

D. 投标价最低

E. 技术最先进

10. 《合同法》规定，合同内容一般包括(　　)等条款。

A. 标的

B. 数量、质量

C. 价款或者报酬

D. 签订地点

E. 解决争议的方法

11. 《合同法》规定，合同效力表述正确的有(　　)。

A. 不得约定解除合同的条件

B. 可以约定合同生效的条件

C. 附生效条件的合同，自条件成就时合同生效

D. 附解除条件的合同，自条件成就时合同失效

E. 附生效期限的合同，自期限届至时生效

12. 甲乙两公司签订了一份执行国家定价的购销合同。在乙公司逾期交货的情况下，依照《合同法》对迟延履行的规定，当交货时的价格浮动变化时，则该产品的结算价格(　　)。

A. 无论上涨或下降，仍按原定价格执行

B. 遇价格上涨时，按原价格执行

C. 遇价格上涨时，按新价格执行

D. 遇价格下降时，按新价格执行

E. 遇价格下降时，按原价格执行

13. 下列选项中，属于无效合同的有(　　)。

A. 供应商欺诈施工单位签订的采购合同

B. 村委会负责人为获得回扣与施工单位高价签订的买卖合同

C. 施工单位将工程转包给他人签订的转包合同

D. 分包商擅自将发包人供应的钢筋变卖签订的买卖合同

E. 施工单位与房地产开发商签订的垫资施工合同

简述及分析题

1. 申请施工许可证应当具备哪些条件?

2. 中标人的投标应当符合什么条件?

3. 合同生效后，当事人有关合同内容约定不明确的，如何执行合同?

第2章　建设工程招投标

教学目的： 引导学生了解《中华人民共和国招标投标法》、《中华人民共和国招标投标法实施条例》、《工程建设项目施工招标投标办法》、《中华人民共和国标准施工招标文件》的主要内容。

知识点： 施工招标方式与程序，施工招标公告、邀请书、招标文件的编制，施工投标程序，施工投标文件的编制。

学习提示： 通过流程图掌握施工公开招标、邀请招标的过程与内容，施工企业投标的过程与内容；通过案例分析掌握施工招标公告与招标文件的编制；通过所给范本掌握施工投标文件的编制，知道施工合同签订前与签订中应做的工作。

《中华人民共和国招标投标法》规定，在我国境内进行下列建设项目包括项目的勘察、设计、施工、监理以及与工程建设有关的重要设备、材料等的采购，必须进行招标：

（1）大型基础设施、公用事业等关系社会公共利益、公众安全的项目；

（2）全部或者部分使用国有资金投资或者国家融资的项目；

（3）使用国际组织或者外国政府贷款、援助资金的项目。

《工程建设项目招标范围和规模标准》规定，勘察、设计、施工、监理以及与工程有关的重要设备、材料等的采购，达到下列标准之一的，必须进行招标：

（1）施工单项合同估算价在200万元人民币以上的；

（2）重要设备、材料等货物的采购，单项合同估算价在100万元人民币以上的；

（3）勘察、设计、监理等服务的采购，单项合同估算价在50万元人民币以上的；

（4）单项合同估算价低于第1、2、3项规定的标准，但项目总投资额在3000万元人民币以上的。

建设工程招投标可分为建设项目总承包招投标、工程勘察招投标、工程设计招投标、工程监理招投标、工程材料设备招投标、工程施工招投标。

建设项目总承包招投标又称建设项目全过程招投标，在国外也称为“交钥匙”工程招投标，它是指在项目决策阶段从项目建议书开始，包括可行性研究报告、勘察设计、设备材料询价与采购、工程施工、生产准备，直至竣工投产、交付使用全面实行招标。

工程勘察招投标指招标人就拟建工程的勘察任务发布通告，吸引勘察单位参加竞争，经招标人审查获得投标资格的勘察单位按照招标文件的要求，在规定时间内向招标人填报投标书，招标人从中选择优越者完成勘察任务。

工程设计招投标指招标人就拟建工程的设计任务发布通告，吸引设计单位参加竞争，招标人择优选定中标单位完成设计任务。设计招标一般是设计方案招标。

工程监理招投标指招标人就拟建工程的监理任务发布通告，吸引工程监理单位参加竞争，招标人择优选定中标单位完成监理任务。

工程材料设备招投标指招标人就拟购买的材料设备发布通告或邀请，吸引材料设备供应商参加竞争，招标人从中选择优越者的法律行为。

施工招标指招标人的拟建工程项目在完成工程设计后，通过发布招标通告或邀请书，吸引施工企业参加竞争，招标人从中择优选定施工企业完成施工任务。施工招标可分为全部工程招标、单项工程招标和专业工程招标。施工投标指建筑施工企业在获取招标信息后，根据本企业经营战略、利润目标、工程成本、环境风险，决定是否投标以及参与投标后如何提高中标可能性的技术选择和报价策略。

2.1 施工招标

2.1.1 施工招标方式

《中华人民共和国招标投标法》规定的招标分为公开招标和邀请招标。《工程建设项目施工招标投标办法》（国务院七部委2003年联合发布）规定，工程施工招标可为公开招标和邀请招标，但对于某些特殊项目也可直接委托。

1. 公开招标

（1）公开招标概念

公开招标又称无限竞争招标，是指招标单位通过报刊、广播、电视等方式发布招标广告，有意的承包商均可参加资格审查，合格的承包商可购买招标文件，参加工程施工投标。

（2）公开招标优点

投标的承包商多、范围广、竞争激烈，业主有较大的选择余地，有利于降低工程造价，有利于提高工程质量和缩短工期。

（3）公开招标缺点

由于投标的承包商多，招标工作量大，组织工作复杂，需投入较多的人力、物力，招标过程所需时间较长。

国务院发展计划部门确定的国家重点建设项目和各省、自治区、直辖市人民政府确定的地方重点建设项目，以及全部使用国有资金投资或者国有资金投资占控股或者主导地位的工程建设项目，应当公开招标。

2. 邀请招标

（1）邀请招标概念

邀请招标又称为有限竞争性招标。这种招标方式不发布广告，业主根据自己的经验和所掌握的信息资料，向有承担该项工程施工能力的三个以上（含三个）承包商发出招标邀请书，收到邀请书的单位才有资格参加投标。

（2）邀请招标优点

目标集中，招标的组织工作较容易，工作量比较小。

（3）邀请招标缺点

由于参加的投标单位较少，竞争性较差，使招标单位对投标单位的选择余地较少，如果招标单位在选择邀请单位前所掌握信息资料不足，则会失去发现最适合承担该项目的承包商的机会。

(4) 邀请招标应具备的条件

有下列情形之一的，经批准可以进行邀请招标：

1) 项目技术复杂或有特殊要求，只有少量几家潜在投标人可供选择的；

2) 受自然地域环境限制的；

3) 涉及国家安全、国家秘密或者抢险救灾，适宜招标但不宜公开招标的；

4) 拟公开招标的费用与项目的价值相比，不值得的；

5) 法律、法规规定不宜公开招标的。

3. 直接委托

根据《工程建设项目施工招标投标办法》规定，有下列情形之一的，经主管审批部门批准，可以不进行施工招标：

(1) 涉及国家安全、国家秘密或者抢险救灾而不适宜招标的；

(2) 属于利用扶贫资金实行以工代赈需要使用农民工的；

(3) 施工主要技术采用特定的专利或者专有技术的；

(4) 施工企业自建自用的工程，且该施工企业资质等级符合工程要求的；

(5) 在建工程追加的附属小型工程或者主体加层工程，原中标人仍具备承包能力的；

(6) 法律、行政法规规定的其他情形。

2.1.2 施工招标条件

施工招标条件分为对建设项目要求的条件和对建设单位要求的条件两方面。

1. 建设项目进行施工招标应具备的条件

(1) 招标人已经依法成立；

(2) 初步设计及概算应当履行审批手续的，已经批准；

(3) 招标范围、招标方式和招标组织形式等应当履行核准手续的，已经核准；

(4) 有相应资金或资金来源已经落实；

(5) 有招标所需的设计图纸及技术资料。

2. 建设单位组织施工招标应具备的条件

(1) 是法人或依法成立的其他组织；

(2) 有与招标工程相适应的经济、技术管理人员；

(3) 有组织编制招标文件的能力；

(4) 有审查投标单位资质的能力；

(5) 有组织开标、评标、定标的能力。

不具备上述条件的建设单位，须委托具有相应资质的中介机构代理招标，建设单位与中介机构签订委托代理招标的协议，并报政府招标主管部门备案。

2.1.3 施工招标程序

1. 建设项目报建

《工程建设项目报建管理办法》规定，凡在我国境内投资兴建的工程建设项目，都必须实行报建制度，接受当地建设行政主管部门的监督管理。当建设项目的立项批准文件或投资计划下达后，建设单位按规定要求报建，并由建设行政主管部门审批。建设项目报建是建设单位招标活动的前提。

报建范围：各类房屋建筑（包括新建、改建、扩建、翻修等）、土木工程（包括道路、

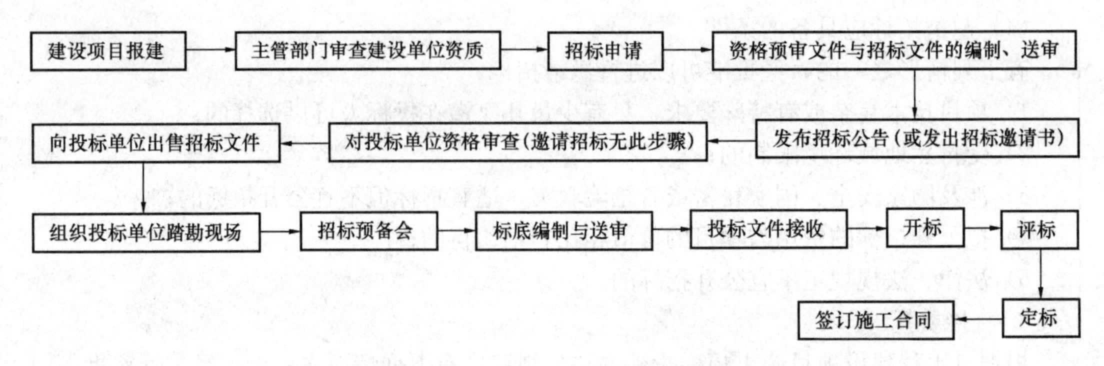

图 2-1　工程建设项目施工招标流程图

桥梁、基础打桩等）、设备安装、管道线路铺设和装修等建设工程。

报建主要内容：工程名称、建设地点、投资规模、工程规模、发包方式、计划开竣工日期和工程筹建情况。

2. 主管部门审查建设单位资质

主管部门审查建设单位资质是指政府招标管理机构审查建设单位是否具备施工招标条件。不具备有关条件的建设单位，须委托具有相应资质的中介机构代理招标，建设单位与中介机构签订委托代理招标的协议，并报招标管理机构备案。

3. 招标申请

招标申请是指由招标单位填写“建设工程招标申请表”，经上级主管部门批准后，连同“工程建设项目报建审查登记表”一起报招标管理机构审批。

申请表的主要内容：工程名称、建设地点、招标建设规模、结构类型、招标范围、招标方式、要求施工企业等级、施工前期准备情况（土地征用、拆迁情况、勘察设计情况、施工现场条件等）、招标机构组织情况。

4. 资格预审文件与招标文件编制、送审

资格预审文件是指公开招标时，招标人设定了一些条件（如投标企业的资质、工程经历的要求等），对参加投标的施工单位进行资格预审，只有通过资格预审的施工单位才可以参加投标。资格预审文件和招标文件都必须经过招标管理机构审查，审查同意后方可刊登资格预审通告、招标通告。邀请招标没有资格预审的环节，但必须遵守《中华人民共和国招标投标法》规定，邀请投标的单位不得少于三家。

5. 发布招标公告（或发出邀请书）

《工程建设项目施工招标投标办法》规定，招标人可以通过信息网络或者其他媒介发布招标文件，通过信息网络或者其他媒介发布的招标文件与书面招标文件具有同等法律效力，但出现不一致时以书面招标文件为准。招标人应按招标公告或邀请书规定的时间、地点出售招标文件或资格预审文件。自招标文件或资格预审文件出售之日起至停止出售之日止，最短不得少于 5 个工作日。

《中华人民共和国招标投标法实施条例》（2012 年 2 月 1 日起施行）规定，招标人采用资格预审办法对潜在投标人进行资格审查的，应当发布资格预审公告、编制资格预审文件。依法必须进行招标项目的资格预审公告和招标公告，应当在国务院发展改革部门依法指定的媒介发布。在不同媒介发布的同一招标项目的资格预审公告或者招标公告的内容应当一致。指定媒介发布依法必须进行招标的项目的境内资格预审公告、招标公告，不得收取费用。招标人应当按照资格预审公告、招标公告或者投标邀请书规定的时间、地点发售资格预审文件或招标文件。资格预审文件或招标文件的发售期不得少于5日。

6. 对投标单位资格审查

资格审查分为资格预审和资格后审。资格预审是指在投标前对潜在投标人进行的资格审查。资格后审是指在开标后对投标人进行的资格审查。进行资格预审的，一般不再进行资格后审。

资格审查时，招标人不得以不合理的条件限制、排斥潜在投标人或者投标人，不得对潜在投标人或者投标人实行歧视待遇。

经资格预审后，招标人应当向资格预审合格的潜在投标人发出资格预审合格通知书，告知获取招标文件的时间、地点和方法，并同时向资格预审不合格的潜在投标人告知资格预审结果。资格预审不合格的潜在投标人不得参加投标。经资格后审不合格的投标人的投标应作废标处理。

7. 向投标单位出售招标文件

指招标人将招标文件、图纸和有关技术资料出售给通过资格预审获得投标资格的投标单位。投标单位收到招标文件、图纸和有关资料后，应认真核对。核对无误后，应以书面形式予以确认。

8. 组织投标单位踏勘现场

招标单位组织通过资格预审的投标单位进行现场勘察，目的在于了解工程场地和周围环境情况，以获取投标单位认为有必要的信息。《中华人民共和国招标投法》规定，招标人根据招标项目的具体情况，可以组织潜在投标人踏勘项目现场。《中华人民共和国招标投标法实施条例》规定，招标人不得组织单个或者部分潜在投标人踏勘项目现场。《工程建设项目施工招标投标办法》规定，招标人不得单独或者分别组织任何一个投标人进行现场踏勘。

9. 招标预备会

招标预备会由招标单位组织，建设单位、设计单位、施工单位参加。目的在于澄清招标文件中的疑问，解答投标单位对招标文件和勘察现场中所提出的疑问和问题。根据《工程建设项目施工招标投标办法》规定，对于潜在投标人在阅读招标文件和现场踏勘中提出的疑问，招标人可以书面形式或召开投标预备会的方式解答，但需同时将解答以书面方式通知所有购买招标文件的潜在投标人。该解答的内容为招标文件的组成部分。根据《中华人民共和国招标投法》规定，招标人对已发出的招标文件进行必要的澄清或者修改的，应当在招标文件要求提交投标文件截止时间至少十五日前，以书面形式通知所有招标文件收受人，该澄清或者修改的内容为招标文件的组成部分。按照《中华人民共和国招标投标法实施条例》规定，不足15日的，招标人应当顺延提交资格预审申请文件或者投标文件的截止时间；潜在投标人对招标文件有异议的，应当在投标截止时间10日前提出。招标人应当自收到异议之日起3日内作出答复；作出答复前，应当暂停招标投标活动。

10. 工程标底编制与送审

施工招标可编制标底，也可不编。如果编制标底，当招标文件的商务条款一经确定，即可进入编制，标底编制完后应将必要的资料报送招标管理机构审定。若不编制标底，一般用投标单位报价的平均值作为评标价或者实行合理低价中标。

11. 投标文件接收

指投标单位根据招标文件的要求，编制投标文件，并进行密封和标志，在投标截止时间前按规定的地点递交至招标单位。招标单位接收投标文件并将其秘密封存。依法必须进行招标的项目，自招标文件开始发出之日起至投标人提交投标文件截止之日止，最短不得少于二十日。根据《工程建设项目施工招标投标办法》规定，投标文件有下列情形之一的，招标人不予受理：逾期送达的或者未送达指定地点的；未按招标文件要求密封的。

12. 开标

在投标截止日期后，按规定时间、地点，在投标单位法定代表人或授权代理人在场的情况下举行开标会议，按规定的议程进行开标。

13. 评标

由招标代理、建设单位上级主管部门协商，按有关规定成立评标委员会，在招标管理机构监督下，依据评标原则、评标方法，对投标单位报价、工期、质量、施工方案或施工组织设计、以往业绩、社会信誉、优惠条件等方面进行综合评价，公正合理择优选择中标单位。

14. 定标

招标单位一般应当在十五日内确定中标人，最迟应当在投标有效期结束日三十个工作日前确定。中标单位选定后，由招标管理机构核准，获准后招标单位向中标单位发出“中标通知书”。

15. 签订施工合同

招标人和中标人应当自中标通知书发出之日起三十日内，按照招标文件和中标人的投标文件订立书面施工合同。

在施工招投标中，招标公告（投标邀请书）、招标文件、开标、评标是施工招标程序中的关键环节。准确的招标公告能起到吸引优秀施工企业前来投标的作用；详细、完整、系统的招标文件，是投标单位进行客观报价、编制投标文件的基础；客观公正的开标、评标，是最终正确选择优秀、合适承包商的前提。

2.1.4 施工招标公告（投标邀请书）的编制

1. 施工招标公告（投标邀请书）的基本内容

（1）招标人的名称和地址；

（2）招标项目的内容、规模、资金来源；

（3）招标项目的实施地点和工期；

（4）获取招标文件或者资格预审文件的地点和时间；

（5）对招标文件或者资格预审文件收取的费用；

（6）对投标人的资质等级的要求。

2. 施工招标公告编制

为了规范施工招标公告的编制，2007 版《中华人民共和国标准施工招标文件》制订了施工招标公告范本，实际编制施工招标公告时可参考借鉴。

施工招标公告范本（未进行资格预审）

________（项目名称）________标段施工招标公告

1. 招标条件

本招标项目________（项目名称）已由________（项目审批、核准或备案机关名称）以________（批文名称及编号）批准建设，项目业主为________，建设资金来自________（资金来源），项目出资比例为________，招标人为________。项目已具备招标条件，现对该项目的施工进行公开招标。

2. 项目概况与招标范围

________（说明本次招标项目的建设地点、规模、计划工期、招标范围、标段划分等）。

3. 投标人资格要求

3.1　本次招标要求投标人须具备________资质，________业绩，并在人员、设备、资金等方面具有相应的施工能力。

3.2　本次招标________（接受或不接受）联合体投标。联合体投标的，应满足下列要求：________。

3.3　各投标人均可就上述标段中的________（具体数量）个标段投标。

4. 招标文件的获取

4.1　凡有意参加投标者，请于______年____月____日至______年____月____日（法定公休日、法定节假日除外），每日上午______时至____时，下午____时至____时（北京时间，下同），在____________（详细地址）持单位介绍信购买招标文件。

4.2　招标文件每套售价______元，售后不退。图纸押金______元，在退还图纸时退还（不计利息）。

4.3　邮购招标文件的，需另加手续费（含邮费）______元。招标人在收到单位介绍信和邮购款（含手续费）后______日内寄送。

5. 投标文件的递交

5.1　投标文件递交的截止时间（投标截止时间，下同）为______年____月____日____时____分，地点为____________。

5.2　逾期送达的或者未送达指定地点的投标文件，招标人不予受理。

6. 发布公告的媒介

本次招标公告同时在____________（发布公告的媒介名称）上发布。

7. 联系方式

招 标 人：____________	招标代理机构：____________
地　　址：____________	地　　址：____________
邮　　编：____________	邮　　编：____________
联 系 人：____________	联 系 人：____________
电　　话：____________	电　　话：____________

传　　真：__________　　传　　真：__________
电子邮件：__________　　电子邮件：__________
网　　址：__________　　网　　址：__________
开户银行：__________　　开户银行：__________
账　　号：__________　　账　　号：__________

______年____月____日

3. 投标邀请书编制

为了规范投标邀请书的编制，《中华人民共和国标准施工招标文件》制订了适用于邀请招标和代资格预审通过通知书两种形式的投标邀请书范本，实际编制投标邀请书时可参考借鉴。

投标邀请书范本（适用于邀请招标）

__________（项目名称）__________标段施工招标公告

__________（被邀请单位名称）：

1. 招标条件

本招标项目__________（项目名称）已由__________（项目审批、核准或备案机关名称）以__________（批文名称及编号）批准建设，项目业主为__________，建设资金来自__________（资金来源），出资比例为__________，招标人为__________。项目已具备招标条件，现邀请你单位参加__________（项目名称）__________标段施工投标。

2. 项目概况与招标范围

__________（说明本次招标项目的建设地点、规模、计划工期、招标范围、标段划分等）。

3. 投标人资格要求

3.1　本次招标要求投标人须具备__________资质，__________业绩，并在人员、设备、资金等方面具有承担本标段施工的能力。

3.2　你单位__________（可以或不可以）组成联合体投标。联合体投标的，应满足下列要求：__________。

4. 招标文件的获取

4.1　请于______年____月____日至______年____月____日（法定公休日、法定节假日除外），每日上午______时至____时，下午____时至____时（北京时间，下同），在（详细地址）持本投标邀请书购买招标文件。

4.2　招标文件每套售价______元，售后不退。图纸押金______元，在退还图纸时退还（不计利息）。

4.3　邮购招标文件的，需另加手续费（含邮费）______元。招标人在收到单位介绍信和邮购款（含手续费）后______日内寄送。

5. 投标文件的递交

5.1　投标文件递交的截止时间（投标截止时间，下同）为______年____月____日

____时____分，地点为__________________。

5.2 逾期送达的或者未送达指定地点的投标文件，招标人不予受理。

6. 确认

你单位收到本投标邀请书后，请于__________________（具体时间）前以传真或快递方式予以确认。

7. 联系方式

招 标 人：__________________	招标代理机构：__________________
地　　址：__________________	地　　址：__________________
邮　　编：__________________	邮　　编：__________________
联 系 人：__________________	联 系 人：__________________
电　　话：__________________	电　　话：__________________
传　　真：__________________	传　　真：__________________
电子邮件：__________________	电子邮件：__________________
网　　址：__________________	网　　址：__________________
开户银行：__________________	开户银行：__________________
账　　号：__________________	账　　号：__________________

______年____月____日

投标邀请书（代资格预审通过通知书）

__________________（项目名称）__________________标段施工招标公告

__________________（被邀请单位名称）：

你单位已通过资格预审，现邀请你单位按招标文件规定的内容，参加________（项目名称）________标段施工投标。

请你单位于______年____月____日至______年____月____日（法定公休日、法定节假日除外），每日上午____时至____时，下午____时至____时（北京时间，下同），在（详细地址）持本投标邀请书购买招标文件。

招标文件每套售价为____元，售后不退。图纸押金____元，在退还图纸时退还（不计利息）。邮购招标文件的，需另加手续费（含邮费）____元。招标人在收到邮购款（含手续费）后____日内寄送。

递交投标文件的截止时间（投标截止时间，下同）为______年____月____日____时____分，地点为__________________。

逾期送达的或者未送达指定地点的投标文件，招标人不予受理。

你单位收到本投标邀请书后，请于__________________（具体时间）前以传真或快递方式予以确认。

招 标 人：__________________	招标代理机构：__________________
地　　址：__________________	地　　址：__________________
邮　　编：__________________	邮　　编：__________________

联 系 人：__________　　联 系 人：__________
电　　话：__________　　电　　话：__________
传　　真：__________　　传　　真：__________
电子邮件：__________　　电子邮件：__________
网　　址：__________　　网　　址：__________
开户银行：__________　　开户银行：__________
账　　号：__________　　账　　号：__________

______年____月____日

4. 施工招标公告案例

通用仓库、卷钢仓库及室外工程 施工招标公告

招标编号：**(2010) 招字003号**

1. 招标条件

本招标项目通用仓库、卷钢仓库及室外工程已由××市规划局××处以关于“通用仓库、卷钢仓库及室外工程立项申请的批复”（G20100013）批准建设，项目业主为××有限责任公司，建设资金来自自筹，招标代理机构为××工程咨询有限公司。项目已具备招标条件，现对该项目的施工进行公开招标。

2. 项目概况与招标范围

本项目位于××市××港区码头内，结构为单层钢结构，其中通用仓库建筑面积为7808.8平方米，卷钢仓库建筑面积为4022.04平方米，室外工程建筑面积为1064.5平方米，总投资额约1550万元人民币，计划工期15个月。

3. 投标人资格要求

3.1　本次招标要求投标人须具备房屋建筑施工二级资质，且有过施工钢结构工程的经历，并在人员、设备、资金等方面具有相应的施工能力。

3.2　本次招标不接受联合体投标。

4. 招标文件的获取

4.1　凡有意参加投标者，请于2010年3月2日至2010年3月10日（法定公休日、法定节假日除外），每日上午8：30时至11：30时，下午14：00时至17：00时（北京时间，下同），在××区××路××大厦五层持单位介绍信购买招标文件。

4.2　招标文件每套售价200元，售后不退。图纸押金1000元，在退还图纸时退还（不计利息）。

4.3　邮购招标文件的，需另加手续费（含邮费）30元。招标人在收到单位介绍信和邮购款（含手续费）后3日内寄送。

5. 投标文件的递交

5.1　投标文件递交的截止时间为2010年4月25日17时30分，地点为××区××路××大厦五层。

5.2　逾期送达的或者未送达指定地点的投标文件，招标人不予受理。

6. 发布公告的媒介

本次招标公告同时在××市建设工程交易中心及××建设工程网（网址：×××）上发布。

7. 联系方式

招 标 人：________	招标代理机构：________
地 址：________	地 址：________
邮 编：________	邮 编：________
联 系 人：________	联 系 人：________
电 话：________	电 话：________
传 真：________	传 真：________
电子邮件：________	电子邮件：________
网 址：________	网 址：________
开户银行：________	开户银行：________
账 号：________	账 号：________

____年____月____日

2.1.5 招标文件编制

1. 招标文件的一般内容

（1）投标人须知；

（2）评标办法；

（3）合同主要条款；

（4）工程量清单（采用工程量清单招标的应当提供）；

（5）设计图纸；

（6）技术标准与要求；

（7）投标文件格式；

（8）投标辅助材料。

2. 招标文件编制

完整的招标文件将涵盖上面的全部内容，招标人还应当在招标文件中规定实质性要求和条件，并用醒目的方式进行标明，一份实际工程的招标文件，篇幅可达上百页。因此，招标文件的编制是集法律、技术、经济于一体的专业性工作。

（1）投标人须知编制

投标人须知是招标人在本次招标活动中向投标人履行的法律告知义务，即让投标人知道本次招标工程的概况和需要做的工作、投标人的权利与义务、招标工作进行的程序等。

投标人须知主要由投标人须知前附表，招标工作总则，招标文件的说明，投标文件的要求，投标、开标、评标、合同授予办法，以及法律规定、补充说明和附表等内容组成。投标人须知编制可参考《中华人民共和国标准施工招标文件》中的相关规定。

表 2-1 为投标人须知前附表的范本，取自 2007 版《中华人民共和国标准施工招标文件》，实际编制投标人须知前附表时，可供参考。

投标人须知前附表 **表 2-1**

条款号	条 款 名 称	编 列 内 容
1.1.2	招标人	名称： 地址： 联系人： 电话：
1.1.3	招标代理机构	名称： 地址： 联系人： 电话：
1.1.4	项目名称	
1.1.5	建设地点	
1.2.1	资金来源	
1.2.2	出资比例	
1.2.3	资金落实情况	
1.3.2	计划工期	计划工期：_____ 日历天 计划开工日期：_____ 年____ 月____ 日 计划竣工日期：_____ 年____ 月____ 日
1.3.3	质量要求	
1.4.1	投标人资质条件、能力和信誉	资质条件： 财务要求： 业绩要求： 信誉要求： 项目经理（建造师，下同）资格： 其他要求：
1.4.2	是否接受联合体投标	□不接受 □接受，应满足下列要求：
1.9.1	踏勘现场	□不组织 □组织，踏勘时间： 踏勘集中地点：
1.10.1	投标预备会	□不召开 □召开，召开时间： 召开地点：
1.10.2	投标人提出问题的截止时间	
1.10.3	招标人书面澄清的时间	
1.11	分包	□不允许 □允许，分包内容要求： 分包金额要求： 接受分包的第三人资质要求：
1.12	偏离	□不允许 □允许

续表

条款号	条 款 名 称	编 列 内 容
2.1	构成招标文件的其他材料	
2.2.1	投标人要求澄清招标文件的截止时间	
2.2.2	投标截止时间	______ 年 ____ 月 ____ 日 ____ 时 ____ 分
2.2.3	投标人确认收到招标文件澄清的时间	
2.3.2	投标人确认收到招标文件修改的时间	
3.1.1	构成投标文件的其他材料	
3.3.1	投标有效期	
3.4.1	投标保证金	投标保证金的形式： 投标保证金的金额：
3.5.2	近年财务状况的年份要求	______年
3.5.3	近年完成的类似项目的年份要求	______ 年
3.5.5	近年发生的诉讼及仲裁情况的年份要求	______年
3.6	是否允许递交备选投标方案	□不允许 □允许
3.7.3	签字或盖章要求	
3.7.4	投标文件副本份数	______ 份
4.1.2	封套上写明	招标人的地址： 招标人名称： ______（项目名称）______ 标段投标文件 在 ______ 年 ____ 月 ____ 日 ____ 时 ____ 分前不得开启
4.2.2	递交投标文件地点	
4.2.3	是否退还投标文件	□否 □是
5.1	开标时间和地点	开标时间：同投标截止时间 开标地点：
5.2	开标程序	（4）密封情况检查： （5）开标顺序：
6.1.1	评标委员会的组建	评标委员会构成：__ 人，其中招标人代表 __ 人，专家 __ 人 评标专家确定方式：
7.1	是否授权评标委员会确定中标人	□是 □否，推荐的中标候选人数：
7.3.1	履约担保	履约担保的形式： 履约担保的金额：
10	需要补充的其他内容	

（2）评标办法编制

招标文件中的评标办法一般有两种，一种是经评审的最低投标价法，另一种是综合评估法。评标办法主要由评标办法前附表、评标方法、评审标准、评标程序四部分组成。

评标方法是对本次招标工程如何评标做的一个说明，经评审的最低投标价法和综合评估法是不一样的。

评审标准分为初步评审标准和详细评审标准。初步评审标准主要对投标文件形式、投标人资格、投标文件对招标文件的响应情况、投标单位的施工组织设计和项目管理机构情况进行评审。详细评审标准则设定了具体的量化因素和量化标准，对投标文件的细部内容进行评价，如：单价遗漏、付款条件等。

评标程序是对本次评标工作开展的先后顺序做的一个安排，通常按照：初步评审→详细评审→投标文件澄清与补正→评标结果四个步骤进行。

评标办法编制可参考《中华人民共和国标准施工招标文件》中的相关规定。

表 2-2、表 2-3 分别为经评审的最低投标价法和综合评估法前附表的范本，均取自 2007 版《中华人民共和国标准施工招标文件》，实际编制施工招标文件时，可供参考。

评标办法前附表（经评审的最低投标价法） **表 2-2**

条款号		评审因素	评审标准
2.1.1	形式评审标准	投标人名称	与营业执照、资质证书、安全生产许可证一致
		投标函签字盖章	有法定代表人或其委托代理人签字或加盖单位章
		投标文件格式	符合第八章“投标文件格式”的要求
		联合体投标人	提交联合体协议书，并明确联合体牵头人（如有）
		报价唯一	只能有一个有效报价
		……	……
2.1.2	资格评审标准	营业执照	具备有效的营业执照
		安全生产许可证	具备有效的安全生产许可证
		资质等级	符合第二章“投标人须知”第 1.4.1 项规定
		财务状况	符合第二章“投标人须知”第 1.4.1 项规定
		类似项目业绩	符合第二章“投标人须知”第 1.4.1 项规定
		信誉	符合第二章“投标人须知”第 1.4.1 项规定
		项目经理	符合第二章“投标人须知”第 1.4.1 项规定
		其他要求	符合第二章“投标人须知”第 1.4.1 项规定
		联合体投标人	符合第二章“投标人须知”第 1.4.2 项规定（如有）
		……	……
2.1.3	响应性评审标准	投标内容	符合第二章“投标人须知”第 1.3.1 项规定
		工期	符合第二章“投标人须知”第 1.3.2 项规定
		工程质量	符合第二章“投标人须知”第 1.3.3 项规定
		投标有效期	符合第二章“投标人须知”第 3.3.1 项规定
		投标保证金	符合第二章“投标人须知”第 3.4.1 项规定
		权利义务	符合第四章“合同条款及格式”规定
		已标价工程量清单	符合第五章“工程量清单”给出的范围及数量
		技术标准和要求	符合第七章“技术标准和要求”规定
		……	……

续表

条款号		评审因素	评审标准
2.1.4	施工组织设计和项目管理机构评审标准	施工方案与技术措施	……
		质量管理体系与措施	……
		安全管理体系与措施	……
		环境保护管理体系与措施	……
		工程进度计划与措施	……
		资源配备计划	……
		技术负责人	……
		其他主要人员	……
		施工设备	……
		试验、检测仪器设备	……
		……	……

条款号		量化因素	量化标准
2.2	详细评审标准	单价遗漏	……
		付款条件	……
		……	……

评标办法前附表（综合评估法） **表 2-3**

条款号		评审因素	评审标准
2.1.1	形式评审标准	投标人名称	与营业执照、资质证书、安全生产许可证一致
		投标函签字盖章	有法定代表人或其委托代理人签字或加盖单位章
		投标文件格式	符合第八章“投标文件格式”的要求
		联合体投标人	提交联合体协议书，并明确联合体牵头人（如有）
		报价唯一	只能有一个有效报价
		……	……
2.1.2	资格评审标准	营业执照	具备有效的营业执照
		安全生产许可证	具备有效的安全生产许可证
		资质等级	符合第二章“投标人须知”第 1.4.1 项规定
		财务状况	符合第二章“投标人须知”第 1.4.1 项规定
		类似项目业绩	符合第二章“投标人须知”第 1.4.1 项规定
		信誉	符合第二章“投标人须知”第 1.4.1 项规定
		项目经理	符合第二章“投标人须知”第 1.4.1 项规定
		其他要求	符合第二章“投标人须知”第 1.4.1 项规定
		联合体投标人	符合第二章“投标人须知”第 1.4.2 项规定
		……	……

续表

条款号		评审因素	评审标准
2.1.3	响应性评审标准	投标内容	符合第二章“投标人须知”第1.3.1项规定
		工期	符合第二章“投标人须知”第1.3.2项规定
		工程质量	符合第二章“投标人须知”第1.3.3项规定
		投标有效期	符合第二章“投标人须知”第3.3.1项规定
		投标保证金	符合第二章“投标人须知”第3.4.1项规定
		权利义务	符合第四章“合同条款及格式”规定
		已标价工程量清单	符合第五章“工程量清单”给出的范围及数量
		技术标准和要求	符合第七章“技术标准和要求”规定
		……	……
2.2.1		分值构成（总分100分）	施工组织设计：________分 项目管理机构：________分 投 标 报 价：________分 其他评分因素：________分
2.2.2		评标基准价计算方法	
2.2.3		投标报价的偏差率计算公式	偏差率＝100%×（投标人报价－评标基准价）/评标基准价
条 款 号		**评 分 因 素**	**评 分 标 准**
2.2.4（1）	施工组织设计评分标准	内容完整性和编制水平	……
		施工方案与技术措施	……
		质量管理体系与措施	……
		安全管理体系与措施	……
		环境保护管理体系与措施	……
		工程进度计划与措施	……
		资源配备计划	……
		……	……
2.2.4（2）	项目管理机构评分标准	项目经理任职资格与业绩	……
		技术负责人任职资格与业绩	……
		其他主要人员	……
			……
2.2.4（3）	投标报价评分标准		
2.2.4（4）	其他因素评分标准		

（3）合同条款编制

招标文件要对将来建设单位与施工单位双方签订合同时，具体的合同条款与格式做出规定。招标文件中的合同条款与格式应当与《建设工程施工合同范本》的内容对应。

招标文件中的合同条款主要由通用合同条款、专用合同条款、合同附件三部分组成。

1）通用合同条款

是对本合同的一般约定、发包人的权利与义务、承包人的权利与义务、监理单位的权利与义务等做出了约束，同时还对工程施工期间的进度、质量、安全与环保、工程变更、工程量计量、工程款支付、索赔、竣工验收、争议的解决等做出了详细的规定，以便实施期间解决问题时有据可依。

2）专用合同条款

专用合同条款中的各条款，是补充和修改通用合同条款中条款号相同的条款或当需要时增加新的条款，两者应对照阅读，一旦出现矛盾或不一致，则以专用合同条款为准，通用合同条款中未补充和修改的部分仍有效。

3）施工合同附件

施工合同附件主要有三个：合同协议书、履约担保、预付款担保。这三个附件都有具体的书写格式。

施工招标文件的合同条款编制时，可参考《中华人民共和国标准施工招标文件》中的相关规定。

（4）工程量清单编制

在采用工程量清单招标的建设项目中，招标单位需要为投标单位提供工程量清单。

工程量清单主要包括的内容有：封面、总说明、汇总表、分部分项工程量清单表、措施项目清单表、其他项目清单表、规费与税金清单与计价表等。

投标单位将按照工程量清单的说明部分进行投标报价，并填写相关的表格。

工程量清单编制时，可参考《建设工程工程量清单计价规范》GB 50500—2013 中的相关表格。

（5）设计图纸

进行施工招标时，设计单位提供给施工单位的设计图纸，应达到施工图设计的深度，以便于施工单位进行准确、合理的报价。

（6）技术标准与要求

施工招标文件中的技术标准与要求，可根据行业标准、招标项目具体特点和实际需要进行编制，如：《混凝土结构工程施工质量验收规范》GB 50204—2002、《建筑工程施工质量验收统一标准》GB 50300—2001 等。

具体编制时所提出的各项技术标准应符合国家强制性标准的规定，但不得要求或标明某一特定的专利、商标、名称、设计、原产地或生产供应者，不得含有倾向或者排斥潜在投标人的其他内容。

（7）投标文件格式编制

投标文件格式是招标人为了统一投标人投标文件的编制，对投标文件的内容组织、撰写方式等所做出的规定，以便于评标时专家评委的评价比较。投标单位必须按照投标文件格式要求编制投标文件。

投标文件格式对投标函及投标函附录、授权委托书、联合体协议书、施工组织设计、项目管理机构、拟分包项目情况表等如何编制做出了规定，并对投标保证金、法定代表人身份证明等做出了要求。

实际编制投标文件格式时，可参考《中华人民共和国标准施工招标文件》中的相关内容。

(8) 投标辅助材料编制

投标辅助材料是指招标单位要求投标单位提供的资格审查资料和其他材料。主要包括投标人的：基本情况表、近年财务状况表、近年完成的类似项目情况表、正在施工的和新承接的项目情况表、近年发生的诉讼及仲裁情况等，供招标单位选择中标单位时参考。

实际编制投标辅助材料时，可参考《中华人民共和国标准施工招标文件》中的相关表格和内容。

3. 招标文件案例

施工招标文件

招标编号：东招〔2013〕153号

工程名称：××高级中学临时用房Ⅰ、Ⅱ、Ⅲ标段

建设单位：××市教育局

招标代理：××招标公司

联系人：张××（联系电话：×××）

××年××月××日

第一章 投标须知

一、投标须知前附表

项目	条款号	内容	规定
1	1.1	工程名称	××市××高级中学临时用房Ⅰ标段1#、2#楼工程 ××市××高级中学临时用房Ⅱ标段3#、4#楼工程 ××市××高级中学临时用房Ⅲ标段5#楼工程
2	1.1	建设地点	××市××区
3	1.1	建设规模	该项目分为三个标段：其中Ⅰ标段1#、2#楼工程建筑面积为1947.48平方米，项目预计投资估算约350万元人民币；Ⅱ标段3#、4#楼工程建筑面积为2440.36平方米，项目预计投资估算约720万元人民币；Ⅲ标段5#楼工程建筑面积为1640.32平方米，项目预计投资估算约180万元人民币。结构类型均为轻型钢框架结构体系，层数均为一层。
4	1.1	质量标准要求	合格
5	1.1	工期要求	本工程各标段要求建设工期（中标合同工期）为××日历日，开工日期：本工程核发中标通知书之日起第××天为开工日期，竣工日期：开工日期起第××天为竣工日期。
6	2.1	招标范围	本工程招标范围包括施工图范围内的所有土建、安装及室外工程等工程，详见工程量清单编制说明。 招标项目内容详见招标文件附件及施工图纸。

续表

项目	条款号	内容	规定
7	3. 1	资金来源	市财政拨款
8	4. 2	资格审查办法	采用资格预审方法
9	12. 1	工程计价方式	采用工程量清单计价综合单价法。
10	14. 1	投标有效期	为：××日历天（从投标截止之日算起）
11	15.1 15.2	投标担保	本招标工程项目Ⅰ标段、Ⅲ标段投标保证金数额均为××元人民币；Ⅱ标段投标保证金数额为××元人民币。 投标保证金采用转账方式提交，应提交到工程投标保证金专用账户，工程投标保证金专用账户的银行账户资料为： 开户单位：××市教育局 开户行：建设银行××支行 账号：×××××××× 投标保证金的缴交确认以我司财务部确认到账为准。 投标人应在截标前自行办妥投标保证金缴交手续，并将缴交凭证装订在商务标投标文件中与投标文件一同提交。
12	16.1	投标答疑	投标人应于××年××月××日前将投标疑问以书面传真形式传递至××市教育局。传真：××；邮政编码××。 投标疑问应列明招标项目名称和招标项目编号，但不得署名。 本工程所有招标答疑内容、招标文件澄清修改通知以及招投标活动其他变更、通知投标人均通过"××公用事业网"（http：//www.××.com）上公布。为此，投标人应随时注意网上发布的相关信息，否则由此引起的后果由投标人自行承担。
13	17.1	投标替代方案	不允许投标人提交替代方案。
14	18.1	投标文件份数	正本壹份，副本壹份。
15	20.1	投标文件递交地点及递交起止时间	地点：××市教育局三楼会议室（××区××路21号） 时间：××年××月××日××时××分起至××年××月××日××时××分止。 （投标文件递交截止时间即为投标截止时间）
16	22.1	开标地点时间	地点：××招标公司第二评标室（××区××路21号） 时间：投标截止时间的同一时间
17	30.1	履约担保	履约担保金额为合同价款10%，币种为人民币。
18	31.1	支付担保要求	按有关规定执行。
19		公布工程控制价的地点、时间	时间：××年××月××日在"××公用事业网"（http：//www.××.com）上公布。

二、工程概况

××市××高级中学临时用房项目分为三个标段：其中Ⅰ标段1#、2#楼工程建筑面积为1947.48m²，项目预计投资估算约350万元人民币；Ⅱ标段3#、4#楼工程建筑面积为2440.36m²，项目预计投资估算约720万元人民币；Ⅲ标段5#楼工程建筑面积为

1640.32 平方米，项目预计投资估算约 180 万元人民币。结构类型均为轻型钢框架结构体系，层数均为一层。

三、工程量清单

工程量清单附后，为本招标文件的重要组成部分。

四、技术规格及要求

1. 具体技术要求详见施工图纸。

2. 除注明者外，本工程所用的材料、规格、施工及验收要求，均按照现行国家及行业规范、规定和设计要求执行。

五、合同的主要条款

1. 本合同承包方式为：按中标价包干，结算时不作调整。

2. 质量：合格。本工程验收标准：按本工程设计要求及相关规范，达不到合格质量标准，应无条件返修至合格。返工期间费用中标人自付，并承担给投标人造成的直接经济损失及工期延误的违约责任。

3. 工期：本工程各标段要求建设工期为60日历天，开工日期以中标通知书发出后五天为准，招标人根据工程实际情况分阶段分区域提供施工工作面，投标人要根据工程实际可施工工作面情况调整施工人员、机械、材料的投入，确保工程的进度和工期。工期每拖延一天，按每天 2000 元进行处罚。

4. 工程量计量及进度款支付：

工程量每月计量一次，每月 25 日前中标人应向招标人提供当月完成的工程量报表，报表须列明分项工程名称、数量、单价及下个月的用款计划，并按招标文件的规定计算。否则招标人将不予支付进度款。当招标人对中标人所报工程量有异议，中标人应协助招标人对已完工程量进行核实，并重新核报；若中标人拒绝协助招标人对已完工程量进行核实或不重新核报，则以招标人核实的工程量为准。

双方约定的工程款（进度款）支付方式和时间：①中标人根据施工进度申请支付工程款，中标人应设立资金监管账户，工程款全部转入资金监管账户。②招标人在当月进度款报告后 3 个工作日内予以审核确认，经报批后 5 个工作日内（节假日顺延）支付当期工程进度款。③工程进度款的支付以银行转账的方式。④钢结构进场 60%以上，支付至合同价的 40%。⑤工程完后支付至合同价的 90%。⑥工程竣工并经招标人在公司内部相关审核人员出具竣工结算审核结论书，且中标人向发包人办妥一切移交手续以及招标人要求的中标人需与其他专业的施工单位办理移交手续后的 28 天内，按审核结果支付至结算价的 97%；若承包人对其竣工工程质量保修已办理保险或其他法定担保的，余款在保修期满 28 天内一次性无息支付完毕（保修期从竣工验收合格之日起算三年）。

工程款（进度款）支付程序应按××教育局关于工程款（进度款）支付的相关管理规定执行。本工程的进度款只能用于本合同项目，不能挪为他用，承包人应承诺专款专用并出具承诺书。合同外增加工程量，按实际核定完成量的 50%支付月进度款。

5. 履约保证：投标人中标后，以现金转账或银行保函方式提交履约担保，工程通过竣工验收合格后，10 天内退还履约担保。

6. 双方约定的承包人违约责任：

（1）承包人在收到发包人指定工程师签发的开工令之前，投标书内承诺配备的工地人员必须在发包人指定工程师指定的日期进场，以保证项目管理机构有效运转。工程施工的项目经理和项目管理班子其他人员必须是该工程中标时所承诺的项目管理班子成员，项目管理班子成员不得擅自变更。项目管理班子成员因刑事犯罪、伤病丧失工作能力等确属不能履行职责需要变更的，所变更人员的资格、业绩和信誉不得低于中标时的条件，其余需要更换的，都不在免除责任范围内。施工期间承包人单方面提出变更中标的项目经理和项目管理班子其他成员，需经发包人同意。若项目经理或技术负责人中途更换，承包人应向发包人支付违约金人民币 5.0 万元/人次；管理班子其他人员中途更换，承包人应向发包人支付违约金人民币 3.0 万元/人次；项目经理或总技术负责人如在施工工期内，发包人点名发现不在岗，扣罚承包方人民币 0.5 万元/人次，若管理班子其他人员如在施工工期内，发包人点名发现不在岗，扣罚承包人人民币 0.2 万元/人次。遇特殊情况需要请假，请假一天须经发包人指定工程师确认。当发包人有合理理由认为承包人的项目管理班子人员在执行合同中玩忽职守、不能胜任或做出了一些严重违反现场管理规定的行为及相关法律、法规，发包人有权要求承包人更换他人接替工作，并按上述更换人员的有关条款对承包人进行至少 1.0 万元人民币处罚，承包人不得有异议。

(2) 承包人与发包人签订施工合同后，承包人在投标书中承诺使用的主要施工机械设备必须在发包人指定工程师指定的日期进场，以保证工程顺利开工。若发包人在施工现场发现承包人提供的机械设备数量每少一台或每一台设备的性能、规格与投标书承诺的和施工组织设计所用的机械设备不相符，发包人有权就投标承诺的同类设备市面租赁价 1.5 倍的金额处罚违约金，其违约金额由发包人直接从工程款中扣除。

(3) 承包人应服从发包人及其委托的监理单位的管理，承包人对发包人关于工程质量、进度、有关资料的报表报送的及时性等正确指令（即收到联系整改通知单）48 小时不整改，7 日内不整改完成，视为拖延工期，不服从监督管理，发包人有权对承包人进行违约罚款，每次违约金额不超过壹万元人民币。

(4) 承包人在投标文件中明确的施工组织设计如发生变更的须经总监和发包人批准，未经批准擅自变更的按 5000 元/项・次收取违约金；因承包人承诺施工组织设计不到位而拖延工期的按 5000 元/次・天收取违约金；钢筋主筋错漏，模板、砼施工等重大出错将按 20000 元/次收取违约金。

7. 本工程范围内的材料、设备由中标人采购的，不得低于招标文件或设计文件规定和投标文件承诺的合格产品，产品质量必须满足相关验收规范，且在使用之前必须经招标人确认后方可使用。中标人必须提前向招标人提交材料样品、合格证等有关材质说明，不符合规格的材料不得进场，已经使用的要求拆除整改。

8. 本工程严禁转包和违法分包，一经发现，将取消中标人资格，清退出场，并没收履约保证金。中标人并承担由此给招标人造成的一切经济损失。

9. 中标人提供施工技术文件的约定：中标人必须严格按照××区档案管理机构对有关施工技术文件的要求，及时编制和整理有关施工技术文件。当工程具备竣工验收条件时，中标人应及时向发包方提交符合要求的施工技术文件壹式肆份。当出现中标人借故拖延或不办理施工技术文件时，招标人有权按合同价的 0.5%金额扣缴承包人违约金，并安排人整理报验合格的内业资料、竣工图、竣工资料，未完成该竣工资料所增加的一切费用由中标人承担。

六、工期要求

本工程各标段要求建设工期为60日历天，具体完成时间××年××月××日前验收并交付使用。

七、投标资格

1. 投标资质：具有钢结构工程专业承包三级及以上资质且具备承担招标工程项目能力的具有法人资格的建筑企业。

2. 投标人递交投标文件的同时必须递交以下内容的复印件，按标段并独立装订成册。

(1) 营业执照复印件；

(2) 资质证书复印件；

(3) 非本市注册的建筑企业通过市建设行政主管部门的资质备案证明书；

(4) 企业开户许可证。

八、投标文件的组成（按标段独立装订）

1. 投标文件第一部分　技术标第一部分投标文件，内容应包括：

(1) 第一部分内容封面；

(2) 项目管理班子配备情况表；

(3) 项目管理班子关键职位（人员）履历表；

(4) 项目管理班子人员资格证书复印件（人员所属单位必须是投标人）。

2. 投标文件第二部分　技术标第二部分投标文件，内容应包括：

(1) 第二部分内容封面；

(2) 主要施工工艺、方法说明；

(3) 工程投入的主要物资（材料）情况描述及进场计划；

(4) 工程投入的主要施工机械设备情况描述及进场计划；

(5) 劳动力安排情况描述；

(6) 确保工程质量的技术组织措施；

(7) 确保安全生产的技术组织措施；

(8) 确保文明施工的技术组织措施；

(9) 确保工期的技术组织措施；

(10) 拟投入的主要施工机械设备表；

(11) 劳动力计划表；

(12) 施工进度计划表或工期网络图。

3. 投标文件第三部分　商务标投标文件（各标段独立装订），内容应包括：

(1) 封面；

(2) 投标报价书目录；

(3) 投标文件签署授权委托书；

(4) 投标函；

(5) 投标函附录；

(6) 投标保函或投标保证金缴交凭证；

(7) 工程量清单报价表（封面）；

(8) 投标总价；

(9) 工程项目总价表；

(10) 单项工程费汇总表；

(11) 单位工程费汇总表；

(12) 分部分项工程量清单计价表；

(13) 技术措施项目清单计价表；

(14) 其他措施项目清单计价表；

(15) 其他项目清单计价表；

(16) 规费清单计价表；

(17) 设备清单计价表；

(18) 零星工作项目计价表；

(19) 分部分项工程量清单综合单价分析表；

(20) 技术措施项目清单综合单价分析表；

(21) 人工、材料、机械台班价格表；

(22) 材料设备品牌选用表；

(23) 投标企业的劳保核定卡；

(24) 电子投标计价文件。

九、投标文件的递交

1. 投标方须准备一份投标书正本及一份副本，并分别在封面上明显位置标明“正本”及“副本”字样。当正副本内容不一致时以正本为主。

2. 所有投标文件（正本及副本）须打印成册，用统一的封装袋加以密封并在密封处由法定代表人或其授权人签署认可并加盖公章，并在封面上写明招标人的名称和地址、工程名称、招标编号、招标标段、投标人的名称，投标文件（标函）袋的格式由××市建设工程招投标中心印制。

3. 投标书中不得有任何擦涂、更改痕迹。若须改正错漏，须由投标书签发人在更正处加签。

4. 投标方提交的所有资格证明资料不得伪造，一经发现按废标处理，且除其投标保证金被全部没收外，将被举报并受相应处罚。

5. 投标人应按前附表第16项所规定的投标文件递交起止时间和地点将投标文件送达招标人。

6. 招标人在投标截止期以后收到的投标文件，将拒收并原封退给投标人。

7. 投标文件必须按标段独立装订。

十、开标

1. 招标人将于适当的时间和地点在所有投标人均在场的情况下，进行开标会议。

2. 开标时，先确认投标保证金到账情况及查验投标文件密封情况，确定无误后拆封唱标。

十一、评标

1. 开标会议结束后随即进行评标，投标单位不参加。招标方依法组成评标小组，由评标小组剔出不合理报价的单位后按照有效的投标报价由低到高进行排序，较低的前三名分别为第一、第二、第三中标候选单位。

2. 为了有助于投标文件的审查、评价和比较，招标人有可能要求个别投标人对投标文件内容进行澄清或说明。有关澄清的要求和答复应以书面形式，但对投标报价和标书的实质性内容不得更改。

3. 评标方法：本次招标的评标方法采用经评审的最低投标价法，即按投标报价从低到高排列中标候选人，并标明排列顺序。相关单位对结果书面确认后，招标人即可确定排名第一的中标候选人为本项目的中标人，并向中标人发出中标通知书。

4. 投标文件属下列情况之一的，评标委员会将在资格性、符合性检查时作为无效投标处理：

（1）未按本工程招标文件要求编制的；

（2）投标文件未密封；

（3）未按本工程要求加盖投标人印鉴和未经法定代表人（或其委托代理人）签字或盖印章；

（4）未按时交纳投标保证金或金额不足的；

（5）投标报价超过本工程最高控制价的；

（6）投标文件中涉及造价、工期的数字或文字字迹模糊不清难以确认的；

（7）投标内容、技术文件未能实质性响应本招标文件要求的。

5. 本工程评标过程只进行商务标投标文件评审，不进行技术标投标文件评审。但投标人应对所递交的技术标投标文件的真实性负责，并在中标后严格按照招标文件和投标文件的内容执行。否则招标人有权取消其中标资格。

6. 本工程分为三个标段，即××市××高级中学临时用房Ⅰ标段1＃、2＃楼工程、××市××高级中学临时用房Ⅱ标段3＃、4＃楼工程和××市××高级中学临时用房Ⅲ标段5＃楼工程三个标段进行招标，考虑到Ⅰ标段、Ⅱ标段施工周转场地小，可以同时中标，但Ⅰ标段、Ⅱ标段均不能与Ⅲ标段同时中标，当出现同一投标人在两个标段中（除Ⅰ标段、Ⅱ标段外）被推荐为第一中标候选人时，则由招标人选定中标价较高的标段为其中标标段，另一标段由该标段第二中标候选人作为该标段的中标人，但最终以所有投标人中最低的投标报价为中标价，并向招标人签订投标承诺书。

十二、定标及合同签订

1. 招标人在评标后三个工作日内，按照评标报告中推荐的中标候选人顺序确定排序最前的中标候选单位为中标单位并发中标通知书，当确定中标的中标候选单位放弃或因不可抗力提出不能履行合同或者招标文件规定应提交履约担保而在规定的期限内未能提交的，招标人依序确定其他中标候选单位为中标单位。

2. 中标单位在接到中标通知书后两个工作日内须持中标通知书与招标人签订工程承包合同并同时缴交履约保证金（合同价的10%），所签订的合同不得对招标文件和中标人投标文件做实质性修改。中标人如不按本投标条款的规定与招标人签订建设工程施工合同，则招标人将有充分的理由废除对其授标权，同时扣罚中标人的投标保证金予以赔偿中标人给招标人造成的损失。

3. 中标人收到中标通知书后五个工作日内不按招标文件要求提交履约保证金，招标人视为中标人放弃中标，招标人依序确定其他中标候选人作为中标人，并不予退还其投标保证金。

4. 中标人不按招标人要求的时间组织进场施工之日起超过五天的，招标人视为中标人放弃中标，招标人依序确定其他中标候选人作为中标人。

5. 中标人不履行与招标人订立的合同的，履约担保金不予退还，给招标人造成的损失超过履约担保金数额的，还应当对超过部分予以赔偿。

6. 中标人应当按照合同约定履行义务，完成中标项目，不得将中标项目施工转让（转包）给他人。对中标项目施工的非关键性工作如果要分包给他人完成，必须是投标文件明确的分包项目或经招标人同意，接受分包的人应当具备相应的资格条件，并不得再次分包。此种情况下，中标人应当就分包项目向招标人负责。

十三、投标保证金退还

1. 投标费用：

投标过程中所发生的一切费用，均由投标单位自行承担。

2. 投标保证金：

（1）投标单位须向招标单位提交投标保证金，其中Ⅰ标段、Ⅲ标段投标保证金数额均为××元人民币；Ⅱ标段投标保证金数额为××元人民币。

（2）投标保证金包括以下条件：

如果投标单位中标，投标保证金保持全部约束力，直到中标单位与招标单位签订协议。

如果投标单位在投标有效期内撤回其投标；或被通知与招标单位签订合同后拒签；或未能执行缴交履约担保的规定，则招标单位有权没收投标保证金。

未中标的投标人应开具有税务专用章的往来票据向招标人办理退回投标保证金，招标人在招标工作结束七个工作日内将投标保证金无息退回投标人原账户。

十四、其他方面要求

（一）工程经济技术要求：

1. 招标工程类别及费率取费标准：

（1）本招标工程的工程类别为：建筑安装工程，按其他建筑物三类。

（2）本工程的费率取费标准按照其工程类别，以《××省建筑安装工程费用定额》（2003版）、××省建设厅关于调整《××省建筑安装工程费用定额》（2003版）利润率的通知（××建筑［2005］15号）、××省建设厅关于调整《××省建筑安装工程费用定额》（2003版）建筑工程企业管理费率的通知（××建筑［2005］25号）、××省建设厅关于调整《××省建筑安装工程费用定额》（2003版）安全文明施工取费标准和使用方法的通知（××建筑［2007］4号）中规定的标准，并按照市建设工程造价管理站公布的最近期的最低控制线标准计取（规费和列入不可竞争的措施项目费率除外）。

2. 本工程实行风险包干制承包，招标人在计算合理低价时已根据工程的实际情况和工期及市场情况按1％的风险包干系数计入风险包干费。设计图纸中有明确表述的项目，均在风险包干范围内，中标后，招标人不再对工程量清单的项目和数量进行校对和调整。投标人必须按其报价依据施工图完成招标文件规定范围内的所有工程项目。

3. 本工程中标人在与招标人签订合同前需提交承包商履约担保。

4. 本工程施工图纸和工程量清单对工程项目内容的说明为相互补充的关系，投标人应认真核对，充分考虑工程量清单比照施工图纸存在缺项、漏项的可能。若工程量清单有缺项、漏项，则应视为已包含在投标总价内，风险由中标人承担，中标后不予增补。

（二）主要材料设备品牌推荐表

主要材料设备品牌推荐表

序号	名称	规格型号技术参数等特殊要求	推荐品牌			
			品牌一	品牌二	品牌三	品牌四

1. 技术参数及规格等除表内具体要求外，还应根据图纸要求。

2. 投标人选用材料品牌时应考虑选用同一品牌（或系列）产品投标，使材料配套。

3. 项目实施过程中，可能存在投标人在投标文件中填报的品牌无生产（或停产或无货或无相对应系列产品），招标人可从《主要材料设备明细表》其他备选的二种品牌中选择使用，中标单位不得拒绝且不得提出调价要求。如果以上《主要材料设备明细表》中某材料设备三种品牌均无生产（或停产或无货或无相对应系列产品），招标人可选择其他同等档次品牌使用，中标单位不得拒绝且不得提出调价要求。

4. 本工程承包范围由承包人采购的材料、设备，不得低于招标文件规定和技术文件承诺的合格产品，且在使用之前必须经发包人、监理、设计单位共同确认后方可使用。

（三）项目管理班子配备标准

项目管理班子配备标准表

<table>
<tr><th colspan="2">评审内容</th><th>评 审 标 准</th></tr>
<tr><td rowspan="2">理班子配备</td><td>项目经理</td><td>本工程属小型工程，拟派的项目经理必须满足下列要求：
小型工程项目：二级及以上建筑工程专业注册或临时执业建造师且需助理工程师及以上职称，且目前无在建工程项目，已备案且岗位一致。
注：建造师注册证书或临时执业证书上标明的单位必须与投标人名称一致，并已备案且岗位一致。</td></tr>
<tr><td>其他人员</td><td>其他人员配备至少应达到下列要求：
<table>
<tr><th>职位</th><th>数量要求</th><th>职称、岗位资格要求</th><th>备 注</th></tr>
<tr><td>项目技术负责人</td><td>1</td><td>工程师及以上</td><td></td></tr>
<tr><td>质检员</td><td>1</td><td>取得初（员）级及以上职称或上岗证</td><td></td></tr>
<tr><td>安全员</td><td>1</td><td>取得初（员）级及以上职称或上岗证</td><td></td></tr>
<tr><td>预算员</td><td>1</td><td>取得预算员证或注册造价工程师证</td><td></td></tr>
<tr><td>试验员</td><td>1</td><td>取得初（员）级及以上职称或上岗证</td><td></td></tr>
<tr><td>材料员</td><td>1</td><td>取得中（员）级及以上职称或上岗证</td><td></td></tr>
<tr><td>合同管理员</td><td>1</td><td>取得初（员）级及以上职称或上岗证</td><td></td></tr>
<tr><td>施工员</td><td>2</td><td>取得初（员）级及以上职称或上岗证</td><td></td></tr>
</table>
注：
1. 投标人应当对填报的项目班子其他人员的资料真实性负责，不得弄虚作假。评标委员会评审时不对项目班子其他人员的资料真实性进行核查，也不对拟派的其他人员是否是本单位职工真实性进行核查。
2. 本单位职工是指至少一个月前与本单位签订了经劳动部门鉴证的劳动合同（文件规定已取消劳动合同鉴证的省、市其劳动合同可不需鉴证），并为之办理社会保险（至少包括养老和失业保险）的人员。</td></tr>
</table>

（四）其他方面要求：

1. 投标人一旦中标，在施工过程中应采取一切措施防止对施工现场及其周边地区的污染，应根据环保部门的规定制定保护方案并予以实施。其费用已包含在投标总价内，中标后招标人不另行增补。

2. 投标人一旦中标，应根据本工程施工现场的实际情况和施工工期要求，自行考虑诸如施工设备的停放，避免对周边居民、企业、学校产生干扰，施工废水、废物的处理等一切必要的措施，使施工顺利进行，并承担由于措施不力造成的事故责任和因此发生的费用。其费用已包含在投标总价内，中标后招标人不另行增补。

3. 投标人必须充分考虑本地区电力紧张限电，电力设施维护和损坏抢修停电等原因对工程施工所造成的影响，投标人应配备足够的发电设备和作好施工蓄水措施以确保施工用电、用水的供应。

4. 投标人在递交投标文件前应充分考虑到以下情况，中标后投标人不得以任何理由要求招标人补偿相关费用：①现有施工场地土方标高及土质状况，必须确保中标后进场施工机械能正常作业所必需的土方及场地硬化处理费用。②现有拟建场内的土方标高必须达到设计图纸所要求的标高所应进行的土方竖向填方或挖方所引起的费用。

5. 招标人保留授标及合同履行时调整工程量及调整发包项目范围的权力。招标人发包的工程项目的工程数量及专业工程项目受其他条件的影响，在授标及合同履行时招标人有权更改工程数量及专业工程项目的范围，如有更改，承包人不得拒绝，且该部分工程造价按投标文件报价进行调整（承包人不得因此向发包人索要管理费、利润损失等补偿）。

6. 本工程临时施工用电电源引至保障性住房水泵房附近的施工用电箱，投标人在投标时应考虑从施工用电箱引至施工场地的电源所需的相关费用，竣工结算不予调整。

7. 本工程临时施工用水引至海新阳光公寓一期预留建设幼儿园的场地，投标人在投标时应考虑从幼儿园场地引至施工场地所需的相关费用，竣工结算不予调整。水费按月从工程款中扣除。

8. 本工程抽水发生的台班等费用由投标人根据现场情况自行报价，竣工结算不予调整。

9. 拟建房屋的基础部分可能会遇到块石、条石和混凝土路面，场地内在残积砂质粘性土中发育有微风化花岗岩“孤石”，投标人在投标时应综合考虑做±0.000以下工程时会遇到上述情况的基础处理费用，中标后不得调整该费用。

2.2 施 工 投 标

施工投标是指具有合法资格和能力的施工企业根据招标条件，经过初步研究和估算，在指定期限内填写标书，提出报价，并等候开标，决定能否中标的经济活动。

2.2.1 施工投标程序

施工企业的投标流程如图2-2所示。

1. 获取招标信息

获取工程招标信息是施工企业承揽工程的第一步，也是最关键的一步。对于公开招标

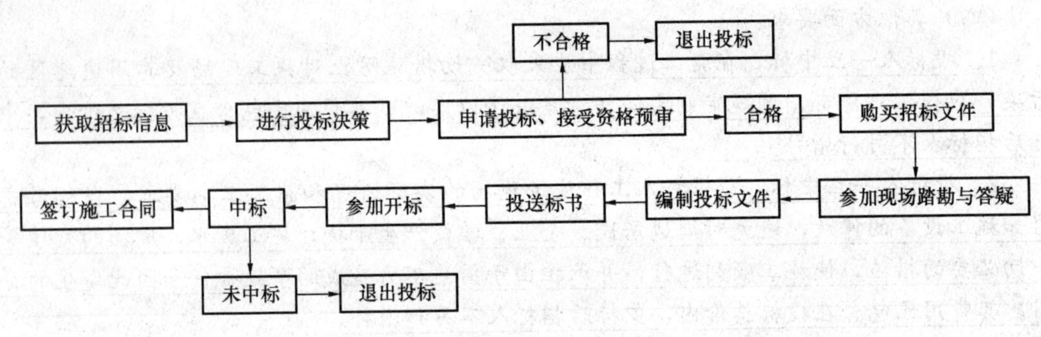

图 2-2　施工企业投标流程图

的施工项目，在各地政府的招投标中心、报刊、杂志、各地方的招标投标网站会经常公布拟招标的工程项目信息，需要施工企业时常关注。对于邀请招标的施工项目，建设单位往往是有目标的选择一些施工企业，这需要施工企业在平时的工程施工中建立良好的形象，在社会上有一定的影响力才能被选中。

2. 进行投标决策

施工企业进行投标、承揽工程施工的目的是为了赢利，是为了保证企业的生存和发展。投标是一项耗费人力、物力、财力的经济活动，如果不能中标，投入的资源被白白浪费，得不偿失；如果招标单位条件苛刻，即使中标也无利可图，搞不好还要亏损，则更不划算。因此，对施工企业而言，并不是每标必投，而是需要研究投标的决策问题。

投标决策需要解决两个问题：

（1）对某个招标工程是投标还是不投标；

（2）如果准备投标的话，将采用以什么策略才能即保证中标、又能够在中标后赢利。

施工企业的决策班子必须要充分认识投标决策的重要意义，在全面分析的基础上做出投标决策。

3. 申请投标、接受资格预审

对于要求进行资格预审的某个招标项目，如果施工企业准备进行投标的话，就要按照招标公告的规定认真准备资格预审时需要的材料，如营业执照、资质证书、所承担过的与招标项目类似工程的施工合同、获奖证书等，以便能够顺利地通过资格预审。

招标单位会将资格预审结果以书面形式通知所有参加预审的施工企业，对资格预审合格的单位，以书面形式通知其准备投标。

4. 购买招标文件

通过资格预审的施工企业，可在规定的时间内（一般为 5 天）到招标公告规定的地点去购买招标文件。招标文件和有关资料的费用由投标人自理，图纸的获得需要投标人提交押金，图纸押金于开标后退还。施工企业在获得招标文件、图纸和有关资料后，要认真核对，无误后以书面形式确认。

5. 现场踏勘与答疑

按照国际惯例，施工企业提出的投标报价一般被认为是在现场考察基础上编制的。一旦报价单提出，投标者无权因为现场考察不周、情况了解不细、因素考虑不全面而提出修改投标文件，调整报价，或者是提出补偿要求等。

施工企业在踏勘现场前，要仔细研究招标文件，特别是文件中的工作范围、专用条款，以及设计图纸和说明，做到事前有准备。在踏勘中要把自己关心的问题弄清楚，对于不明白的地方要做记录，并在招标答疑会提出，要求招标单位以书面的形式做出回答。招标单位的书面答疑将作为合同文件的组成部分。

6. 编制投标文件

施工企业所做的投标前期准备工作，对招标文件的所有响应，最终都是通过投标文件进行反映。评标委员会确认废标与中标要在投标文件中找出相应的依据，建设单位选择谁或不选择谁，也是要根据投标文件的情况作出最后决定。所以施工企业应对投标文件的编制工作给予足够的重视，力求递交的投标文件是一份内容上完整、实质上响应、价格上有竞争力、制作上精美的投标文件。

根据我国现行的建设工程相关法律规定，建设工程项目施工招标的投标文件一般包括投标书、投标报价、施工组织设计（或施工方案）、商务和技术偏离表、辅助资料表和招标文件要求提供的其他文件等方面的内容。实际施工项目的招标类型有所不同（如房屋施工、桥梁施工、道路施工等），其投标文件的组成会有一定的区别，但不存在实质性的差异。

7. 递交投标文件、参加开标会

施工企业在递交投标文件前，需要向招标单位提交投标保证金。在正式递交时，要认真检查投标文件的装订是否有遗漏、需要盖企业公章之处是否盖全、法人代表和委托人签字之处是否签全、投标文件的正副本是否区分、投标文件的数量是否符合规定等。当确认无误后，可在招标文件规定的截止时间之前递交投标文件。

施工企业在递交了投标文件后，要根据招标文件公布的时间和地点，按规定准时参加开标会。参加开标会之前应做一些必要的准备，在开标会中按招标单位的要求进行陈述。如果评标委员会对投标文件有疑问需要答疑的，投标单位还应该进行解释和澄清。

8. 中标、签订施工合同

施工企业在接到中标通知书后，应按中标通知书规定的时间，持中标通知书与招标单位签订施工合同，并同时缴纳履约保证金。根据《中华人民共和国招标投标法实施条例》规定，招标文件要求中标人提交履约保证金的，中标人应当按照招标文件的要求提交，履约保证金不得超过中标合同金额的10%。施工企业若不按中标通知书规定的时间提交履约保证金，招标单位则视中标人自动放弃中标，可另选其他中标候选人为中标单位，原中标单位的投标保证金不予退还。

2.2.2 投标文件编制

投标文件是施工企业参与投标竞争的凭证，是综合反映施工企业能否取得经济效益的因素，是招标单位评标、定标的依据，同时也是将来施工合同的组成部分。因此，施工企业应高度重视投标文件的编制工作。

施工企业应当按照招标文件的规定编制投标文件。在编制投标文件时，要认真核对工程量、单价、总价等，对招标文件规定的格式不得更改，对招标文件提出的实质性要求和条件必须做出响应，文字表述要准确，文件制作应整洁。

1. 投标文件的组成

（1）投标函及投标函附录；

(2) 法人代表身份证明、授权委托书；

(3) 联合体协议书（若组成联合体共同投标时应当提供）；

(4) 投标保证金；

(5) 已标价工程量清单（或报价表）；

(6) 施工组织设计；

(7) 项目管理机构；

(8) 拟分包项目情况表；

(9) 资格审查资料；

(10) 其他材料。

2. 投标文件编制

(1) 投标函及投标函附录编制

投标函是指投标人按照招标文件的条件和要求，向招标人提交的有关报价、质量目标等承诺和说明的函件，是投标人为响应招标文件相关要求所做的概括性说明，一般位于投标文件的首要部分，其格式、内容必须符合招标文件的规定。在有的工程招标中，招标单位要求投标单位对投标函进行单独密封。

为了规范投标函及投标函附录的编制，《中华人民共和国标准施工招标文件》制订了投标函及投标函附录范本，实际编制时可参考借鉴。

投标函范本

____________（招标人名称）：

1. 我方已仔细研究了________（项目名称）________标段施工招标文件的全部内容，愿意以人民币（大写）________元（¥________）的投标总报价，工期________日历天，按合同约定实施和完成承包工程，修补工程中的任何缺陷，工程质量达到________。

2. 我方承诺在投标有效期内不修改、撤销投标文件。

3. 随同本投标函提交投标保证金一份，金额为人民币（大写）________元（¥________）。

4. 如我方中标：

(1) 我方承诺在收到中标通知书后，在中标通知书规定的期限内与你方签订合同。

(2) 随同本投标函递交的投标函附录属于合同文件的组成部分。

(3) 我方承诺按照招标文件规定向你方递交履约担保。

(4) 我方承诺在合同约定的期限内完成并移交全部合同工程。

5. 我方在此声明，所递交的投标文件及有关资料内容完整、真实和准确，且不存在“投标人须知”第________项规定的任何一种情形。

6. ________________（其他补充说明）。

投 标 人：________________（盖单位章）

法定代表人或其委托代理人：________（签字）

地　　址：________________________

网　　址：____________________
电　　话：____________________
传　　真：____________________
邮政编码：____________________

______年____月____日

投标函附录范本　　　　表2-4

序号	条款名称	合同条款号	约定内容	备注
1	项目经理	1.1.2.4	姓名：	
2	工期	1.1.4.3	天数：____日历天	
3	缺陷责任期	1.1.4.5		
4	分包	4.3.4		
5	价格调整的差额计算	16.1.1	见价格指数权重表	
……	……	……		
……	……	……		

（2）法人代表身份证明、授权委托书编制

投标文件应由投标单位的法人代表签字、盖章才具有法律效力。为确保投标文件的合法有效，投标单位必须向招标单位提供能够证明法人代表身份的文件。

若投标单位的法人代表不能亲自在投标文件上签字、盖章，可授权他人代理，但必须向代理人出具授权委托书，代理人在递交投标文件时，同时向招标单位递送授权委托书。

为了规范法人代表身份证明、授权委托书的编制，《中华人民共和国标准施工招标文件》制订了法人代表身份证明、授权委托书范本，实际编制时可参考借鉴。

法定代表人身份证明范本

投标人名称：____________________
单位性质：____________________
地　　址：____________________
成立时间：______年____月____日
经营期限：____________________
姓　　名：______性别：______年龄：______职务：______
系____________________（投标人名称）的法定代表人。
特此证明。

投标人：____________________（盖单位章）

______年____月____日

授权委托书范本

本人 ______（姓名）系 ____________________（投标人名称）的法定代表人，现委托 ______（姓名）为我方代理人。代理人根据授权，以我方名义签署、澄清、说明、补正、递交、撤回、修改 __________（项目名称）__________ 标段施工投标文件、签订合同和处理有关事宜，其法律后果由我方承担。

委托期限：____________________

代理人无转委托权。

附：法定代表人身份证明

投　标　人：____________________（盖单位章）

法定代表人：____________________（签字）

身份证号码：____________________

委托代理人：____________________（签字）

身份证号码：____________________

______年 ____ 月____ 日

（3）联合体协议书编制

联合体投标，是指两个以上法人或者其他组织组成一个联合体，以一个投标人的身份共同投标的行为。联合体共同投标一般适用于大型建设项目和结构复杂的建设项目。

国家相关法规对联合体资质的要求是：联合体各方均应具有承担招标项目必备的条件，如相应的人力、物力、资金等；国家或招标文件对招标人资格条件有特殊要求的，联合体各个成员都应当具备规定的相应资格条件；同一专业的单位组成的联合体，应当按照资质等级较低的单位确定联合体的资质等级。

为了规范联合体协议书的编制，《中华人民共和国标准施工招标文件》制订了联合体协议书范本，实际编制时可参考借鉴。

联合体协议书范本

__________（所有成员单位名称）自愿组成 ______（联合体名称）联合体，共同参加（项目名称）______ 标段施工投标。现就联合体投标事宜订立如下协议。

1. __________（某成员单位名称）为 __________（联合体名称）牵头人。

2. 联合体牵头人合法代表联合体各成员负责本招标项目投标文件编制和合同谈判活动，并代表联合体提交和接收相关的资料、信息及指示，并处理与之有关的一切事务，负责合同实施阶段的主办、组织和协调工作。

3. 联合体将严格按照招标文件的各项要求，递交投标文件，履行合同，并对外承担连带责任。

4. 联合体各成员单位内部的职责分工如下：____________________。

5. 本协议书自签署之日起生效，合同履行完毕后自动失效。

6. 本协议书一式 ________ 份，联合体成员和招标人各执一份。

注：本协议书由委托代理人签字的，应附法定代表人签字的授权委托书。

牵头人名称：____________________（盖单位章）
法定代表人或其委托代理人：__________（签字）
成员一名称：____________________（盖单位章）
法定代表人或其委托代理人：__________（签字）
成员二名称：____________________（盖单位章）
法定代表人或其委托代理人：__________（签字）
______ 年 ____ 月____ 日

(4) 投标保证金编制

投标保证金是为了保护招标单位免遭因投标单位的行为而蒙受损失，规定投标单位向招标单位提交一定金额的保证金，并作为其投标文件的一部分。

按照《工程建设项目施工招标投标办法》规定，招标人可以在招标文件中要求投标人提交投标保证金；投标保证金一般不得超过投标总价的 2%，但最高不得超过 80 万元人民币；投标保证金有效期应当超出投标有效期 30 天。

而按照《中华人民共和国招标投标法实施条例》规定，招标人在招标文件中要求投标人提交投标保证金的，投标保证金不得超过招标项目估算价的 2%；投标保证金有效期应当与投标有效期一致；投标有效期从提交投标文件的截止之日起算；依法必须进行招标的项目的境内投标单位，以现金或者支票形式提交的投标保证金应当从其基本账户转出。

按照法律效力层级来说，《中华人民共和国招标投标法实施条例》高于《工程建设项目施工招标投标办法》，二者有矛盾时，应以《中华人民共和国招标投标法实施条例》为准。一般情况下，投标总价的 2%不会超过招标项目估算价的 2%，且《中华人民共和国招标投标法实施条例》对投标保证金的金额没有下限，因此对于建设工程的投标保证金金额规定仍可采用《工程建设项目施工招标投标办法》规定。但对于投标保证金有效期来说，应以《中华人民共和国招标投标法实施条例》为准，投标保证金有效期应当与投标有效期一致；而不能采用《工程建设项目施工招标投标办法》规定的投标保证金有效期应当超出投标有效期 30 天的规定。

招标单位在下列情况之一发生时，可没收投标保证金：投标人在规定的投标有效期内撤回其投标；中标人在规定期限内未能根据规定签订合同；中标人在规定期限内未能提交履约保证金。

为了规范投标保证金的编制，《中华人民共和国标准施工招标文件》制订了投标保证金范本，实际编制时可参考借鉴。

投标保证金范本

__________ **（招标人名称）：**

鉴于 __________（投标人名称）（以下称“投标人”）于 __________ 年______ 月______ 日参加 __________（项目名称）__________ 标段施工的投标，__________（担保人

名称，以下简称“我方”）无条件地、不可撤销地保证：投标人在规定的投标文件有效期内撤销或修改其投标文件的，或者投标人在收到中标通知书后无正当理由拒签合同或拒交规定履约担保的，我方承担保证责任。收到你方书面通知后，在7日内无条件向你方支付人民币（大写）__________元。

本保函在投标有效期内保持有效。要求我方承担保证责任的通知应在投标有效期内送达我方。

担保人名称：________________（盖单位章）
法定代表人或其委托代理人：______（签字）
地　　址：______________________
邮政编码：______________________
电　　话：______________________
传　　真：______________________
______年____月____日

(5) 已标价工程量清单（或报价表）编制

在许多工程的施工招投标中，招标方的招标文件中往往有一份没有标价的工程量清单，投标单位需要在这份工程量清单上按照规定的格式和要求填写并标明价格，形成一份已标价工程量清单。已标价工程量清单实际上是投标单位的报价，即投标单位对招标单位提出的要约。已标价工程量清单构成合同文件的组成部分。

有些工程的施工招标文件没有给出工程量清单，只是给了设计图纸，这时投标单位需要编制一份报价表。该报价表也将构成合同文件的组成部分。

无论是已标价工程量清单还是报价表，其实质都是投标单位在价格上提出的要约。报价对投标单位而言极为重要，因为它既关系到投标单位是否中标，也影响到中标后能否赢利。投标单位需要对招标文件进行认真的分析研究，对施工现场进行细致的考察，结合自身的经营管理水平制定合理的报价策略。

具体的工程量清单价格填写或投标报价表的编制，是一项复杂、工作量大的专业性工作，一般由施工企业中的预算人员完成，在工程量清单价格填写或投标报价表编制完成后，必须进行认真、严格的审查，避免出现遗漏或错误。

投标单位的最终报价，将由企业的决策层综合考虑：预算人员做出的预算、本企业的生产技术和管理水平、本企业的市场竞争策略、本企业对承担该工程项目的风险承受能力、本企业在该工程项目上的赢利期望等因素做出。

(6) 施工组织设计编制

施工组织设计是用来指导施工项目全过程各项活动的技术、经济和组织管理的综合性文件，是施工技术与施工项目管理有机结合的产物，是工程开工后施工活动能有序、高效、科学合理进行的保证。

1) 施工组织设计的编制原则

①根据建设项目的工艺流程、投产先后顺序，安排各单位工程开竣工期限；

②确定重点，保证进度；

③建设总进度一定要留有适当的余地；

④有预见地把各项准备工作做在工程开工的前面；

⑤选择有效的施工方法，采用新技术、新工艺，确保工程质量和生产安全；

⑥充分利用正式工程，节省暂设工程的开支；

⑦施工总平面图的总体布置和施工组织总设计规划应协调一致、互为补充。

2）编制施工组织设计的注意事项

①采用文字并结合图表形式说明施工方法；

②详细说明拟投入本标段的主要施工设备情况、拟配备本标段的试验和检测仪器设备情况、劳动力计划等；

③结合工程特点提出切实可行的工程质量、安全生产、文明施工、工程进度、技术组织措施；

④对关键工序、复杂环节重点提出相应技术措施，如冬雨季施工技术、减少噪声、降低环境污染、地下管线及其他地上地下设施的保护加固措施等。

3）施工组织设计中应该附的图表

①拟投入本标段的主要施工设备表；

②拟配备本标段的试验和检测仪器设备表；

③劳动力计划表；

④计划开、竣工日期和施工进度网络图（说明按招标文件要求的计划工期进行施工的各个关键日期）；

⑤施工总平面图（绘出现场临时设施布置图表并附文字说明，说明临时设施、加工车间、现场办公、设备及仓储、供电、供水、卫生、生活、道路、消防等设施的情况和布置）；

⑥临时用地表。

施工组织设计的编制同投标报价表的编制一样，是一项复杂、工作量大的专业性工作，一般由企业的施工技术人员或施工管理人员负责编制。

（7）项目管理机构编制

投标文件中的投标单位项目管理机构，主要用“项目管理机构组成表”和“主要人员简历表”反映。

在“项目管理机构组成表”中，投标单位需要填入投标工程拟建项目部每个成员（如项目经理、施工员、质量检查员、材料员、安全员、预算员……）的姓名、职务、职称、执业或职业资格证书（名称、级别、证号、专业）、养老保险等信息。

在“主要人员简历表”中，投标单位除了需要填入相关信息外，对项目经理，应附项目经理证、身份证、职称证、学历证、养老保险复印件，其管理过的项目业绩，须附合同协议书复印件。对技术负责人，应附身份证、职称证、学历证、养老保险复印件，其管理过的项目业绩，须附证明其所任技术职务的企业文件或用户证明。其他主要人员应附职称证（执业证或上岗证书）、养老保险复印件。

《中华人民共和国标准施工招标文件》中给出了“项目管理机构组成表”和“主要人员简历表”的范本（见表 2-5、表 2-6）。

项目管理机构组成表范本　　表 2-5

职务	姓名	职称	执业或职业资格证明					备注
			证书名称	级别	证号	专业	养老保险	

主要人员简历表范本　　表 2-6

姓名		年龄		学历	
职称		职务		拟在本合同任职	
毕业学校	年毕业于　　学校　　专业				
主要工作经历					

时间	参加过的类似项目	担任职务	发包人及联系电话

（8）拟分包项目情况表编制

拟分包项目情况表可参照《中华人民共和国标准施工招标文件》中范本编制（见表 2-7）。

拟分包项目情况表范本　　表 2-7

分包人名称		地址	
法定代表人		电话	
营业执照号		资质等级	
拟分包的工程项目	主要内容	预计造价（万元）	已做过的类似工程

（9）资格审查资料编制

资格审查资料主要由投标人基本情况表、近年财务状况表、近年完成的类似项目情况表、正在施工的和新承接的项目情况表、近年发生的诉讼及仲裁情况五个部分组成。投标人基本情况表、近年完成的类似项目情况表、正在施工的和新承接的项目情况表范本如下（见表 2-8～表 2-10），近年财务状况表、近年发生的诉讼及仲裁情况需要根据投标单位的实际情况编制。

投标人基本情况表范本　　表 2-8

<table>
<tr><td>投标人名称</td><td colspan="6"></td></tr>
<tr><td>注册地址</td><td colspan="3"></td><td>邮政编码</td><td colspan="2"></td></tr>
<tr><td rowspan="2">联系方式</td><td>联系人</td><td colspan="2"></td><td>电 话</td><td colspan="2"></td></tr>
<tr><td>传 真</td><td colspan="2"></td><td>网 址</td><td colspan="2"></td></tr>
<tr><td>组织结构</td><td colspan="6"></td></tr>
<tr><td>法定代表人</td><td>姓 名</td><td></td><td>技术职称</td><td></td><td>电话</td><td></td></tr>
<tr><td>技术负责人</td><td>姓 名</td><td></td><td>技术职称</td><td></td><td>电话</td><td></td></tr>
<tr><td>成立时间</td><td colspan="2"></td><td colspan="4">员工总人数：</td></tr>
<tr><td>企业资质等级</td><td colspan="2"></td><td rowspan="5">其中</td><td colspan="2">项目经理</td><td></td></tr>
<tr><td>营业执照号</td><td colspan="2"></td><td colspan="2">高级职称人员</td><td></td></tr>
<tr><td>注册资金</td><td colspan="2"></td><td colspan="2">中级职称人员</td><td></td></tr>
<tr><td>开户银行</td><td colspan="2"></td><td colspan="2">初级职称人员</td><td></td></tr>
<tr><td>账 号</td><td colspan="2"></td><td colspan="2">技 工</td><td></td></tr>
<tr><td>经营范围备注</td><td colspan="6"></td></tr>
</table>

近年完成的类似项目情况表范本　　表 2-9

项目名称	
项目所在地	
发包人名称	
发包人地址	
发包人电话	
合同价格	
开工日期	
竣工日期	
承担的工作	
工程质量	
项目经理	
技术负责人	
总监理工程师及电话	
项目描述	
备 注	

正在施工的和新承接的项目情况表范本 表 2-10

项目名称	
项目所在地	
发包人名称	
发包人地址	
发包人电话	
签约合同价	
开工日期	
计划竣工日期	
承担的工作	
工程质量	
项目经理	
技术负责人	
总监理工程师及电话	
项目描述	
备 注	

(10) 其他材料编制

投标文件中的其他材料是指除上述内容外，按招标文件要求或投标单位自己认为有必要附在投标书中的材料，实际编制投标文件时，该部分有则附上，没有也可不写。

2.2.3 废标的预防

在激烈的招标投标活动中，施工企业可能会因为技术条件不过关、工程造价选择过高、企业资质没有达到规定而被淘汰出局，这些淘汰与企业实现自身赢利目标、工程管理水平或者资质有关，有些是不可克服的（如资质），也有些是企业在机会与利益之间作出的一种均衡（如赢利目标），而废标则往往不是因为这些原因。

废标是施工企业机会的浪费、招标成本的浪费，对招标方而言同样可能会失去最优秀的投标者，使招标失去应有的价值。废标在实际的招投标活动中占的比重不少。因此，有效地预防废标，可能比施工企业在投标价格、工期的选择上更有直接的意义。

废标产生的原因是法律强制性规定或者招标文件中约定废标事件的出现，废标分为法定废标和约定废标。法定废标着重保护国家利益和集体利益，在招投标活动中具有普遍性；约定废标是指不违反法律强制性规定，由招标文件约定一些条件，如：招标方的工期要求、造价控制限额等，投标文件只有完全满足这些条件，才可以参加评标，若不能满足这些条件则做废标处理。

1. 法定废标

(1) 根据《中华人民共和国招标投标法实施条例》第五十一条规定，有下列情形之一的评标委员会应当否决其投标：

1）投标文件未经投标单位盖章和单位负责人签字；

2）投标联合体没有提交共同投标协议；

3）投标人不符合国家或者招标文件规定的资格条件；

4）同一投标人提交两个以上不同的投标文件或者投标报价，但招标文件要求提交备选投标的除外；

5）投标报价低于成本或者高于招标文件设定的最高投标限价；

6）投标文件没有对招标文件的实质性要求和条件作出响应；

7）投标人有串通投标、弄虚作假、行贿等违法行为。

（2）根据《工程建设项目施工招标投标办法》第五十条规定，投标文件有下列情形之一的由评标委员会初审后按废标处理：

1）无单位盖章并无法定代表人或法定代表人授权的代理人签字或盖章的；

2）未按规定的格式填写，内容不全或关键字迹模糊、无法辨认的；

3）投标人递交两份或多份内容不同的投标文件，或在一份投标文件中对同一招标项目报有两个或多个报价，且未声明哪一个有效，按招标文件规定提交备选投标方案的除外；

4）投标人名称或组织结构与资格预审时不一致的；

5）未按招标文件要求提交投标保证金的；

6）联合体投标未附联合体各方共同投标协议的。

2. 约定废标

投标文件出现下列情况之一的做废标处理。

（1）投标文件未能在实质上响应招标文件的；

（2）没有按招标文件要求提供投标担保或者所提供的投标担保有瑕疵；

（3）投标文件载明的招标项目完成期限超过招标文件规定的期限；

（4）投标文件载明的货物包装方式、检验标准和方法等不符合招标文件的要求；

（5）投标文件的技术指标明显不符合技术规格、技术标准要求的；

（6）投标人名称或组织结构与资格预审时不一致的；

（7）联合体投标未附联合体各方共同投标协议的；

（8）经资格后审不合格的投标人的投标；

（9）不符合招标文件中规定的其他实质性要求的。

3. 废标预防措施

为了有效地预防废标情况的产生，施工企业在投标中必须对以下方面加以重视。

（1）投标函上一定要同时加盖企业公章（不能是合同专用章）和法定代表人的印章。若是由授权代表人签章，则必须提交法定代表人的授权委托书原件，且委托书应当详细记明委托权限和委托日期。

（2）投标文件需要对招标文件的"实质性"要求作出响应。即：质量标准必须明确；投标报价必须明确且不得高于招标控制价；工期必须明确；企业资质、人员资格条件、业绩情况必须符合招标文件要求并附证明材料；施工组织设计（施工方案）必须明确；商务和技术偏差必须明确；将非主体、非关键性工作分包的必须说明。

（3）当投标报价被评标委员会认定为明显低于其他投标报价，或低于标底，或低于个别成本（企业成本），并被要求予以澄清或说明时，应与评标委员会积极进行沟通、澄清和说明，最大限度地防止投标文件被认定为废标。说明或澄清一定要以书面的形式（加盖公章和法定代表人印章）做出，并要求评标委员会给予签收回执。

（4）招标人要求提供投标担保的，应在提交投标文件的同时，按招标文件的要求及时、足额向招标人提供投标保证金（或投标保函）。提交投标保证金的应保管好银行进账单等凭据，提交投标保函的，应保存签收回执，以防止废标风险。

（5）按照招标文件的要求对投标文件进行密封，在封口处加盖投标人的公章，防止因投标文件未密封而产生废标的风险。

（6）严格按照规定格式进行投标文件的编制，填写的内容必须全面、明确、字迹工整、易于辨认，否则有可能产生废标。

（7）在不允许投备选标的情况下，尽量不要提交两份或两份以上内容不同的投标文件，不要在一份投标文件中报两个价，如果已经报出了两个价，则必须对报出的哪个价作为有效报价进行声明。否则，会产生废标风险。

（8）以联合体投标时要注意：联合体各方均能满足招标文件的要求；联合体各方必须签署联合投标协议；联合体各方必须指定牵头人，由其代表联合体进行投标；投标保证金（投标保函）以联合体牵头人的名义提交；在提交投标文件时，应一并提交联合体各方签署的有投标人公章和法定代表人印章的联合投标协议；指定牵头人应提交联合体各方法定代表人出具的授权委托书原件。

（9）投标人应严格按照招标文件规定的投标截止日期，在截止日期前提交投标文件或补充文件，否则会导致废标。

在招投标实践中，施工企业作为投标人，想要成功竞标，顺利地签订施工合同，对招投标规则和细节的掌握与运用、防止废标的产生尤其重要。

2.3 开标、评标与定标

2.3.1 开标

1. 开标应当在投标截止时间后，按照招标文件规定的时间和地点公开进行。已建立建设工程交易中心的地方，开标应当在建设工程交易中心举行。

2. 开标由招标单位主持，并邀请所有投标单位的法定代表人或者其代理人和评标委员会全体成员参加。建设行政主管部门及其工程招标投标监督管理机构依法实施监督。

3. 开标一般程序

（1）主持人宣布开标会议开始，介绍参加开标会议的单位、人员名单及工程项目的有关情况；

（2）请投标单位代表确认投标文件的密封性；

（3）宣布公正、唱标、记录人员名单和招标文件规定的评标原则、定标办法；

（4）宣读投标单位的名称、投标报价、工期、质量目标、主要材料用量、投标担保或保函以及投标文件的修改、撤回等情况，并作当场记录；

（5）与会的投标单位法定代表人或者其代理人在记录上签字，确认开标结果；

（6）宣布开标会议结束，进入评标阶段。

4. 投标文件有下列情形之一的，应当在开标时当场宣布无效

（1）未加密封或者逾期送达的；

（2）无投标单位及其法定代表人或者其代理人印鉴的；

(3) 关键内容不全、字迹辨认不清或者明显不符合招标文件要求的。

无效投标文件，不得进入评标阶段。

5. 公布标底

对于编制标底的工程，招标单位可以规定在标底上下浮动一定范围内的投标报价为有效，并在招标文件中写明。在开标时，如果仅有少于三家的投标报价符合规定的浮动范围，招标单位可以采用加权平均的方法修订规定，或者宣布实行合理低价中标，或者重新组织招标。

2.3.2 评标

1. 评标由评标委员会负责。评标委员会的负责人由招标单位的法定代表人或者其代理人担任。评标委员会的成员由招标单位、上级主管部门和受聘的专家组成（如果委托招标代理或者工程监理的，应当有招标代理、工程监理单位的代表参加）。为5人以上的单数，其中技术、经济等方面的专家不得少于三分之二。

2. 省、自治区、直辖市和地级以上城市建设行政主管部门，应当在建设工程交易中心建立评标专家库。评标专家须由从事相关领域工作满八年，并具有高级职称或者具有同等专业水平的工程技术、经济管理人员担任，并实行动态管理。

评标专家库应当拥有相当数量符合条件的评标专家，并可以根据需要，按照不同的专业和工程分类设置专业评标专家库。

3. 招标单位根据工程性质、规模和评标的需要，可在开标前若干小时之内从评标专家库中随机抽取专家聘为评委。工程招标投标监督管理机构依法实施监督。专家评委与该工程的投标单位不得有隶属或者其他利害关系。

专家评委在评标活动中有徇私舞弊、显失公正行为的，应当取消其评委资格。

4. 评标可采用合理低标价法或综合评估法。具体评标方法由招标单位决定，并在招标文件中载明。对于大型或者技术复杂的工程，可采用技术标、商务标两阶段评标法。

评标委员会可以要求投标单位对其投标文件中含义不清的内容作必要的澄清或者说明，但其澄清或者说明不得更改投标文件的实质性内容。

任何单位和个人不得非法干预或者影响评标的过程和结果。

5. 评标结束后，评标委员会应当编制评标报告。评标报告应包括下列主要内容：

(1) 招标情况，包括工程概况、招标范围和招标的主要过程；

(2) 开标情况，包括开标时间、地点、参加开标会议的单位和人员，以及唱标等情况；

(3) 评标情况，包括评标委员会的组成人员名单，评标的方法、内容和依据，对各投标文件的分析论证及评审意见；

(4) 对投标单位的评标结果排序，并提出中标候选人的推荐名单。

评标报告须经评标委员会全体成员签字确认。

2.3.3 中标

1. 中标单位的选择

招标单位应当依据评标委员会的评标报告，并从其推荐的中标候选人名单中确定中标单位，也可以授权评标委员会直接选定中标单位。

实行合理低标价法评标的，在满足招标文件各项要求的前提下，投标报价最低的投标单位应当为中标单位，但评标委员会可以要求其对保证工程质量、降低工程成本拟采用的技术措施做出说明，并据此提出评价意见，供招标单位定标时参考。实行综合评估法，得票最多或者得分最高的投标单位应当为中标单位。

招标单位未按照推荐的中标候选人排序确定中标单位的，应当在其招标投标情况的书面报告中说明理由。

2. 定标

在评标委员会提交评标报告后，招标单位应当在招标文件规定的时间内完成定标。定标后，招标单位须向中标单位发出《中标通知书》。《中标通知书》的实质内容应当与中标单位投标文件的内容相一致。《中标通知书》的格式如下：

中标通知书

________________(中标人名称)：

你方于________(投标日期)所递交的________(项目名称)________标段施工投标文件已被我方接受，被确定为中标人。

中标价：________元。

工 期：________日历天。

工程质量：符合________标准。

项目经理：________(姓名)。

请你方在接到本通知书后的________日内到________(指定地点)与我方签订施工承包合同，在此之前，请按招标文件“投标人须知”中的规定向我方提交履约担保。

特此通知。

招标人：________(盖单位章)

法定代表人：________(签字)

____年____月____日

自《中标通知书》发出之日30日内，招标单位应当与中标单位签订合同，合同价应当与中标价相一致，合同的其他主要条款应当与招标文件、《中标通知书》相一致。

中标后，除不可抗力外，中标单位拒绝与招标单位签订合同的，招标单位可以不退还其投标保证金，并可以要求赔偿相应的损失；招标单位拒绝与中标单位签订合同的，应当双倍返还其投标保证金，并赔偿相应的损失。

中标单位与招标单位签订合同时，应当按照招标文件的要求，向招标单位提供履约保证。履约保证可以采用银行履约保函（一般为合同价的5%～10%），或者其他担保方式（一般为合同价的10%～20%）。招标单位应当向中标单位提供工程款支付担保。

2.4 工程招投标案例分析

背景资料

某中学拟建一电教实验楼，建设投资由市教育局拨款。在设计方案完成之后，教育局委托市招标投标中心对该楼的施工进行公开招标。有八家施工企业报名参加投标，经过资格预审，只有甲、乙、丙、丁四家施工企业符合条件，参加了最终的投标。各投标企业按技术标与商务标分别装订报送。市招标投标中心规定的施工评标定标办法如下：

1. 商务标

商务标总计82分，其中：

(1) 投标报价：50分

评分办法：满分50分。最终报价比评标价每增加0.5%扣2分，每减少0.5%扣1分(不足0.5%不计)。

(2) 质量：10分

评分办法：质量目标符合招标单位要求者得1分。上年度施工企业工程质量一次验收合格率达100%者，得2分，达不到100%的不得分。优良率在40%以上且优良工程面积10000平方米以上者的得2分。以40%、10000平方米为基数，优良率每增加10%且优良工程面积每增加5000平方米加1分，不足10%、5000平方米不计，加分最高不超过5分。

(3) 项目经理：15分，其中：

1) 业绩：8分

评分办法：该项目经理上两年度完成的工程，获国家优良工程每100平方米加0.04分；获省级优良工程每100平方米加0.03分；获市优良工程每100平方米加0.02分。不足100平方米不计分，其他优良工程参照市优良工程打分，但所得分数乘以80%。同一工程获多个奖项，只计最高级别奖项的分数，不重复计分，最高计至8分。

2) 安全文明施工：4分

评分办法：该项目经理上两年度施工的工程，获国家级安全文明工地的工程每100平方米加0.02分；获省级安全文明工地的工程每100平方米加0.01分；不足100平方米的不计分。同一工程获多个奖项，只计最高级别奖项的分数，不重复计分，最高计至4分。

3) 答辩：3分

评分办法：由项目经理从题库中抽取3个题目回答，每个题目一分，根据答辩情况酌情给分。

(4) 社会信誉：5分，其中：

1) 类似工程经验：2分

评分办法：企业两年来承建过同类项目一座且达到合同目标得2分，否则不得分。

2) 质量体系认证：2分

评分办法：企业通过ISO 9000国际认证体系得2分，否则不得分。

3) 投标情况：1分

评分办法：近一年来投标中未发生任何违纪、违规者得1分，否则不得分。

(5) 工期：2分

评分办法：工期在定额工期的75%～100%范围内得2分，否则不得分。

2. 技术标

技术标总计18分。

评分办法：工期安排合理得1分；工序衔接合理得1分；进度控制点设置合适得1分；施工方案合理先进得4分；施工平面布置合理、机械设备满足工程需要得4分；管理人员及专业技术人员配备齐全、劳动力组织均衡得 4 分；质量安全体系可靠，文明施工管理措施得力得 3 分。不足之处由评委根据标书酌情扣分。

施工单位最终得分＝商务标得分＋技术标得分。得分最高者中标。

该电教实验楼工程的评标委员由教育局的两名代表与从专家库中抽出的 5 名专家共 7 人组成。商务标中的投标报价不设标底，以投标单位报价的平均值做为评标价。商务标中的相关项目以投标单位提供的原件为准计分。技术标以各评委评分去掉一个最高分和最低分后的算术平均数计分。

各投标单位的商务标与技术标得分汇总见表 2-11、表 2-12：

技术标评委打分汇总　　表 2-11

投标单位＼评委	一	二	三	四	五	六	七
甲	13.0	11.5	12.0	11.0	12.3	12.5	12.5
乙	14.5	13.5	14.5	13.0	13.5	14.5	14.5
丙	14.0	13.5	13.5	13.0	13.5	14.0	14.5
丁	12.5	11.5	12.5	11.0	11.5	12.5	13.5

商务标情况汇总　　表 2-12

投标单位	报价（万元）	质量（分）	项目经理（分）	社会信誉（分）	工期（分）
甲	3278	8.0	13.5	5	2
乙	3320	8.0	14.3	3	2
丙	3361	9.0	12.4	4	2
丁	2726	8.0	12.6	4	2

问题

1. 若由你负责本工程的招标，你将按照什么思路进行什么工作？

2. 请选择中标单位。

知识点

1. 国家在招标投标方面的规定、招标程序。

2. 评价方法及中标单位的选择。

案例剖析

问题 1

（1）招标工作的思路（见图 2-3）

（2）招标过程中具体做的工作

1）进行招标准备工作。在本工程项目正式招标前，组建招标管理组织机构，办理有关的审批手续。

①填写“建设工程招标申请表”，申请表的主要内容包括：工程名称、建设地点、招标建设规模、结构类型、招标范围、招标方式、要求施工企业等级、施工前期准备情况（土地征用、拆迁情况、勘察设计情况、施工现场条件等）、招标机构组织情况。并经上级主管部门批准后，连同“工程建设项目报建审查登记表”一起报招标管理机构审批。

②编制资格预审文件和招标文件，送交招标管理机构审查。

2）发布招标公告。当“建设工程招标申请表”、资格预审文件和招标文件通过招标管理机构的审批后，在报纸、杂志或其他传播媒介上公开发布招标公告。公告主要内容包括：

①招标单位名称与地址。

②招标项目的性质、数量、实施地点、实施时间。

③获取招标文件的办法。

3）进行投标单位的资格预审。按资格预审文件的要求，对申请参加投标的投标人进行资质条件、业绩、信誉、技术、资金等方面评比分析，确定出合格的投标人的名单，并报招标管理机构核准。资格预审的具体做法是：

①发布资格预审通报。

②发出资格预审文件。

③对潜在投标人资格的审查与评定。

④发出资格预审合格通知书。

4）发放招标文件。将招标文件、图纸和有关技术资料发放给通过资格预审获得投标资格的投标单位。并要求投标单位认真核对，无误后以书面形式确认。

5）组织投标单位踏勘现场。组织通过资格预审的投标单位进行勘察现场，让投标单位了解工程场地和周围环境情况，以获取他们认为有必要的信息。

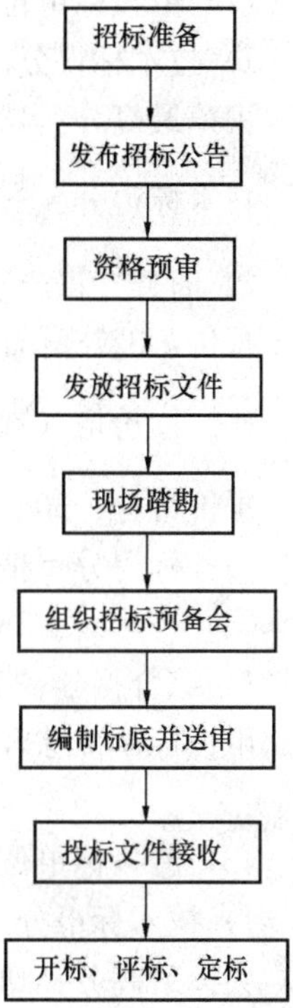

招标准备
↓
发布招标公告
↓
资格预审
↓
发放招标文件
↓
现场踏勘
↓
组织招标预备会
↓
编制标底并送审
↓
投标文件接收
↓
开标、评标、定标

图 2-3　公开招标流程图

6）召开招标预备会。组织建设单位、设计单位、施工单位参加的招标预备会。在会上澄清招标文件中出现的问题，解答投标单位对招标文件和勘察现场中所提出的疑问。

7）编制标底并送审。如果本工程需要编制标底的话，则组织有关人员或委托相应的单位编制标底，标底编制完后将必要的资料报送招标管理机构审定。

8）接收投标单位送交的投标文件。

9）开标、评标、定标。在投标截止日期后，按规定时间、地点，在投标单位法定代表人或授权代理人在场的情况下举行开标会议，按规定的议程进行开标。由按有关规定成立的评标委员会，在招标管理机构监督下，依据评标原则、评标方法，对投标单位报价、工期、质量、施工方案或施工组织设计、以往业绩、社会信誉、优惠条件等方面进行综合评价，公正合理择优选择中标单位。在中标单位选定后，由招标管理机构核准，获准后向中标单位发出“中标通知书”。

问题 2

根据背景资料所给的条件分析，本工程的中标单位应该按照综合得分最高的原则选择，因此需要计算各投标单位的综合得分。由于该工程不设标底，以投标单位报价的平均值为评标价，所以需要先求出评标价。

$$评标价=\frac{3278+3320+3361+2726}{4}=3171.25（万元）$$

(1) 甲投标单位的综合得分计算

1) 技术标得分

去掉最高分：13.0分；去掉最低分：11.0分；

技术标得分$=\frac{11.5+12.0+12.3+12.5+12.5}{5}=12.16$分

2) 商务标得分

报价：3278（万元），与评标价的差：3278－3171.25＝106.75（万元）

比评标价增（减）：$\frac{106.75}{3171.25}=+3.4\%$

报价得分：50－6×2＝38分

商务标得分＝报价得分＋质量得分＋项目经理得分＋社会信誉得分＋工期得分

＝38＋8.0＋13.5＋5＋2＝66.5分

3) 综合得分

甲投标单位综合得分＝技术标得分＋商务标得分

＝12.16＋66.5＝78.66分

(2) 乙投标单位的综合得分计算

1) 技术标得分

去掉最高分：14.5分；去掉最低分：13.0分；

技术标得分$=\frac{13.5+14.5+13.5+14.5+14.5}{5}=14.1$分

2) 商务标得分

报价：3320（万元），与评标价的差：3320－3171.25＝148.75（万元）

比评标增（减）：$\frac{148.75}{3171.25}=+4.7\%$

报价得分：50－9×2＝32分

商务标得分＝32＋8.0＋14.3＋3＋2＝59.3分

3) 综合得分

乙投标单位综合得分＝14.1＋59.3＝73.4分

(3) 丙投标单位的综合得分计算

1) 技术标得分

去掉最高分：14.5分；去掉最低分：13.0分；

技术标得分$=\frac{14.0+13.5+13.5+13.5+14.0}{5}=13.7$分

2) 商务标得分

报价：3361（万元），与评标价的差：3361－3171.25＝189.75（万元）

比评标增（减）：$\frac{189.75}{3171.25}=+6\%$

报价得分：50－12×2＝26分

商务标得分＝26＋9.0＋12.4＋4＋2＝53.4分

3) 综合得分

丙投标单位综合得分＝13.7＋53.4＝67.1 分

(4) 丁投标单位的综合得分计算

1) 技术标得分

去掉最高分：13.5 分；去掉最低分：11.0 分；

技术标得分＝$\frac{12.5+11.5+12.5+11.5+12.5}{5}$＝12.1 分

2) 商务标得分

报价：2776（万元），与评标价的差：2776－3171.25＝－395.25（万元）

比评标增（减）：$\frac{-395.25}{3171.25}$＝－12.5%

报价得分：50－25×1＝25 分

商务标得分＝25＋8.0＋12.6＋4＋2＝51.6 分

3) 综合得分

丁投标单位综合得分＝12.1＋51.6＝63.7 分

(5) 选择中标单位

因为甲单位综合得分为 78.66 分，最高，所以甲单位中标。

练　习　题

单项选择题

1. 依据《工程建设项目招标范围和规模标准规定》，施工单项合同估算价(　　)万元人民币以上的工程建设项目，必须进行招标。

A. 50　　B. 100　　C. 200　　D. 500

2. 使用财政预算资金的建设项目，需要设备采购的单项合同估算价最低在(　　)万元人民币以上的，必须进行招标。

A. 50　　B. 100　　C. 200　　D. 3000

3. 公用事业建设项目勘察、设计、监理等服务的采购，当单项合同估算价最低达到(　　)万元人民币以上时，根据相关规定，该项目就必须招标。

A. 50　　B. 100　　C. 200　　D. 300

4. 公开招标与邀请招标相比，其缺点是(　　)。

A. 招标单位对投标单位的选择余地较少　　B. 招标的组织工作较容易

C. 招标过程所需时间较长　　D. 不利于提高工程质量和缩短工期

5. 根据《工程建设项目施工招投标办法》，对于拟建的工程项目，经批准可以不进行施工招标而直接委托的情形是(　　)。

A. 拟公开招标的费用与项目价值相比，不值得

B. 当地投标企业较少

C. 施工主要技术采用特定专利或专有技术

D. 军队建设项目

6. 下列建设工程的勘察、设计，不能直接发包的是(　　)。

A. 采用特定的专利或者专有技术的

B. 建筑艺术造型有特殊要求的

C. 地形地貌比较复杂的

D. 法律、行政法规有专门规定的项目

7. 在建设项目进行施工招标应具备的条件中，不包括(　　)。

A. 招标人已经依法成立　　B. 概算应当履行审批手续的，已经批准

C. 应当履行核准手续的，已经核准　　D. 资金已经到账

8. 建设单位组织施工招标应具备的条件中不包括(　　)。

A. 必须是法人

B. 有与招标工程相适应的经济、技术管理人员

C. 有组织编制招标文件的能力

D. 有组织开标、评标、定标的能力

9. 某招标人 2013 年 4 月 1 日向中标人发出了中标通知书，根据相关法律规定，招标人和投标人应在(　　)前按照招标文件和中标人的投标文件签订书面合同。

A. 2013 年 4 月 15 日　　B. 2013 年 5 月 1 日

C. 2013 年 5 月 15 日　　D. 2013 年 6 月 1 日

10. 下列有关施工招标程序正确的是(　　)。

A. 发布招标公告→招标预备会→踏勘现场→接收标书→开标→定标

B. 发布招标公告→招标预备会→踏勘现场→开标→接收标书→定标

C. 发布招标公告→踏勘现场→招标预备会→接收标书→开标→定标

D. 招标预备会→发布招标公告→踏勘现场→接收标书→开标→定标

11. 招标公告的基本内容不包括(　　)。

A. 招标人的名称和地址　　B. 招标文件收取的费用

C. 招标项目的内容、规模、资金来源　　D. 评标办法

12. (　　)是施工企业承揽工程最关键的一步。

A. 获取工程招标信息　　B. 进行投标决策

C. 购买招标文件　　D. 编制投标文件

13. 根据《招标投标法》的规定，招标过程中发生下列情况的，招标人可以据此没收投标保证金的是(　　)。

A. 投标文件的密封不符合招标文件的要求

B. 投标人购买招标文件后不递交投标文件

C. 投标文件中附有招标人不能接受的条件

D. 投标截止日期后要求撤回投标文件

14. 某施工项目招标，招标文件开始出售的时间为 3 月 20 日，停止出售的时间为 3 月 30 日，提交招标文件的截止时间为 4 月 25 日，评标结束的时间为 4 月 30 日，则投标有效期开始的时间为(　　)。

A. 3 月 20 日　　B. 3 月 30 日　　C. 4 月 25 日　　D. 4 月 30 日

15. 确定中标人的权利属于(　　)。

A. 招标人　　B. 评标委员会

C. 招标代理机构　　D. 行政监督机构

16. 在下列投标文件对招标文件响应的偏差中，属于细微偏差的是(　　)。

A. 联合体投标没有联合体协议书

B. 投标工期长于招标文件要求的工期

C. 投标报价的大写金额与小写金额不一致

D. 投标文件没有投标人授权代表的签字

17. 某投标人在提交投标文件时，挟带了一封修改投标报价的函件，但开标时该函件没有当众拆封宣读，只宣读了修改前的报价单上填报的投标价格，该投标人当时没有异议。这份修改投标报价的函件应视为(　　)。

A. 有效　　B. 无效

C. 经澄清说明后有效　　D. 在招标人同意接受的情况下有效

18. 对于投标文件存在的下列偏差，评标委员会应书面要求投标人在评标结束前予以补正的情形是(　　)。

A. 未按招标文件规定的格式填写，内容不全的

B. 所提供的投标担保有瑕疵的

C. 投标人名称与资格预审时不一致的

D. 实质上响应招标文件要求但个别地方存在漏项的细微偏差

19. 某必须招标的建设项目，共有三家单位投标，其中一家未按招标文件要求提交投标保证金，则关于对投标的处理是否重新发包，下列说法中正确的是(　　)。

A. 评标委员会可以否决全部投标，招标人应当重新招标

B. 评价委员会可以否决全部投标，招标人可以直接发包

C. 评价委员会必须否决全部投标，招标人应当重新招标

D. 评价委员会必须否决全部投标，招标人可以直接发包

20. 某建设工程施工项目招标文件要求中标人提交履约担保，中标人拒绝提交，则应(　　)。

A. 按中标无效处理　　B. 视为放弃投标

C. 按废标处理　　D. 视为放弃中标项目

21. 某工程项目标底是 900 万元人民币，投标时甲承包商根据自己企业定额算得成本是 800 万元人民币。刚刚竣工的相同施工项目的实际成本是 700 万元人民币。则甲承包商投标时的合理报价最低应为(　　)。

A. 700 万元　　B. 800 万元　　C. 900 万元　　D. 1000 万元

22. 对于依法必须招标的工程建设项目，排名第一的中标候选人(　　)，招标人可以确定排名第二的中标候选人为中标人。

A. 提供虚假资质证明　　B. 向评标委员会成员行贿

C. 因不可抗力提出不能履行合同　　D. 与招标代理机构串通

23. 下列情形中，投标人已提交的投标保证金不予返还的是(　　)。

A. 在提交投标文件截止日后撤回投标文件的

B. 提交投标文件后，在投标截止日前表示放弃投标的

C. 开标后被要求对其投标文件进行澄清的

D. 评标期间招标人通知延长投标有效期，投标人拒绝延长的

多项选择题

1. 根据《招标投标法》的规定，下列各类项目中，必须进行招标的有(　　)。

A. 大型基础设施建设项目　　B. 涉及国家安全的保密工程项目

C. 国家融资的工程项目　　D. 世界银行贷款项目

E. 采用特定专有技术施工的项目

2. 依据《招标投标法》需要审批的工程建设项目，下列情形中，由审批部门批准，可以不进行施工招标的是(　　)。

A. 某军事重点实验室项目

B. 某大学普通教学楼项目

C. 施工主要技术采用特定的专利或者专有技术的项目

D. 某特级总承包企业自建办公楼

E. 某在建 30 层办公楼上建设单位请主体结构施工单位加建机房

3. 依法必须招标的工程建设项目，应当具备(　　)才能进行施工招标。

A. 招标人已经依法成立

B. 初步设计及概算应当履行审批手续的，已经批准

C. 招标范围、招标方式和招标组织形式等应当履行核准手续的，已经核准

D. 资金已经全部到账

E. 招标所需的设计图纸

4. 对于应当公开招标的施工招标项目，以下(　　)情形，经批准可以进行邀请招标。

A. 特殊实验室装修项目，国内只有 1～2 家承包商承担过类似工程

B. 使用世界银行贷款投资的某高速公路

C. 某普通办公楼重新装修，概算造价 10 万元

D. 受自然地域环境限制的

E. 涉及国家安全、国家秘密或者抢险救灾，适宜招标但不宜公开招标的

5. 建设单位组织施工招标应具备的条件中，包括(　　)。

A. 必须是法人

B. 有与招标工程相适应的经济、技术管理人员

C. 有组织编制招标文件的能力

D. 有审查投标单位资质的能力

E. 有组织开标、评标、定标的能力

6. 招标文件中的合同条款主要由(　　)组成。

A. 通用合同条款　　B. 专用合同条款

C. 合同附件　　D. 投标须知

E. 招标公告

7. 根据《招标投标法》的有关规定，项目开标过程不符合开标程序的有(　　)。

A. 在招标文件确定的提交投标文件截止时间的同一时间公开开标

B. 由建设行政主管部门主持开标，邀请部分投标人参加

C. 在招标人检查投标文件的密封情况后开标

D. 当众拆封、宣读在投标截止时间前收到的所有投标文件

E. 有公证机构在场，因此未记录开标过程

8. 关于招标投标，以下说法正确的是(　　)。

A. 从开始发放招标文件之日起至开标之日止最短不得少于 15 日

B. 招标人对已发出的招标文件进行修改时，应当在开标前 10 日进行

C. 投标保证金有效期应当超出投标有效期 30 天

D. 评标结束后，招标人最迟应当在投标有效期结束日 30 个工作日前确定中标人

E. 招标人和中标人应当自中标通知书发出之日起 30 日之内按规定订立书面合同

9. 根据招投标相关法律的规定，在开标时发现投标文件未完全符合招标文件要求的下列情况中，导致废标的有(　　)。

A. 投标文件未按要求予以密封

B. 投标函未加盖企业法定代表人印章

C. 资格后审不合格的投标人的投标

D. 投标文件对招标文件的响应存在细微偏差

E. 联合体投标未附联合体共同投标协议书

10. 招标人不予受理投标文件的情形包括(　　)。

A. 未按招标文件要求提交投标保证金

B. 逾期送达的或者未送达指定地点的

C. 未按招标文件要求密封的

D. 投标文件无单位盖章

E. 投标人名称和资格预审不一致

11. 甲房地产开发公司以招标方式将某住宅小区项目发包，乙施工单位中标。甲向有关行政监督部门提交招标投标情况的书面报告，该书面报告至少应包括(　　)。

A. 招标范围

B. 招标方式和发布招标公告的媒介

C. 招标文件中投标人须知、技术条款、评标标准和方法、合同主要条款和内容

D. 资格预审文件

E. 评标委员会的组成和评标报告

12. 评标办法主要由(　　)组成。

A. 评标办法前附表　　B. 评标方法

C. 评审标准　　D. 评标程序

E. 评标委员会组成情况

13. 建设工程项目施工评标步骤主要包括(　　)。

A. 评标准备　　B. 资格预审

C. 初步评审　　D. 详细评审

E. 编写评标报告

14. 投标人须知是招标文件的重要组成部分，投标人须知应包括的内容有(　　)。

A. 招标文件的说明　　B. 投标文件的要求

C. 投标地点及截止时间　　D. 对投标人报价的规定

E. 评标办法

15. 在招投标中若发生下述情况，招标人有权没收投标人的投标保证金（　　）。

A. 投标人在投标有效期内撤回投标文件

B. 投标人在开标前撤回投标文件

C. 中标人拒绝提交履约保证金

D. 投标人拒绝招标人延长投标有效期

E. 中标人拒绝签订合同

16. 某招标项目的评标委员会由两位招标人代表和三名技术、经济方面的专家组成，这一组成不符合《招标投标法》的规定。下列关于该项目评标委员会重新组成的作法中，正确的有（　　）。

A. 减少一名招标人代表，专家不再增加

B. 减少一名招标人代表，再从专家库中抽取一名专家

C. 不减少招标人代表，再从专家库中抽取一名专家

D. 不减少招标人代表，再从专家库中抽取两名专家

E. 不减少招标人代表，再从专家库中抽取三名专家

简述与分析题

1. 简述建设项目进行施工招标应具备的条件。

2. 简述招标文件的一般内容。

3. 某国家机关普通办公楼建设项目，财政预算约 8000 万元人民币，项目前期审批手续已完成，施工图样已具备且满足深度要求，招标人委托某招标公司对该工程施工组织公开招标，并决定采用资格后审方法。招标公司拟定的招标方案部分内容及招标流程如下：

（1）召开投标预备会；

（2）组织购买招标文件的潜在投标人进行现场踏勘；

（3）2013 年 9 月 10 发出招标公告，当天开始出售招标文件，招标文件中规定中标人需提交履约保函，保证金额为中标总额的 20%；

（4）向提出问题的招标文件购买人发出招标文件的书面澄清文件；

（5）2013 年 9 月 28 日 9 点投标截止，不再受理标书，10 点开标；

（6）接受投标文件；

（7）组成评标委员会，评标委员会成员包括建设单位纪委书记、工会主席，以及从招标人提供的专家名单中随机抽取的 4 位技术、经济专家；

（8）评标委员会出具评标报告；

（9）与中标候选人就中标价格进行谈判，发出中标通知书；

（10）招标人与中标人在开标后 30 天内签订书面合同。

问题：

（1）招标流程的顺序是否正确？如不正确，请写出正确顺序的序号；

（2）请写出招标方案中不妥之处的序号，并写明不妥的原因。

4. 有一工程施工项目采用邀请招标方式，经资格预审，确定邀请六家具备资质等级的施工企业参加投标，各投标人按照技术、经济分为两个标书，分别装订报送，经招标领导小组研究确定评标原则为：

（1）技术标占总分 35%。

(2) 经济标占总分 65%，其中：报价 30%、工期 20%、企业信誉 5%、施工经验 10%。

(3) 各单项评分满分均为 100 分，计算中取小数点后一位。

(4) 报价评分原则：以标底的±3%为合理报价，超过则认为是不合理报价。计分以合理报价的下限为 100 分，报价在下限基础上每上升 0.5%扣 5 分，不足 0.5%部分按 0.5%考虑。

(5) 工期评分原则：以定额工期为准提前 15%为 100 分，每延后 2.5%扣 5 分，超过定额工期者被淘汰。

(6) 企业信誉评分原则：以企业近三年工程优良率为准，100%为满分，如有国家级获奖工程，每项加 20%，如有省市优良工程奖每项加 10%，上限为 100 分。

(7) 施工经验评分原则：按企业近三年承建的类似工程与承建总工程百分比计算，100%为 100 分。

下面是六家投标单位投标书及技术标的评标情况。

技术方案标：经评标委员会专家对各投标单位所报方案比较，针对总平面布置、施工组织网络、施工方法及工期、质量、安全、文明施工措施、机具设备配置、新技术、新工艺、新材料推广应用等项综合评定打分为：A 单位 90 分、B 单位 85 分、C 单位 95 分、D 单位 80 分、E 单位 75 分、F 单位 65 分。

经济标汇总表如下：

投标单位	报价（万元）	工期（月）	企业信誉	施工经验
A	4980	36	50%，获省优工程一项	60%
B	4880	36	40%	45%
C	5090	34	55%，获国家级奖工程一项	70%
D	5160	34	45%	50%
E	4850	35	30%	35%
F	4780	42	60%	55%
标底	5000	定额工期	40 个月	

问题：评标委员会应推荐哪家单位为中标第一候选人？

第3章　合同的订立与履行

教学目的：使学生对合同、合同法、建设工程合同体系、合同管理与意义有较全面的认识，引导学生掌握书面形式合同的一般内容、合同书的编制、合同缺陷的预防，能够独立编写简单合同，引导学生掌握合同履行中的法律知识、合同违约责任、合同的仲裁与诉讼，启发学生树立法律观念，正确履行合同。

知识点：合同的法律约束力、合同的构成要素、合同法的功能与原则、建设工程合同体系、合同管理应做的工作、合同的表现形式、要约与承诺、合同有效成立的条件、合同书的构成与条款、合同编写中的缺陷预防、合同的生效、合同履行原则、担保、抗辩权、变更、转让、权利义务的终止、违约责任的承担、仲裁与诉讼。

学习提示：通过示例，理解合同的概念与法律约束力，掌握合同的构成要素、合同形式、要约与承诺、合同有效成立的条件、合同生效的实质要件与形式要件、附条件与附期限合同的生效、合同担保的五种方式，掌握合同书的构成、合同书中必须包括的主要条款，掌握履行中的抗辩权、变更、转让、权利义务的终止，知道合同违约需承担的责任。通过示意图，理解建设工程合同体系中建设单位和施工单位的合同关系。通过仲裁与审判程序，知道怎样进行合同的仲裁与诉讼。通过案例剖析，掌握起草合同书时如何有效预防合同缺陷的产生，了解怎样处理合同履行中的纠纷事件，在借鉴合同参考文本的基础上能够起草一份合理的合同书。

3.1　合同基础知识

3.1.1　合同的概念与法律约束力

1. 合同的概念

合同是平等主体的当事人（自然人、法人、其他经济组织）之间设立、变更、终止民事权利义务关系的协议。

【例3-1】　2010年1月4日，张三打电话给A商店想要订一些年货，双方经过一番讨价还价，最后定下来：腰果5斤，每斤40元；开心果5斤，每斤30元，总计350元。A商店需在1月10日下午6点送货至张三家中，货到付款。

例3-1是（自然人）张三与（法人）A商店之间设立权利义务关系的口头协议，对于张三而言，他的权利是得到腰果与开心果，他的义务是支付货款350元，这就是一种较为普遍的口头形式合同。

【例3-2】　续前例，张三订货两天后，想再买些核桃，于是又给A商店打电话增订核桃5斤，定价每斤20元，与腰果、开心果一同送至张三家中，货到付款。

上例是张三与A商店之间变更权利义务关系的口头协议，即张三的权利变更为得到腰果、开心果与核桃，义务变更为付款450元，这就是合同的变更。

1月10日下午6点，A商店派人送货至张三家中，张三收到货后支付货款450元，张三与A商店间的权利义务关系结束，这就是合同的终止。

综上可见，合同是两个或两个以上的当事人互为意思的表示；合同是当事人意思达成一致的表示；合同的目的是发生、变更、终止民事关系；合同是当事人在符合法律规范要求条件下而达成的协议，是合法行为。

2. 合同的法律约束力

（1）自成立起，合同当事人都要接受合同的约束；

（2）如果情况发生变化，需要变更或解除合同时，应协商解决，任何一方不得擅自变更或解除合同；

（3）除不可抗力等法律规定的情况以外，当事人不履行合同义务或履行合同义务不符合约定的，应承担违约责任；

（4）合同书是一种法律文书，若当事人发生合同纠纷时，合同书就是解决纠纷的根据；

（5）依法成立的合同受国家法律的保护。

3. 合同的分类

合同有广义、狭义、最狭义之分。广义合同指所有法律部门中确定权利、义务关系的协议。如民法上的民事合同、行政法上的行政合同、劳动法上的劳动合同、国际法上的国际合同等。狭义合同指一切民事合同，包括财产合同和身份合同。最狭义合同仅指民事合同中的债权合同。

4. 名词解释

（1）自然人：指在自然状态下出生的人。

（2）法人：指具有民事权利能力和民事行为能力，依法独立享有民事权利和承担民事义务的组织，是社会组织在法律上的人格化，如企业、学校等。

（3）其他经济组织：指合法成立、有一定的组织机构和财产，但又不具备法人资格的组织，如社会团体、法人的分支机构、银行的分支机构等。

3.1.2 合同的构成要素

合同的构成要素指合同的主体、客体和内容，是合同法律关系的基础。

1. 合同主体

合同主体是指参加民事法律关系，享受权利和承担义务的具有民事主体资格的人。主要有自然人、法人、非法人经济组织，在特定情况下还包括国家。

2. 合同客体

合同客体也称标的，是合同主体之间据以建立民事法律关系的对象性事物。可概括为物、行为、智力成果、人身利益四种。

（1）物：指能够满足人们需要并能被支配的物质实体和自然力。

（2）行为：指能满足权利主体某种利益的活动。

（3）智力成果：指脑力劳动创造出来的精神财富，包括各种科学发现、发明、设计、作品、商标等。

（4）人身利益：包括人格利益和身份利益。

3. 合同内容

指合同主体为实现其参与民事活动的目标而界定的受法律保护的利益方式和过程。

如例 3-1 中的合同主体是张三和 A 商店；客体是腰果、开心果；内容是腰果 5 斤、每斤 40 元，开心果 5 斤、每斤 30 元，A 商店于 1 月 10 日下午 6 点送货至张三家中，货到付款。

3.1.3 合同法的功能与原则

1. 合同法的功能

合同法是调整平等主体的自然人、法人、其他经济组织之间设立、变更、终止民事权利义务关系的法律规范的总称。

合同法的功能主要有：当合同约定不明或有漏洞时，可以依据合同法予以适当纠正；当合同履行期间产生纠纷时，可以以合同法为依据来解决纠纷；当司法机关处理经济案件时，可以以合同法为准绳进行裁决。

2. 合同法的原则

（1）平等原则

指合同当事人无论是法人、其他经济组织，还是自然人，只要他们以合同主体的身份参加到合同关系中来，他们之间就处于平等的法律地位，法律给予他们一视同仁的保护。

（2）自愿原则

指当事人依法享有在缔结合同、选择交易伙伴、决定合同内容以及在变更和解除合同、选择合同补救方式等方面的自由，是合同法最基本的原则。

（3）诚实信用原则

指当事人在订立、履行合同时，均应诚实，不做假，不欺诈，不滥用权利规避法律和合同规定的义务，不损害他人利益和社会利益，若使他人受到损害时自觉承担责任。

（4）合法原则

指当事人订立、履行合同，应当遵守法律、行政法规，尊重社会公德，不得扰乱社会经济秩序，损害社会公共利益。

（5）鼓励交易原则

指政府鼓励当事人从事更多的合法交易活动，以活跃市场、推进竞争、优化资源配置、降低交易成本、加速社会财富积累，使我国的市场经济得到真正发展。

3.1.4 建设工程合同体系

1. 建设工程合同体系

工程项目建设，是一个复杂的生产过程，需要经历可行性研究、勘察设计、工程施工等多个阶段，有土建、水电、机械设备、通信等不同的专业参与，需动用材料、设备、资金、劳动力等大量的资源，有多家不同的单位参与其中，如图 3-1 所示。

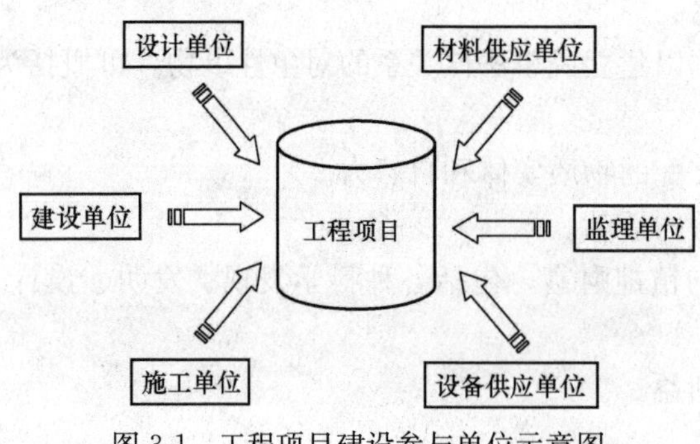

图 3-1　工程项目建设参与单位示意图

由于一个工程项目的参与单位有许多个，这些参与单位相互间就形成了各种各样的经济关系，而合同是维系这些经济关系的纽带，因此一个在建的工程项目会存在着各式各样的合同，构成了复杂的合同网络，如图3-2所示。

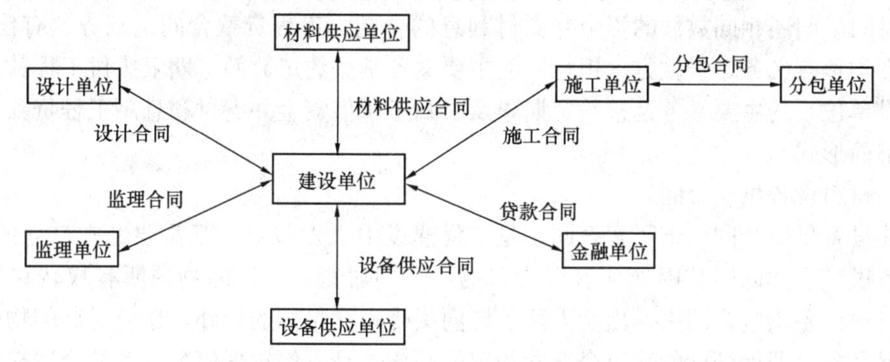

图3-2　建设工程合同体系示意图

由图3-2可见，建设工程存在多种合同，有建设单位与设计单位间的设计合同，建设单位与监理单位间的监理合同，建设单位与材料供应单位间的材料供应合同，建设单位与设备供应单位间的设备供应合同，建设单位与施工单位间的施工合同，建设单位与金融单位（如银行）间的贷款合同，施工单位与分包单位间的分包合同，这些合同构成了建设工程复杂的合同网络。

2. 建设单位的合同关系

在工程项目建设中，建设单位（也称业主）作为工程的所有者，是工程或服务的买方。建设单位可能是政府、企业、学校，也可能是企业的组合、政府与企业的组合。建设单位根据工程的需要确定建设目标，为了实现建设目标就须将工程的勘察、设计、施工等工作委托给有关单位，从而构成了工程建设合同的核心。建设单位为完成工程建设任务需要签订以下几种主要合同。

（1）勘察设计合同

勘察设计合同是委托方与勘察设计工作的承包方为完成一定的勘察、设计任务，明确双方权利与义务而签订的协议。勘察设计合同的委托方一般是建设单位或建设工程的总承包单位，承包方是持有国家认可的勘察、设计证书的勘察设计单位。勘察设计合同属于承揽合同。

（2）监理合同

监理是监理单位依据建设行政法规和技术标准，综合运用法律、经济、技术手段进行必要的协调与约束，保障工程建设项目的投资、进度、质量目标的实现，并履行建设工程安全生产管理的监理职责。监理合同是建设单位与监理单位签订的，为委托监理单位承担监理业务而明确双方权利义务关系的协议。建设工程监理合同属于委托代理合同。

（3）施工合同

施工合同是建设单位（发包人）与施工单位（承包人）为完成商定的建筑安装工程，明确相互权利、义务关系的协议。依照施工合同，承包人完成一定的建筑、安装工程任务，发包人提供必要的施工条件并支付工程价款。施工合同是建立在承发包双方自愿、公平、诚实、信用基础上的双务合同，是工程建设的主要合同。建设工程施工合同属于承揽合同。

（4）工程贷款合同

工程贷款合同是建设单位作为借款人从银行或非银行金融机构取得一定数额资金，经过一段时间后归还相同数额的资金并支付利息的合同。工程贷款合同是双务、有偿合同，合同双方均负有义务。贷款方（银行）的主要义务是按约定数额、期限拨付工程款；借款方（建设单位）的主要义务是按约定期限及时归还所借资金并支付利息。工程贷款合同必须使用书面形式。

（5）材料设备供应合同

材料设备供应合同属于买卖合同，是工程建设中承发包双方都需要经常订立的合同。材料设备供应合同以转移财产所有权为目的，合同履行后，标的物的所有权转移给买受人。在材料设备供应合同中，出卖人除了应向买受人交付标的物外，还应对标的物的瑕疵承担担保义务，即保证标的物符合合同约定的品质，且不侵犯任何第三者的合法权益。买受人则应按约定支付价款并接受标的物。

3. 施工单位的合同关系

施工单位（承包人）是工程项目建设的具体实施者，施工单位通过投标接受建设单位的委托，签订施工合同，完成施工任务。在完成施工任务的过程中，施工单位需要有劳动力、施工机械、工程材料、设备供应等专业性工作的支持，而一个施工单位并不具备所有的专业工作的能力，这就使得施工单位必须将许多专业工作委托出去，从而构成了施工单位复杂的合同关系。

（1）分包合同

分包是指工程项目建设的总承包单位将某些分项工程（分包）或专业工程工作委托给其他的承包人完成。分包合同是由总承包单位与分包单位签订的明确相互权利、义务关系的协议，分包商仅需完成与总承包人约定的工作内容，并向总承包人负责。分包商与建设单位之间并无合同关系，分包商所造成的工程损失由总承包单位负责向建设单位承担。

（2）供应合同

供应合同是指施工单位为了完成工程任务，所进行的必要的材料和设备的采购、供应，施工单位与材料、设备供应商签订的供应合同。

（3）运输合同

运输合同是施工单位为解决施工中材料和设备的运输问题，与专业性运输单位签订的合同。

（4）加工合同

加工合同是施工单位在施工中，将某些建筑构配件、特殊构件加工任务委托给专业性的加工单位制造，与加工单位签订的合同。

（5）租赁合同

租赁合同是指在工程项目建设中，施工单位需要使用本企业不具有的施工机械、运输设备、周转材料。施工单位通过租赁方式获得这些施工机械、运输设备、周转材料而与租赁单位签订的合同。

（6）劳务供应（分包）合同

劳务供应（分包）合同是指施工单位为满足施工任务的用人需要，与劳务供应（分包）单位签订的用人合同，由劳务供应（分包）单位向工程提供劳务。

（7）保险合同

保险合同是施工单位按施工合同的要求，对所建工程投保的建筑工程一切险或安装工程一切险，与保险公司签订的合同。工程建设期间发生的自然灾害或不可预料的意外事故产生的损失，由保险公司予以赔偿。

3.1.5　建设工程合同与管理

【背景资料 3-1】 南园国际住宅小区位于 K 市，由伟业诚信房地产开发公司投资兴建，小区共分为地上与地下两部分建筑物。

地上建筑物总建筑面积 15 万 m^2，其中住宅建筑面积约 13 万 m^2，1040 户；公共建筑物建筑面积约 2 万 m^2，包括中心会馆、幼儿园、小学、商业用房、小区服务用房、公共配套设施。

地下建筑面积 3 万 m^2，其中地下汽车库约 1.5 万 m^2，半地下汽车库约 0.8 万 m^2，共计停车数 630 辆；自行车库约 0.7 万 m^2，每户平均约 7m^2；设备用房 300m^2。

小区住宅部分建筑分为 A、B、C、D、E 五个区，其中 A、C 和 D 区是小高层住宅，B 区是多层住宅，E 区是高层住宅。

小区计划分三期建成，其中一期工程为 B 区的多层住宅与部分公共、地下建筑物，施工工期 25 个月，计划投资 18000 万元人民币。建设期间的主要材料与各种设备由房地产开发公司经营部负责采购，大宗材料由中标的施工单位负责采购。

1. 建设工程合同

建设工程合同，是指某工程项目建设期间各种与工程相关合同的集合。

参见背景资料 3-1，为了实现南园国际住宅小区的建设目标，伟业诚信房地产开发公司需要完成以下几项主要工作，并需签订相关的合同。

(1) 小区勘察设计：伟业诚信房地产开发公司通过设计招标，委托海明威勘察设计有限公司承担小区的地质资料勘察工作、小区整体规划设计工作、小区各类建筑物施工图设计工作，并与海明威勘察设计有限公司签订了《南园国际住宅小区工程勘察设计合同》。

(2) 小区一期工程施工：伟业诚信房地产开发公司通过施工招标，委托本市第一建筑安装公司承担小区一期工程的施工工作，并与第一建筑安装公司签订了《南园国际住宅小区一期工程施工合同》。

(3) 小区一期工程建设期间贷款：通过协商谈判，伟业诚信房地产开发公司从本市建设银行以分期付款方式贷款人民币 15000 万元，并与建设银行签订了《南园国际住宅小区一期工程贷款合同》。

(4) 小区一期工程建设期间主要材料与设备供应：伟业诚信房地产开发公司通过材料、设备招标，分别将一期工程建设期间的主要材料、设备委托给不同的材料、设备供应商，并与各供应商签订了《南园国际住宅小区一期工程××材料采购合同》、《南园国际住宅小区一期工程××设备采购合同》。

从上面的合同关系可见，针对一个具体的工程建设项目——《南园国际住宅小区》，就建设单位伟业诚信房地产开发公司而言，勘察设计、施工、贷款、材料设备采购是必须从事的经济活动，这些经济活动往往周期长、动用的资金量大、过程复杂。为保证这些经济活动的正常进行，就必须靠合同来约束各方的行为，明确各方的责任、权利与义务，从而形成了建设工程合同。从这里也不难看出，建设工程合同不是指某个设计合同或施工合同，而是指各种与工程项目建设相关的合同的集合。

2. 建设工程合同各方的权利与义务

作为一份合同，需要明确合同双方的权利与义务。建设工程合同涉及许多与工程相关的合同，也就是涉及不同的利益单位，不同的利益单位在不同的合同中有着不同的权利与义务。如前例的南园国际住宅小区工程，建设单位伟业诚信房地产开发公司在勘察设计合同中的权利与义务不同于施工合同中的权利与义务；而设计单位海明威勘察设计有限公司的权利与义务显然也不同于施工单位第一建筑安装公司的。因此说建设工程合同各方的权利与义务实际上是指在不同的合同中各方的权利与义务。下面以施工合同为例说明建设单位与施工单位的权利与义务。

在南园国际住宅小区一期工程施工中，伟业诚信房地产开发公司作为发包人，所具有的权利可概括为：在约定的工期内，以合理的价格得到约定质量的建设项目。应承担的义务可概括为以下几点：

（1）在约定的期限内办理土地征用、房屋拆迁、平整施工场地等工作，使施工场地具备施工条件。

（2）将施工所需水、电、电信线路从施工场地外部接至合同约定地点，并保证施工期间的需要。

（3）开通施工场地与城乡道路的通道以及施工场地内的主要交通干道，满足施工运输的需要，并保证施工期间的畅通。

（4）向承包人提供施工场地的工程水文地质和地下管网线路资料，对提供的资料和数据真实准确性负责。

（5）办理施工所需各种证件、批件和临时用地、停水、停电、占道等申请批准手续。

（6）将水准点与坐标控制点以书面形式交给承包人。

（7）组织有关单位和承包人进行图纸会审和设计交底。

（8）协调处理施工现场周围地下管线和邻接建筑物、构筑物、古树名木的保护，承担有关费用。

（9）约定的其他工作。

第一建筑安装公司作为承包方，在南园国际住宅小区一期工程施工中所具有的权利可概括为：按约定工期完成约定质量的建设项目后，必须得到应得的工程款和费用补偿。须承担的义务可概括为以下几点：

（1）根据发包人委托完成工程的施工。

（2）向监理工程师提供年、季、月度工程进度计划及相应进度统计报表。

（3）根据工程需要，提供和维修非夜间施工使用照明、围栏设施，并负责安全保卫。

（4）按约定的数量和要求，向发包人提供施工场地办公和生活的房屋及设施。

（5）按政府主管部门对施工场地交通、施工噪声以及环境保护和安全生产等的管理规定办理相关手续，并以书面形式通知发包人。

（6）已竣工工程未交付前，按合同条款约定负责工程的保护工作。

（7）按合同约定作好施工场地地下管线和邻近建筑物、构筑物古树名木的保护工作。

（8）保证施工场地清洁，符合环境卫生管理的有关规定，交工前清理施工现场达到约定的要求。

（9）约定的其他工作。

3.1.6 合同管理

1. 合同管理的意义

合同管理是指签订合同的各方对自己所签合同的管理。由于出发点不同，各单位在合同管理中所侧重的方面不完全一样，概括起来可分为合同订立前、订立中、履行中和发生争议时的管理。现以南园国际住宅小区一期工程施工为例，分析建设单位伟业诚信房地产开发公司应进行的合同管理工作。

(1) 施工合同订立前，要了解承包单位的能力、资信、企业规模、管理风格与水平，在本项目中的目标与动机，目前经营状况，过去同类工程的经验，承受和抵御风险的能力等信息，从而决定合同的主要条款和管理模式的选择。

(2) 施工合同订立中，在保证合同条款合法、公平、有效的基础上，要注意避免缔约过失行为，注意合理分配合同风险，要求承包单位进行必要的工程合同担保。

(3) 施工合同履行中，要建立合同实施的保障体系，对合同实施情况进行跟踪分析，做好工程变更管理和工程款支付管理。

(4) 当发生争议时，要从全局利益出发，客观理智地对待争议，准确了解争议产生的原因，尽量通过协商方式妥善解决冲突，避免争议升级。

由此可见，现代企业的经济往来是通过合同进行的，能否实施有效管理、把好合同关，是现代企业经营管理成败的一个重要因素。

2. 合同管理工作

企业在进行合同管理时，应做好以下工作。

(1) 合同应由法律部门管理

在市场经济条件下，企业为实现一定的经济目的，明确相互权利义务关系而签订的合同是民事合同，企业通过合同所确立的民事关系，是一种受法律保护的民事法律关系，所以通过签订合同建立民事法律关系的行为是一种民事法律行为。由于合同本身的特征，使之成为一种受法律规范和调整的社会关系，涉及大量的法律专业问题，所以合同应由企业法律部门管理。

(2) 建立健全合同管理制度

要使合同管理规范化、科学化、法律化，首先要从完善制度入手，制定切实可行的合同管理制度，使管理工作有章可循。合同管理制度应包括：合同的归口管理，合同资信调查、签订、审批、会签、审查、登记、备案，法人授权委托办法，合同示范文本管理，合同专用章管理，合同履行与纠纷处理，合同定期统计与考核检查，合同管理人员培训，合同管理奖惩与挂钩考核等。企业通过建立合同管理制度，做到管理层次清楚、职责明确、程序规范，从而使合同的签订、履行、考核、纠纷处理都处于有效的控制状态。

(3) 做好合同管理人员的培训

合同管理人员业务素质的高低，直接影响着合同管理的质量。通过学习培训，使合同管理人员掌握合同法律知识和签约技巧，这不但可增强合同管理人员的责任感，也可提高其合同法律意识。

(4) 进行重大合同的审查

把对企业的生产经营活动和经济效益影响大的合同挑出来，作为合同的重点管理对象，从合同的项目论证、对方当事人资信调查、合同谈判、文本起草、修改、签约、履行或变更解除、纠纷处理的全过程，都由法律顾问部门参与，严格管理和控制，预防合同纠纷的发生，有效维护企业合法权益。

（5）履行监督和结算管理

签约的目的主要是保障合同的及时有效履行，防止违约行为的发生。通过监督可以知道企业各类合同的履行情况，及时发现影响履行的原因，以便随时向各部门反馈，排除阻碍、防止违约的发生。合同结算是合同履行的主要环节和内容，法律部门应该同财务部门密切配合，把好合同结算关。

（6）违约纠纷的及时处理

违约行为是一种违法行为，要承担支付违约金、赔偿损失或强制履行等法律后果。法律部门审查合同时选择合适的违约条款和纠纷处理条款显得很重要，一旦发生违约情形，法律人员要区别情况，及时采用协商、仲裁或诉讼等方式，积极维护企业的合法权益，减少企业的经济损失。

3.1.7 典型合同案例

1. 成功案例（宏晟达节能合同合作案例）

深圳宏晟达机电设备有限公司是一家专业从事空气动力系统设备和矿用机械设备规划、设计、销售、安装和维修保养的供应商。公司业务涵盖电子、塑胶、家俬、陶瓷、纺织、化工、汽车、电力、机械、钢铁、建筑、道路交通及采矿挖掘等行业。2012 年 9 月，宏晟达机电设备有限公司经过较长时间的技术确认、方案认证等准备工作，与青岛双星轮胎工业有限公司签署了合同能源管理服务协议。根据协议，宏晟达将提供六台开山 KHE200-41/8-Ⅱ两级压缩螺杆空气压缩机，对双星轮胎工业有限公司在役的某著名外资品牌高能耗螺杆空气压缩机进行替换。按照合同能源管理服务的模式，双方将共同分享节能所带来的经济效益，同时为节能减排事业做出贡献。

青岛双星轮胎公司是一家国内著名的大型企业，具有较强的节能环保意识。目前在役的某国际品牌压缩机共七台，根据实测，开山 KHE200-41/8Ⅱ型压缩机比青岛双星轮胎公司目前在用的某国际品牌压缩机每小时节能 42.88kW，按照这个数据，如果单台机器按每天工作 24 小时，每年按工作 330 天计算，单台开山 KHE200-41/8Ⅱ型压缩机每年就可节约能源 42.88kW/h×24h×330×0.7 元/kW＝237726.72 元，六台压缩机 5 年将节约费用 7131801.6 元。

根据合同能源管理节能效益共同分享的原则，在合同生效以后的 5 年内，该项技术改造所产生的经济效益将由开山节能科技公司和青岛双星轮胎公司共同分享，青岛双星公司将分享节约的电费 1569225.60 元，并且不必支付任何设备购置的费用，5 年后还将无偿地得到节能设备。事实上，青岛双星公司在分享节省电费的同时，还节省了原来每年必须支出的数万元维修保养费用。

凭借着比大部分外资品牌螺杆空气压缩机节电 20％以上的技术优势，深圳宏晟达机电设备有限公司正在致力于把节能技术利用合同能源管理服务的方式推向市场，让全社会都来分享节能技术带来的效益，为打造节能型社会，实现国家“十二五”规划的节能减排目标贡献力量。

2. 失败案例（新华集团与通用公司合作案例）

2004 年 12 月，新华集团与美国通用电气公司（简称 GE）经过两年多谈判，达成 GE

以其子公司——位于新加坡的通用电气太平洋私人有限公司（下称“GE太平洋”）为买方，与新华集团签订了转让新华工程42.2%股权的股权转让合同。通过同时进行的其他股权转让，收购完成后GE太平洋持有新华工程90%的股份，新华集团保留10%的股份。

2005年3月31日双方股权交易完成之后，GE太平洋将转让价款的27.3%作为托管金，保留在了花旗银行香港分行的专门账户里，托管期限为2年，也就是2007年3月31日这笔钱应该付给新华集团。

根据另行签订的托管协议约定，托管金作为买方索赔以及以新华工程净资产为调整基础的购买价调整额的担保，只有在满足一些要求之后，托管金的余额方可支付给卖方。

令人意想不到的是，在托管协议到期日前的2007年3月7日，GE公司以软件许可、环保等原因，及未披露的重大合同、潜在的税务责任、违反不竞争不干扰义务等事项向新华集团索赔不少于1261万美元，已超出托管金总额。

同时，GE向托管银行发出指示，要求托管银行从托管金中支付上述索赔款。获知此信息后，新华集团及时向托管银行发出了异议证明。如此一来，根据托管协议的约定，该笔托管金被银行冻结。

针对GE的高额索赔，新华集团称，公司多次努力与GE沟通，试图消除误解（包括请税务、环保主管当局向GE当面解释），撤回索赔，但GE仍然坚持索赔立场不变。

在多次协商无果的情况下，2007年9月6日新华集团按照股权转让协议的约定，向香港国际仲裁中心提起仲裁，请求仲裁机构责令GE支付剩余的股权转让价款。几乎同时，由于对与GE的合作不再乐观，新华集团向GE发出了《关于要求GE收购新华控制工程有限公司10%股权的通知》。根据双方此前的股权转让协议及新华工程合资合同相关条款规定，GE对该收购要求应无条件接受，股权转让协议应在一个月内签署。GE随即回函表示同意收购，但拒绝支付2004年底双方股权转让协议确认的对价，并就“不竞争事项”向新华集团另外索赔1000万美元。双方矛盾逐渐公开化。

新华集团法务经理刘战尧表示，GE的索赔根本没有道理。比如“潜在的税务责任”一项，新华集团曾向税务部门就该项索赔问题进行了请示，税务部门认为，新华工程在由新华集团控股经营期间，一直有着良好的纳税记录，GE索赔涉及的事项并不存在。在新华集团和GE就纠纷进行协商时，税务部门还当面向GE作了解释，但GE仍然坚持自己的要求。

新华集团认为，股权转让合同写明：如果发生赔偿，也只赔直接损失。成交前新华工程的税务并没有任何问题会招致潜在的税务责任；而即使有潜在的税务责任，按照股权转让合同中只赔偿直接损失的原则，也只有当所谓“潜在税务责任”变成现实的税务责任时，GE才能就税务问题索赔，当前GE就税务提出索赔是毫无根据的。

作为这起收购案的主角之一的李培植已经对他当初一手操办的这桩“婚姻”彻底失望。“我没料到，像GE这样的公司居然会不讲诚信。”他表示，收购新华工程后，GE并没有如其承诺，将新华工程国产的DCS推向国际市场；在国内市场，GE也在用新品牌代替原有的“新华”品牌，使“新华”这一民族品牌在国内电力自动化领域的影响力逐渐减弱。新华工程也不再与新华集团的部分子公司续签采购合同。而自取得新华工程控股权以来，GE就拒不按照新华工程的公司章程规定进行利润分配。

刘战尧认为，新华集团由于轻信GE的笼统承诺，没有把承诺的内容具体化，使之具有可执行性，让自己陷入了被动。比如GE在股权转让协议中承诺了促进新华工程产品出口的义务，但这项义务没有具体时间和数量上的要求，更没有违约责任的约定，这样的条款形同虚设，根本起不到应有的作用。

一份由新华集团提供的材料显示，2006年，即被GE并购后的第二年，新华工程的年销售额从2005年的8亿元急剧跌至4亿元，2007年的业绩仍未有起色。根据股权转让协议规定的新华集团的不竞争义务，新华集团彻底退出了当年从事的发电业务，转而开拓环保、轨道交通等领域。这意味着新华集团将已有的国内市场拱手让给GE，而GE实际上未能保住原来的市场份额。相反，在GE的控制下，一个历经十几年创立的民族品牌正面临着逐渐消失的危险，这也正是李培植现在最为痛心和担心的。

尽管GE与新华集团双方的初衷都是想把企业做得更好，而当我们深入事情的细节，在这场博弈中，中国企业由于对国际商业规则的陌生、对国外大公司的盲目信任，使自己处处陷于被动。

3.2 一般合同的编制

3.2.1 重要概念

1. 合同形式

合同形式是指当事人合意的外在表现形式，是合同内容的载体。我国《合同法》第10条规定：当事人订立合同，有口头形式、书面形式和其他形式。

(1) 口头形式合同

口头形式合同是指当事人双方用对话方式表达相互之间达成的协议。

【例3-3】 王东到自由市场买菜，看见一个摊位的西红柿不错，于是问摊主多少钱一斤，摊主回答每斤2元，王东觉得太贵，还价每斤1.5元，摊主回答最低每斤1.8元，再低了不卖，最后王东以每斤1.8元的价格买了3斤西红柿。这就是一个最普遍的口头形式合同。

【例3-4】 张三打电话给A商店要订一些年货，双方经过一番讨价还价，最后定下来：腰果5斤，每斤40元；开心果5斤，每斤30元，总计350元。A商店需在1月10日下午6点送货至张三家中，货到付款。这也是一个典型的口头形式合同。

口头形式的合同简单、迅捷，当事人在使用口头形式合同时应注意，只有及时履行的经济交易，使用口头形式效果最佳，但因口头形式的合同无凭证，对不能及时履行的经济约定，不宜采用这种形式。

(2) 书面形式合同

书面形式合同是指当事人双方用书面方式，表达相互之间通过协商一致而达成的协议，是具有凭证的协议。《合同法》明确规定，建设工程合同应当采用书面形式。

【例3-5】 张三因生意需资金周转，向李四借款10万元，李四要求张三写张借条。于是张三写了如下借条：因生产中临时性资金周转的需要，现借李四现金10万元整。本次借款将于签字之日起的第30日还清本金10万元及利息1000元。张三在借条上签了名并写明了借款日期。这就是一个简单的常见书面形式合同。

【例3-6】 赵刚在华廷荔园小区购买了一套新房需要装修，找到了新地有限公司，双方经协商签订了如下装修合同。

赵刚（简称甲方）为装修华廷荔园四小区10—2—12房屋，经与新地有限公司（简称乙方）协商，订立本合同，以共同恪守。

一、工程项目：

1. 三个房间（两卧室、一客厅）打地角线、包水管、房顶四周打石膏线，客厅、卧室铺强化木地板，客厅墙体铺瓷砖，客厅、卧室打腻子，刷立邦漆两道。

2. 通阳台的门窗处做吧台，上方做置物架，阳台东侧做多用途柜、西侧做吊柜，阳台铺磁砖、吊PVC板。

3. 卫生间、厨房铺瓷砖到顶，屋顶吊PVC板，厨房地面铺瓷砖。

4. 房间电源线路改造，客厅门后做多用途柜（底下放鞋，上面挂衣服）。

5. 未尽细节之处由甲方提出方案，甲乙双方商量确定。

二、承包方式：

甲方按乙方要求提供装修期间的所需材料（乙方需提前通知甲方），乙方负责施工。

三、质量标准：

施工质量要符合安全要求，装修质量不得低于同一施工类型的装修标准，双方认可。

四、施工期限：

2010年4月20日至2010年5月30日，如不能按期完成，每天处罚金50元。

五、工程造价：

材料由甲方提供，甲方只支付乙方装修人工费壹万叁仟捌佰圆人民币。

六、付款方式：

工程完工后，经甲方验收，如符合以上施工项目和设计要求，三天内一次将装修人工费付清。

七、其他问题：

装修项目的具体要求，由甲方提出，乙方实施。本合同未尽事宜，由双方协商解决。本合同自双方签字之日起生效。

八、本合同一式两份，甲乙方各执一份，具有相同法律效力。

甲方：	乙方：
签字（盖章）：	签字（盖章）：
年 月 日	年 月 日

例3-6是一个较完整的书面装修合同。根据经济合同法的规定，凡是不能即时结清的经济合同，均应采用书面形式。在签订书面合同时，当事人应注意，除主合同之外，与主合同有关的电报、书信、图表等，也是合同的组成部分，应同主合同一起妥善保管。书面形式便于当事人履行，便于管理和监督，便于举证，是经济合同当事人使用的主要形式。

(3) 其他形式合同

其他形式合同是指除口头与书面形式合同以外形式的合同，如默示形式合同。默示形式是极为特殊的进行意思表示的方式，可分为以下两种情形。

1) 作为的默示

作为的默示形式又叫"推定行为"，指以语言、文字以外的某种积极行为所进行的意思表示。例如：房屋租期届满，承租人继续交纳房租，出租人接受的，可推定双方达成延长租期的合同。

2）不作为的默示

不作为的默示形式又叫"沉默"，指当事人的沉默本身，在一定条件下被推定为进行了意思表示。例如：继承法规定，继承开始后继承人放弃继承的，应当在遗产处理前作出放弃继承的表示，没有表示的，视为接受继承。

2. 要约与承诺

（1）要约

要约是一方当事人向另一方当事人提出订立合同的条件，希望对方能完全接受此条件的意思表示。发出要约的一方称为要约人，受领要约的一方称为受要约人。

（2）要约邀请

《合同法》规定，要约邀请是希望他人向自己发出要约的意思表示。寄送的价目表、拍卖公告、招标公告、招股说明书、商业广告等均为要约邀请。

要约邀请可以向特定的人发出，也可以向不特定的人发出。要约邀请只是邀请他人向自己发出要约，如果自己承诺才成立合同。因此，要约邀请处于合同的准备阶段，没有法律约束力。

（3）承诺

承诺是受要约人同意要约的意思表示。即受约人同意接受要约的全部条件而与要约人成立合同。承诺的法律效力在于，承诺一经作出，并送达要约人，合同即告成立，要约人不得加以拒绝。

在例 3-3 中，王东问摊主西红柿多少钱一斤，摊主回答每斤 2 元，是摊主向王东做出了一次要约，如果王东同意西红柿每斤 2 元的话，就是王东向摊主做出了承诺。但本例中"王东觉得太贵，还价每斤 1.5 元"，这实际上是王东向摊主做了一次要约，这种行为在经济交易中被称为"再要约"。

分析例 3-3，其要约与承诺的全过程是："摊主回答每斤 2 元"——要约；"王东还价每斤 1.5 元"——再要约；"摊主回答最低每斤 1.8 元"——再要约；"王东以每斤 1.8 元的价格买了 3 斤西红柿"——承诺。

在建设工程招标投标活动中，发包人的招标公告、投标邀请书以及招标文件属于要约邀请，承包人投标为要约，发包人发出中标通知书为承诺。

3. 合同有效成立

（1）合同成立

合同成立是指双方当事人依照有关法律对合同的内容和条款进行协商并达成一致。

（2）合同生效

合同生效是指合同产生法律上的效力，具有法律约束力。通常合同依法成立之际，就是合同生效之时，两者在时间上是同步的。但是《合同法》还规定，法律、行政法规规定应当办理批准、登记等手续生效的，合同经批准、登记后才能生效。

（3）合同有效成立的条件

1）双方当事人应具有实施法律行为的资格和能力；

2）当事人应是在自愿的基础上达成的意思且表示一致；

3）合同的内容必须合法；

4）合同双方当事人必须互为有偿；

5）合同必须符合法律规定的形式。

3.2.2 合同书的编制

1. 合同书的构成

合同书是重要的法律文书，合同双方必须依法明确、具体、严格地写明合同条款，规定各自的权利义务等。合同书一般应包括四个方面的内容。

（1）标题和编号

合同书的标题总是在最前面，即要写明是什么合同，如“购销合同”、“房屋租赁合同”等，标题下边要有合同的编号。

（2）当事人名称

合同中的当事人是指签订合同的双方或多方，即合同的主体。包括自然人、法人和其他经济组织。

当事人如果是法人组织的，要写明法人代表的姓名，有代理人的，还要写明代理人的姓名。一般对双方当事人的称谓，可称作“甲方”、“乙方”，如有第三人的，可称“丙方”。合同书中不能用我方、你方或他方代替。

（3）正文

合同书的正文即合同的内容，是合同的精华所在，一般包括“合同条款”、“双方的权利义务”、“纠纷的解决办法”等。如果是条文式合同，开头部分还应简略说明签订合同的目的。

（4）结尾

合同书的结尾部分主要写明本合同一式几份、保管方式、有效期限、合同附件、合同签订日期，双方签名盖章等。如果需要由主管部门审核或需经过鉴证、公证的，也需要进行注明。

2. 合同书的条款

合同书中的条款是合同书正文中最重要的内容，也是签订合同的双方最关心的部分。一份完整的经济合同，其合同条款应当包含下面内容。

（1）标的

标的是指合同当事人双方权利义务共同指向的对象。标的既可以是物，也可以是行为，如购销合同的标的是某项产品。

（2）数量和质量

数量是标的的计量，是以数字和计量单位来衡量标的的尺度。以物为标的的合同，其数量则表现为一定的劳动量或工作量。质量是指标的外观形态、性能、规格、等级、质地等。

（3）价款或酬金

价款是指在一切以物和金钱为标的的有偿合同中，取得利益一方的当事人作为取得该项利益，而应向对方支付的金钱。如：买台电视机付的钱。酬金则是指以服务和金钱为标的有偿合同中，取得利益一方的当事人作为取得该项利益的代价。如去理发店理发付的费用、小区业主按月缴纳给物业公司的服务费。

（4）履行期限、地点

履行期限是指合同的义务方履行自己义务的时间，如：买房贷款合同中，还款方在每个月的5日还款一次。履行地点是指交付或提取标的的地方。

（5）履行方式

履行方式是指合同的义务方怎样去履行自己的义务。如：在购物合同中，供货方是一次付货，还是分批付货，是自己送货上门，还是由他人代为送货。不同性质的标的有不同的履行方式，在合同中必须写明。

（6）违约责任

违约责任是指合同当事人一方不履行合同义务或履行合同义务不符合合同约定，责任方应承担的民事责任。

3.2.3 合同书示例

远程教育项目设备采购合同书

合同编号：YCJY20081021

甲方（需方）：红星自动化有限责任公司

乙方（供方）：蓝天电子科技股份有限公司

根据省财政厅［2008］214号函件要求，2008年农村中小学现代远程教育工程项目（招标编号：EZC-2008-ZX052）招标工作已经完成，红星自动化有限责任公司取得中标资格。现甲、乙双方经协商，同意由乙方提供农村中小学现代远程教育工程项目标的部分设备，并签订本合同，双方达成如下协议：

一、工程名称：农村中小学现代远程教育工程

二、交货地点：K省M市

三、合同标的、要求与价款

订货明细表

序号	名称	型号	数量	单价	金额（人民币元）
1	LNB一体化高频头	LNBK-21	126	45	5670.00
2	卫星数据接收卡	DVBDat2001S	131	290	37990.00
3	数字卫星接收机	DVS-398F+	121	280	33880.00
4	VGA分配器	JZVGA-D-4	121	145	17545.00
5	电缆线（含英制F头10个）	SYWY-75-5（50m）	121	53.50	6473.50
6	功分器	DP4-1	121	23	2783.00
7	备件	LNBK21	1	/	/
8	备件	DP4-1	1	/	/
9	说明：VGA分配器含2根VGA线，一根2m，一根20m。				
合计					104341.50

合同总价壹拾万肆仟叁佰肆拾壹元伍角整（104341.50元），总价包括乙方的设备价款（含17%增值税）和乙方按合同要求将货物运到交货地点的全部运输费用；货物运输途中发生丢失和损坏由乙方负责。

四、付款方式

合同签订生效后，甲方于三日内支付乙方全部货款的70%，剩余的30%在货物全部验收合格后一次性支付。

五、供货期

乙方在收到甲方货款后，根据甲方发货通知15天内将货物运到合同要求的交货地，乙方须保证货物如数完好准时到达。非乙方人为原因或不可抗力因素引起的时间延误，送货周期将顺延。交货要求：

1. 乙方在发货前24h应通知甲方，以便安排接收货物；

2. 所有货物一次性发运到位，不得零散到货；

3. 货物到达后，在原包装完好无损的情况下，甲方和乙方共同组织人员对货物的现状、数量、外观等进行清点；

4. 货物清点结束后，甲方向乙方出具收货证明，包括：货物名称、规格型号、数量、完好情况等。

六、技术、服务和其他商务条款

1. 技术规格

(1) 交付货物的技术规格应与投标文件中的技术规格以及所附的技术规格响应表相一致；

(2) 除技术规格另有规定外，计量单位应该使用公制。

2. 包装

除合同另有规定外，卖方提供的全部货物需采用相应的标准进行包装。在交付前，所有货物的包装均应是原始的、完好的，如遇交付前已被拆封，买方有权拒绝接受或要求更换。由于货物包装不良而造成的损失，一切责任由卖方承担.

3. 验收

货物到达后，甲方按照本合同有关约定执行验收。

4. 服务承诺

(1) 保修期限：自2008年9月1日起计算，乙方所有设备的最低保修期限均按国家规定的“三包”要求执行。

(2) 质保期满后，乙方仍应提供有效的售后服务，对所有产品实行终身维修，但可以按成本收取配件费。

5. 质量保证

(1) 乙方须确保所提供的货物是正品（杜绝贴牌、冒牌产品），即全新的、未使用过的原包装产品，并完全符合《产品质量法》要求。乙方应保证其货物在正常使用和保养条件下，使用效果应令使用者满意。在质量保证期内，乙方对货物的质量负责。

(2) 经验收，如果货物的数量、质量或规格与合同不符，或证实货物有缺陷的，甲方将要求乙方予以更换。

6. 不可抗力

(1) 本条款所述的“不可抗力”系指那些双方在签订合同时所不能预见的、不能避免并且不能克服的客观情况，但不包括双方的违约或疏忽。不可抗力事件包括：寒冷封冻、战争、严重火灾、洪水、台风、地震以及双方约定的其他事件等；

(2) 如果双方任何一方由于经双方同意属于不可抗力的事故，致使影响合同履行时，履行合同的期限应予以延长，延长的期限应相当于事故所影响的时间。

7. 违约责任

(1) 甲方若不按约定及时支付货款，每拖延一天按应付款的1%支付乙方违约金；

(2) 乙方若不按约定及时供货，每拖延一天甲方按应付款的1%在剩余款项中扣留罚金。

8. 争端的解决

双方应通过友好协商方式，解决在执行本合同中所发生的或与本合同有关的争端。如从协商开始30天内仍不能解决，双方应将争端提交有关部门寻求可能解决的办法。如果仍得不到解决，则可以向M市仲裁委员会申请仲裁。

9. 合同生效

合同应在双方签字后开始生效，传真件与原件一样具有相同的法律效应。

本合同一式四份，以中文书写，甲乙双方各执贰份。

10. 合同修改

除双方签署书面修改协议，并成为本合同不可分割的一部分情况之外，本合同不得有任何变化或修改。

甲方（盖章）：	乙方（盖章）：
法人代表（签字）：	法人代表（签字）：
地址：	地址：
电话：	电话：
传真：	传真：
开户行：	开户行：
账号：	账号：
税号：	税号：
日期：	日期：

设备交接单

发货单位							
联系人				电话			
到达地				到达日期			
收货人				电话			
收货数量			应收	（件）实收		（件）	
装箱清单	设备名称	单位	应发件数	应发数量	实收件数	实收数量	备注
收货人签收	签收意见：						
	姓名：		身份证号：				
	签章：		日期：				
备注：							

3.2.4　合同缺陷预防

合同缺陷是指在合同书中，对一些重要的条款没有进行约定或者约定不明。在合同实际履行中，合同缺陷往往是导致双方产生纠纷的主要原因。

1. 问题引入

（1）背景资料

小王、小张是好朋友。小王买房子缺钱向小张借，小张拿了三万元现金给小王，小王写了字据“王某某今向张某某借人民币三万元，定当偿还，借款人王某某。”给了小张。

过了七个月，小张自己准备结婚也缺钱，就找小王要这三万元钱，小王说：“我现在手头紧没有钱，等过段时间还行吗”？小张同意再等等。

半年后，小张又去找小王要钱。这时小王反倒有点理直气壮，说：“咱们当初也没说我必须什么时候还你钱呀，朋友之间借点钱，你老这么催干什么？等我什么时候有钱肯定还你的，现在没有钱。”

就这么一句话，两个好朋友反目为仇，并因此事打起了官司，小张不仅要求小王马上归还三万元的本金，还要求小王按银行同期存款利率支付利息。

（2）案例剖析

分析案例背景资料可见，当初小王在所立的字据里至少缺三个重要的条款：

1）没有约定什么时候还钱；

2）没有约定是否付利息；

3）没有约定怎么对所借款项进行担保。

当然朋友之间借钱一般觉得不好意思把所有的事情都说得很清楚，但一旦产生了纠纷，怎么处理就是一件棘手的事情，生活当中会出现大量的类似情形。

从案例中我们可以得到两点启示：一是订合同时应当写些什么条款；二是这些条款最好怎么写。

合同条款是合同的内容，也是双方的权利、义务与责任。我们国家的合同法提倡的是合同自由，即只要双方同意，可以把想写的内容都写进合同里。但合同法从示范性的角度出发，规定了合同的主要条款，或叫一般性条款，双方订合同时最好把这些条款都写进去，避免遗漏重要的条款。

另外，对于合同法规定的主要条款和当事人双方认为重要的其他事项，起草合同时最好要写明白、写具体，这既可以避免很多纠纷隐患，同时也为一旦出现纠纷，怎么解决纠纷和确定双方的权利义务提供依据。

2. 合同缺陷的预防

为了有效避免合同缺陷，起草合同时下列条款必须要写清楚。

（1）当事人的名称和住所

如果当事人是自然人就是其姓名；如果是法人、非法人组织就是它的名称，包括它的法定住址。当事人没有写清楚，最后履行的时候谁主张权利、谁有义务就成了问题，所以必须把当事人写清楚。

现实生活的书面合同中，当事人没写清楚或写得有问题的情况经常发生。

【例 3-7】　在一份买卖合同中，甲方（卖方）是洪远有限责任公司，乙方（买方）是建业工程安装公司。合同盖章时，由于洪远有限责任公司负责印章的人出差，就盖了下属控股子公司泰然公司的章。合同履行时因货物质量问题，乙方找到洪远有限责任公司，洪远说章是泰然公司盖的，你不要找我。乙方又去找泰然公司，泰然公司说这个合同的当事人是洪远有限责任公司，当时是他们借我公司的章盖的，你还是去找他们吧。就这样洪远与泰然两个公司相互间踢起了皮球。

例 3-7 告诉我们，合同文字表述的当事人、签约人与最后的印章，尤其是盖法人章的时候一定要一致，同时要把名称写清楚，不能用简称。有的时候有些单位的名称可能比较复杂，那就使用其登记注册时的名称，不要简化。因为简化后就可能有雷同的名称在里面，或者不能确定是谁。

（2）合同的标的

如果是关于买卖房屋的合同，房屋就是标的物，在合同中就要把所买卖的房屋坐落在哪栋楼、哪个单元、具体门牌号写清楚。如果是买车的合同，就要在合同中将所买车辆的名称、型号写清楚。当然，有一些合同的标的不是一个具体的物，如某人委托一个律师替他去打官司，需要与律师签订一份代理合同。代理合同的标的是什么呢？是一种行为，是律师的代理行为，因此在代理合同中，就需要将律师的代理行为范围写清楚。

关于标的，有狭义与广义之分。狭义上的标的是一个具体的标的物，而广义上的标的实际上是一种客体，如律师的代理行为。

（3）标的数量

如果合同涉及分期付款、分批交货的，一定要把每一次每一批的数量写清楚，而且计量单位也必须明确。

【例 3-8】 一份木材买卖合同，双方确定的计量单位是“捆”，数量是一万捆。买方在接收货物时发现每“捆”是 6 根，而不是 12 根。于是质问卖方。卖方说合同是你们起草的，并没有写每“捆”是 12 根。

而按照当地的交易习惯，直径大的是 6 根一捆，小一点是 12 根一捆。即每“捆”6 根可以，12 根也行，都是交易惯例。卖方认为现在给买方的货都是直径大的，应该为 6 根一捆，若要每“捆”12 根就必须加钱。原本简单的问题变得复杂起来了。

例 3-8 告诉我们，合同的数量条款不能马虎。

（4）标的质量

合同的标的质量条款是非常重要的条款。在质量条款中，双方必须写明所采用的质量标准，即是用国家标准、行业标准，还是企业自己的标准。

质量条款还包括具体的规格型号表述，例如汽车是有规格型号、排气量的，这些规格型号构成了汽车质量的技术指标。

在必要的情况下，标的物的质量条款还应写明验收方式，即是共同验收，还是委托第三方专门的验收机构验收；验收地点，即在发货方所在地验收，还是在接收方所在地验收；验收的人员及检验方法，即是抽样检验还是全部开箱检验。

最后还要约定异议期限，即接收人如果发现质量问题的话，应该在几天之内提出索赔、以什么方式提出索赔。所以说质量条款其实是内涵丰富的条款，约定不明、不细，都会给将来的履行埋下隐患。

（5）合同价款（或酬金）

合同中的价款或酬金属于同一性质，对于买卖租赁类交易，一般称之为价款，对于委托代理、服务类交易，一般称之为酬金。编写价款（或酬金）条款时，即要约定总价，也要约定单价，单价与总价最好要分别约定。

对像大额交易的买卖合同，涉及众多不同品种的货物，每个品种的价格会不同，需要分别写清楚，不能只写合同的总价款。

（6）合同的履行期限、地点与方式

合同的履行期限应包括当事人双方履行自己义务的期限，例如买卖合同中的发货期限、付款期限；也包括合同的有效期限，例如租赁合同中的“本合同有效期一年”等。

合同的履行方式应包括合同当事人以什么方式履行自己的义务，例如租赁合同中的租金是以现金支付还是以支票支付，是按月支付还是最终一次性支付，如果按月支付是在每个月的哪天支付，过了这天就算违约等。

履行地点应包括合同当事人在哪里履行自己的义务，例如买卖合同中需要约定是买方自己提货，还是卖方送货上门。若卖方送货，是卖方送到买方所在地，还是代办托运，交给承运部门等。

合同的履行期限、地点与方式约定的越具体，越便于实际履行。

（7）违约责任

违约责任应包括双方在合同履行期间一旦出现违约的情形，如价格上违约、数量上违约、质量上违约等，需承担什么责任，如何承担责任。

违约责任条款制定时要有前瞻性，要考虑好将来可能出现的问题，把它详细地约定下来。因为一旦约定好了，出现纠纷时就可以根据这个条款去主张权利或责任。

（8）争议解决方法

争议解决方法应包括双方对合同履行期间出现的纠纷和争议，是通过仲裁解决还是通过诉讼解决而约定的方法。

采取什么方法解决争议，双方可以自由选择，并在合同中事先约定。通常说来，明确约定了争议解决方法，一是可避免很多纠纷隐患，二是当出现纠纷时，司法机关或者仲裁机构在处理争议时会有针对性，会比较符合当事人的真实意思表示。

3.2.5　几种合同参考文本

签订合同，是日常经济活动中频繁发生的事情。因合同缺陷导致履行中双方产生纠纷和争议，并因此反目成仇打起官司的事件也屡见不鲜。为了避免合同缺陷，一些机构往往针对经常发生的经济交易，制定了一些供交易双方参考的合同示范文本，下面介绍几种较为典型的经济合同参考文本，供学习中参考。

1. 订货合同参考文本

甲方（需方）：	乙方（供方）：
地址：	地址：
邮编：	邮编：
电话：	电话：
法定代表人：	法定代表人：

第一条　甲方向乙方订货总值为人民币______元。订货产品名称、规格、质量（技术指标）、单价、总价等见附件。

第二条　产品包装规格及费用______________________________

第三条 验收方法____

第四条 货款及费用等付款及结算办法____

第五条 交货规定____

(1) 交货方式：____

(2) 交货地点：____

(3) 交货日期：____

(4) 运输费：____

第六条 双方责任

甲方的责任：

(1) 甲方如中途变更产品花色、品种、规格、质量或包装的规格，应偿付变更部分货款（或包装价值）总值______%的罚金。

(2) 甲方如中途退货，应事先与乙方协商，乙方同意退货的，应由甲方偿付乙方退货部分货款总值______%的罚金。乙方不同意退货的，甲方仍须按合同规定收货。

(3) 甲方未按规定时间和要求向乙方交付所订货物的技术资料时，若乙方同意将交付日期顺延，每顺延一日，甲方应付给乙方罚金______元。如甲方超过规定时间______天不能提交上述资料，则视同中途退货，甲方承担违约责任。

(4) 属于甲方自行提货的物品，若甲方未按规定日期提货，每延期一天，应偿付乙方延期提货部分货款总额______%的罚金。

(5) 甲方如未按规定日期向乙方付款，每延期一天，应按延期付款总额______%付给乙方延期罚金。

(6) 乙方送货或代运的产品，若甲方无正当理由拒绝接货，甲方承担由此造成的损失、运输费用及罚金。

乙方的责任：

(1) 产品花色、品种、规格、质量不符本合同规定时，甲方同意利用者，按质论价。不同意利用的，乙方应负责保修、保退、保换。由于上述原因致延误交货时间，每逾期一日，乙方应按逾期交货部分货款总值的______%向甲方偿付逾期交货的违约金。

(2) 乙方未按本合同规定的产品数量交货时，少交的部分，甲方如果需要，应照数补交。甲方如不需要，可以退货。由于退货所造成的损失，由乙方承担。如甲方需要而乙方不能交货，则乙方应付给甲方不能交货部分货款总值的______%的罚金。

(3) 产品包装不符本合同规定时，乙方应负责返修或重新包装，并承担返修或重新包装的费用。如甲方要求不返修或不重新包装，乙方应按不符合同规定包装价值______%的罚金付给甲方。

(4) 产品交货时间不符合同规定时，每延期一天，乙方应偿付甲方延期交货部分货款总值______%的罚金。

第七条 产品价格若需调整，必须经双方协商达成一致后方能变更。若不能达成一致，按合同原订价格执行。若乙方因价格问题而影响交货，则每延期交货一天，乙方应按延期交货部分总值的______%付给甲方罚金。

第八条 甲、乙任何一方如要求全部或部分注销合同，必须经双方协商达成一致，并进行书面备案。提出注销合同一方须向对方偿付注销合同部分总额______%的补偿金。

第九条　如因生产资料、生产设备、生产工艺或市场发生重大变化，乙方须变更产品品种、花色、规格、质量、包装时，应提前______天与甲方协商。

第十条　本合同所订一切条款，甲、乙任何一方不得擅自变更或修改。如一方单独变更或修改本合同，对方有权拒绝生产或收货，并要求单独变更或修改合同的一方赔偿损失。

第十一条　甲、乙任何一方如确因不可抗力原因不能履行本合同，应及时向对方通知不能履行或须延期履行、部分履行合同的理由和证据。在证据被证明确属真实后，本合同可以不履行或延期履行或部分履行，并免予承担违约责任。

第十二条　本合同在执行中如发生争议或纠纷，甲、乙双方应协商解决，若协商无法达成一致，则按以下第（　）项处理：①申请仲裁机构仲裁；②向人民法院起诉。

第十三条　本合同自双方签章之日起生效，到乙方将全部订货送齐经甲方验收无误，并按本合同规定将货款结算以后作废。

第十四条　本合同在执行期间如有未尽事宜，需由甲、乙双方协商，另订附则附于本合同后面，所有附则在法律上均与本合同有同等效力。

第十五条　本合同共一式______份，由甲、乙双方各执正本一份、副本______份。

第十六条　本合同有效期自______年______月______日起至______年______月______日止。

订立合同人

甲方（盖章）：	乙方（盖章）：
负责人：	负责人：
经办人：	经办人：
电话：	电话：
开户银行账号：	开户银行账号：
签字日期：______年______月______日	签字日期______年______月______日

2. 建筑工程设计合同参考文本

发包人：____

设计人：____

发包人委托设计人承担______________________工程设计，经双方协商一致，签订本合同。

第一条　本合同依据下列文件签订：

（1）《中华人民共和国合同法》、《中华人民共和国建筑法》、《建设工程勘察设计市场管理规定》。

（2）国家及地方有关建设工程勘察设计管理法规和规章。

（3）建设工程批准文件。

第二条　本合同设计项目的内容，详见附件1。

第三条　发包人应向设计人提交的有关资料及文件，详见附件2。

第四条　设计人应向发包人交付的设计资料及文件，详见附件3。

第五条　本合同设计收费估算为______元人民币，设计费支付进度如下：

第一次付费：____

第二次付费：________________

第三次付费：________________

第四次付费：________________

第五次付费：________________

第六条 本合同设计收费说明：

(1) 提交各阶段设计文件的同时支付各阶段设计费。

(2) 在提交最后一部分施工图的同时结清全部设计费，不留尾款。

(3) 实际设计费按初步设计概算（施工图设计概算）核定，多退少补。实际设计费与估算设计费出现差额时，双方另行签订补充协议。

(4) 本合同履行后，定金抵作设计费。

第七条 双方责任

1. 发包人责任

(1) 发包人按本合同第三条规定的内容及时间，向设计人提交资料及文件，并对其完整性、正确性及时限负责，发包人不得要求设计人违反国家有关标准进行设计。

(2) 发包人提交上述资料及文件超过规定期限15天以内，设计人按合同第四条规定交付设计文件时间顺延；若超过规定期限15天以上时，设计人有权重新确定提交设计文件的时间。

(3) 发包人变更委托设计项目、规模、条件或因提交的资料错误，或所提交资料作较大修改，造成设计人设计需返工时，双方除需另行协商签订补充协议（或另订合同）、重新明确有关条款外，发包人应按设计人所耗工作量向设计人增付设计费。

(4) 在未签合同前设计人为发包人所做的各项设计工作，发包人已同意的，应按相关标准支付相应设计费。

(5) 发包人要求设计人比合同规定时间提前交付设计资料及文件时，如果设计人能够做到，发包人应根据设计人提前投入的工作量，向设计人支付赶工费。

(6) 发包人应为派赴现场处理有关设计问题的工作人员，提供必要的工作生活及交通等方便条件。

(7) 发包人应保护设计人的投标书、设计方案、文件、资料图纸、数据、计算软件和专利技术。未经设计人同意，发包人对设计人交付的设计资料及文件不得擅自修改、复制或向第三人转让或用于本合同外的项目，如发生以上情况，发包人应负法律责任，设计人有权向发包人提出索赔。

2. 设计人责任

(1) 设计人应按国家技术规范、标准、规程及发包人提出的设计要求，进行工程设计，按合同规定的进度要求提交质量合格的设计资料，并对其负责。

(2) 设计人采用的主要技术标准是________________。

(3) 设计合理使用年限为________年。

(4) 设计人应按本合同第二条和第四条规定的内容、进度及份数，向发包人交付资料及文件。

(5) 设计人交付设计资料及文件后，按规定参加有关的设计审查，并根据审查结论负责对不超出原定范围的内容做必要调整补充。设计人按合同规定时限交付设计资料及文件，本年内项目开始施工，负责向发包人及施工单位进行设计交底、处理有关设计问题和参加竣工验收。在一年内项目尚未开始施工，设计人仍负责上述工作，但应按所需工作量向发包人适当收取咨询服务费，收费额由双方商定。

（6）设计人应保护发包人的知识产权，不得向第三人泄露、转让发包人提交的产品图纸等技术经济资料。如发生以上情况并给发包人造成经济损失，发包人有权向设计人索赔。

第八条　违约责任

（1）在合同履行期间，发包人要求终止或解除合同，设计人未开始设计工作的，不退还发包人已付的定金；已开始设计工作的，发包人应根据设计人已进行的实际工作量，不足一半时，按该阶段设计费的一半支付；超过一半时，按该阶段设计费的全部支付。

（2）发包人应按本合同第五条规定的金额和时间向设计人支付设计费，每逾期支付一天，应承担支付金额______‰的逾期违约金。逾期超过30天以上时，设计人有权暂停履行下阶段设计工作，并书面通知发包人，发包人按前一条规定支付设计费。

（3）设计人对设计资料及文件出现的遗漏或错误负责修改或补充。由于设计人员错误造成工程质量事故损失，设计人除负责采取补救措施外，应免收直接受损失部分的设计费。损失严重的根据损失的程度和设计人责任大小向发包人支付赔偿金，赔偿金由双方商定为实际损失的______%。

（4）由于设计人自身原因，延误了按本合同第四条规定的设计资料及设计文件的交付时间，每延误一天，应减收该项目应收设计费的______‰。

（5）合同生效后，设计人要求终止或解除合同，设计人应双倍返还定金。

第九条　其他

（1）发包人要求设计人派专人留驻施工现场进行配合与解决有关问题时，双方应另行签订补充协议或技术咨询服务合同。

（2）设计人为本合同项目所采用的国家或地方标准图，由发包人自费向有关出版部门购买。本合同第四条规定设计人交付的设计资料及文件份数超过《工程设计收费标准》规定的份数，设计人另收工本费。

（3）本工程设计资料及文件中的建筑材料、建筑构配件和设备，应当注明其规格、型号、性能等技术指标，设计人不得指定生产厂、供应商。发包人需要设计人的设计人员配合加工订货时，所需要费用由发包人承担。

（4）发包人委托设计人配合引进项目的设计任务，从询价、对外谈判、国内外技术考察直至建成投产的各个阶段，应吸收承担有关设计任务的设计人参加。出国费用，除制装费外，其他费用由发包人支付。

（5）发包人委托设计人承担本合同内容之外的工作服务，另行支付费用。

（6）由于不可抗力因素致使合同无法履行时，双方应及时协商解决。

（7）本合同发生争议，双方当事人应及时协商解决，也可由当地建设行政主管部门调解，调解不成时，双方当事人同意由______________仲裁委员会仲裁。双方当事人未在合同中约定仲裁机构，事后又未达成仲裁书面协议的，可向人民法院起诉。

（8）本合同一式______份，发包人______份，设计人______份。

（9）本合同经双方签章并在发包人向设计人支付订金后生效。

(10) 本合同生效后，按规定到项目所在省级建设行政主管部门规定的审查部门备案。双方认为必要时，到项目所在地工商行政管理部门申请鉴证。双方履行完合同规定的义务后，本合同即行终止。

(11) 本合同未尽事宜，双方可签订补充协议。有关协议及双方认可的来往电报、传真、会议纪要等，均为本合同组成部分，与本合同具有同等法律效力。

(12) 其他约定事项：______________________________。

发包人名称（盖章）：	设计人名称（盖章）：
法定代表人（签字）：	法定代表人（签字）：
委托代理人（签字）：	委托代理人（签字）：
住　　所：	住　　所：
邮政编码：	邮政编码：
电　　话：	电　　话：
传　　真：	传　　真：
开户银行：	开户银行：
银行账号：	银行账号：

建设行政主管部门备案（盖章）：

备案号：

备案日期：　　　年　　月　　日

鉴证单位（盖章）：

经办人：

鉴证日期：　　　年　　月　　日

3. 二手房屋买卖合同参考文本

卖方：__________（以下简称甲方）　　　　买方：________（以下简称乙方）

身份证号：______________　　　　　身份证号：______________

根据《中华人民共和国合同法》、《中华人民共和国城市房地产管理法》及其他有关法律、法规，甲、乙双方在平等、自愿、协商一致的基础上，就乙方向甲方购买私有住房，达成如下协议：

第一条 所售房屋基本情况

(1) 甲方所售房屋所有权证号为____________，房屋土地使用权证号为____________________________；

(2) 甲方所售房屋位于_____区_____路（街）_____号，结构形式为_____；

(3) 甲方所售房屋建筑面积_____平方米；

(4) 甲方所售房屋附属设施为_________。

第二条 房屋价格及其他费用承担

(1) 甲方所售房屋总金额为（人民币）___仟___佰___拾___万___仟___佰元整（含附属设施费用）；

(2) 双方交易税费由___方负担。

第三条 付款方式

____

第四条　房屋交付

甲、乙双方在房产局交易所办理完过户手续（缴纳税费）后____日内，甲方将房屋交付乙方，因不可抗力因素造成甲方逾期交房的，则房屋交付时间可据实予以延长。

第五条　乙方违约责任

乙方未按本合同规定的付款方式付款，每逾期一日，按照逾期金额的____‰支付违约金，逾期达一个月以上的，即视为乙方不履行本合同，甲方有权解除合同，届时将由乙方承担此次交易中双方的全部交易税费，并向甲方支付购房款____%违约金。

第六条　甲方违约责任

甲方未按本合同第四条规定将房屋及时交付使用，每逾期一日，按照购房总价的____‰支付违约金，逾期达一个月以上的，即视为甲方不履行本合同，乙方有权解除合同，由甲方承担此次交易中双方的全部交易税费，并向乙方支付房价____%的违约金。

第七条　甲方保证在交接时该房屋没有产权纠纷和财务纠纷，如交接后发生该房屋交接前即存在的产权纠纷和财务纠纷，由甲方承担全部责任。

第八条　本合同未尽事宜，由甲、乙双方另行议定，并签订补充协议，补充协议与本合同具同等法律效力。

第九条　本合同在履行中发生争议，由甲、乙双方协商解决。协商不成的，甲、乙双方可依法向该房屋所在地人民法院起诉。

第十条　本合同自甲、乙双方签字之日起生效。

第十一条　本合同一式____份，甲、乙双方各执____份，其他交有关部门存档。

甲方（签章）：　　　　　　　　　　乙方（签章）：

住址（工作单位）：　　　　　　　　住址（工作单位）：

联系电话：　　　　　　　　　　　　联系电话：

签字日期：______年____月____日

3.3 合同的履行

3.3.1 合同履行前须知

1. 合同的生效

合同生效是指依法成立的合同在当事人之间产生一定的法律约束力，即法律效力。

合同生效意味着双方当事人享有合同中约定的权利和承担合同中约定的义务，任何一方不得擅自变更和解除合同，若当事人一方不履行合同规定的义务，另一方当事人可寻求法律保护。

合同生效后，对合同当事人之外的第三人也具有法律约束力，即第三人（包括单位、个人）均不得对合同当事人进行非法干涉，合同当事人对妨碍合同履行的第三人可以请求法院排除妨碍。

合同生效后，合同条款就成为处理合同纠纷的重要依据。

（1）合同生效的实质要件

合同生效实质要件是指合同产生法律效力应该具备的基本条件。

1）合同当事人必须具有相应的民事行为能力

订立合同的主体有自然人、法人和非法人经济组织。

自然人作为合同当事人，必须具备民法通则规定的民事行为能力，即当事人能够正确认识自己行为的意义和后果。

法人、非法人经济组织作为合同当事人，它们只有在登记核准的经营范围内从事经济活动，才具有法律效力，才受法律保护。

2）意思表示真实

意思表示真实是合同生效的核心要素。如果合同当事人的意思表示不真实，或以欺诈和胁迫的手段，或乘人之危，或逃避法律的行为，或在违背真实意思的情况下所为的行为，都将导致合同不发生法律效力。

3）不违反法律或者损害社会公共利益

合同的内容和目的不得违反国家法律、法规的强制性规定；在法律、法规没有规定时，不得违反国家有关规定的禁止性规定。同时，合同的内容和目的不得损害他人利益和危害国家利益、社会公共利益。此外在法律有明确规定的情况下合同还应当符合法定形式。

参见例3-6，背景资料如下：

赵刚（简称甲方）为装修华廷荔园四小区10—2—12房屋，经与新地有限公司（简称乙方）协商，订立本合同，以共同恪守。

一、工程项目：

1. 三个房间（两卧室、一客厅）打地角线、包水管、房顶四周打石膏线，客厅、卧室铺强化木地板，客厅墙体铺瓷砖，客厅、卧室打腻子，刷立邦漆两道。

2. 通阳台的门窗处做吧台，上方做置物架，阳台东侧做多用途柜、西侧做吊柜，阳台铺瓷砖、吊PVC板。

3. 卫生间、厨房铺瓷砖到顶，屋顶吊PVC板，厨房地面铺瓷砖。

4. 房间电源线路改造，客厅门后做用途柜（底下放鞋，上面挂衣服）。

5. 未尽细节之处由甲方提出方案，甲乙双方商量确定。

二、承包方式：

甲方按乙方要求提供装修期间的所需材料（乙方需提前通知甲方），乙方负责施工。

三、质量标准：

施工质量要符合安全要求，装修质量不得低于同一施工类型的装修标准，双方认可。

四、施工期限：

2010年4月20日至2010年5月30日，如不能按期完成，每天处罚金50元。

五、工程造价：

材料由甲方提供，甲方只支付乙方装修人工费壹万参仟捌佰圆人民币。

六、付款方式：

工程完工后，经甲方验收，如符合以上施工项目和设计要求，三天内一次将装修人工费付清。

七、其他问题：

装修项目的具体要求，由甲方提出，乙方实施。本合同未尽事宜，由双方协商解决。

本合同自双方签字之日起生效。

八、本合同一式两份，甲乙方各执一份，具有相同法律效力。

甲方：　　　　　　　　　　　　　乙方：

签字（盖章）：　　　　　　　　　签字（盖章）：

　　年　　月　　日　　　　　　　　　年　　月　　日

分析：

①例3-6中的当事人有赵刚（自然人）和新地有限公司（法人）。若赵刚是一个精神病人或是一个10岁的小孩，他就是不具备民法通则规定的民事行为能力的人，即他可能把在合同上签名看成是好玩，不能正确认识自己行为所产生的后果，因此他的签名将不被法律所承认。若新地有限公司在营业执照上登记核准的经营范围是百货商品销售，说明该公司不具备房屋装修的能力，因此它所签订的装修合同也不具有法律效力。

②若赵刚和新地有限公司都具有民事行为能力，但赵刚由于经济原因根本无力支付装修工程款，而采取欺骗手段与新地有限公司签订了合同，则该合同同样无效。

③若赵刚利用装修该房屋之机，将公共走廊据为己有，这实际上是损害了社会公共利益，合同同样也无效。

（2）合同生效的形式要件

1）依法成立的合同，自成立时生效。

这是合同生效时间的一般规定，即如果没有法律、行政法规的特别规定和当事人的约定，合同成立的时间就是合同生效的时间。

2）法律、行政法规规定应当办理批准、登记等手续生效的，自批准、登记时生效。

例如根据三资企业法订立的合同，需经主管部门批准才能生效；办理抵押物登记的抵押合同，需经登记后才能生效。

3）双方当事人在合同中约定合同生效时间的，以约定为准生效。

续例3-6，赵刚和新地有限公司签订的装修合同为双方签字之日起生效。若他们双方当初在合同中约定的是"本合同自甲方向乙方交付订金后生效"，则签字之日合同并不具有法律效力，而是赵刚向新地有限公司交付订金后才能生效。

（3）附条件合同的生效

附条件合同是指合同当事人设定了一定的条件，并将条件的成就与否作为决定效力发生或消灭的根据的合同。

在某些情况下，当事人订立合同，有时并不希望立即发生预期的法律后果，而有时又不希望已经发生的法律效力一直存续下去，而是愿意在一定的事实发生时，让合同的效力发生或终止，使合同的订立更能满足当事人的意愿。附条件合同正是这些情况的产生物，体现合同自由。

附条件合同可分为附生效条件合同和附解除条件合同。

1）附生效条件合同

附生效条件合同是指某条件发生时合同生效，例2－4的"本合同自双方签字之日起生效"即为附生效条件合同。

2）附解除条件合同

附解除条件合同是指某条件发生时合同的法律效力解除，例如某合同约定“乙方的全部订货经甲方验收无误，甲方付清全部货款后，本合同废止”即为附解除条件合同。

3）附条件合同的条件必须符合的要求

①条件必须是将来发生的事实

即条件不是现实存在的，而是属于尚未发生的客观不确定的事实，可能实现也可能不实现，条件具有不确定性。

②条件是由当事人设定而非法定的

即作为条件的事实必须是当事人自己选定的，是双方意思表示一致的结果。

③条件必须是合法的

即当事人不得以有损社会公共利益和公共秩序的事实或有损他人合法权益的事实作为合同的附条件。

④条件不得与合同的主要内容相矛盾

4）案例剖析

【例 3-9】 张某的叔叔与其约定，如果张某考上某名牌大学，叔叔就给他一笔能够周游世界的费用。

【例 3-10】 甲乙双方签订了一份房屋买卖合同，双方在合同中约定，当此房的前面修好一条马路时，甲将房屋卖给乙。

由例 3-9、3-10 可见，考上某名牌大学和房前修一条马路属于附生效条件的合同。如果没有这一条件限制，就有可能当时便发生了赠予或买卖房屋的事实，有了这一条件就延缓了赠予或买卖房屋的事实，使合同关系处于停止状态，一旦条件成就，张某考上该名牌大学，甲的房前修好了一条马路，则该赠予合同和买卖合同发生法律效力。

【例 3-11】 甲将房屋出租给乙，双方约定，一旦甲自己结婚或自己母亲由外地搬来，甲应收回出租的房屋供自用。在本例中，甲结婚或其母搬到此地是该房屋租赁合同解除和失效的条件。

对于附条件合同，合同法规定，当事人一方为了自己的利益不正当地阻止条件成就的视为条件已成就；不正当地促成条件成就的，视为条件不成就。这是防止合同当事人滥用条件的规定。

在例 3-11 的房屋租赁合同中，若乙为了能够长期租赁甲的房屋，多次在甲的恋爱中制造障碍，或谋害其母使其不能与甲同住，就构成了不正当阻止条件成就。在这种情况下，虽然“甲结婚或其母搬来同住”的条件尚未成就，房屋租赁合同形式上看可以继续有效，但法律视此种情况下条件已经成就，因此此房屋租赁合同失效，即甲可将房屋收回。

（4）附期限合同的生效

附期限合同是指当事人对合同的效力约定了附加期限。附加期限合同可分为附生效期限合同和附终止期限的合同。

期限作为合同的附款，必须是将来的事实，是确定发生的事实和合法的事实。已经发生的事实、不可能发生的事实以及不法事实，均不能被设定为期限。

附期限与附条件的要求不完全一样。条件属于不确定状态，而期限则属于确定状态，期限设定的方式，无论是周、月或年，实际上是某起点日期后的若干时日，它终究一定会到来。

1）附生效期限合同

如果当事人在合同中约定，经一定期限届满时合同生效的，则该合同为附生效期限的合同。例如，养老保险合同规定，当投保人缴纳保费一定数额后，在双方约定的期限到来时合同生效，即为附生效期限的合同。

2）附终止期限合同

如果当事人在合同中约定，经一定期限届满时合同终止的，则该合同为附终止期限的合同。例如，在家庭财产保险合同中，投保方投保的是一年期财产险合同，约定从某年1月1日零时起到该年12月31日24时止为保险期间，此期间为保险合同的生效期间；“一年”即为该财产保险的终止期限，期限届满该财产保险合同失效。

2. 合同的履行原则

合同的履行是指合同的当事人按照合同完成约定的义务，如交付货物、提供服务、支付报酬或价款、完成工作、保守秘密等。

合同履行的基本原则不是仅适用于某一类合同履行的准则，而应是对各类合同履行普遍适用的准则，是各类合同履行都具有的共性要求或反映。合同的履行原则有全面履行原则和诚实信用原则。

（1）全面履行原则

《合同法》第60条第1款规定：“当事人应当按照约定全面履行自己的义务”。这一规定确立了全面履行原则。

全面履行原则，又称适当履行原则或正确履行原则，它要求当事人按合同约定的标的及其质量、数量，合同约定的履行期限、履行地点、适当的履行方式、全面完成合同义务。依法成立的合同，在订立合同的当事人间具有相当于法律的效力，因此合同当事人受合同的约束，履行合同约定的义务应是自明之理。

（2）诚实信用原则

《合同法》第60条第2款规定：“当事人应当遵循诚实信用原则，根据合同的性质、目的和交易习惯履行通知、协助、保密等义务。”此规定可以理解为在合同履行问题上，将诚实信用作为基本原则的确认。

从字面上看，诚实信用原则就是要求人们在市场活动中讲究信用、恪守诺言、诚实不欺，在不损害他人利益和社会利益的前提下追求自己的利益。从内容上看，诚实信用原则并没有确定的内涵，因而有无限的适用范围。即它实际上是一个抽象的法律概念，内容极富于弹性和不确定，有待于就特定案件予以具体化，并随着社会的变迁而不断修正自己的价值观和道德标准。

3. 合同的担保

合同担保是指依照法律规定或当事人约定而设立的确保合同义务履行和权利实现的法律措施。合同担保分为人保、物保、金钱保，担保活动遵循平等、自愿、公平、诚实信用的原则。

（1）合同担保的特征

1）从属性

合同担保从属于所担保的债务依存的主合同，担保以主合同的存在为前提，因主合同的变更而变更，因主合同的消灭而消灭，因主合同的无效而无效。

2）补充性

合同担保一经成立，就在主债关系基础上补充了某种权利义务关系。

3）保障性

合同担保是用以保障债务的履行和债权的实现。

（2）合同担保的方式

合同担保的方式有保证、抵押、质押、留置和定金。

1）保证

保证是指保证人和债权人约定，当债务人不履行债务时，保证人按照约定履行债务或者承担责任的行为。保证属于人保。

保证合同应当包括以下内容：

①被保证的主债权种类、数额；

②债务人履行债务的期限；

③保证的方式；

④保证担保的范围；

⑤保证的期间；

⑥双方认为需要约定的其他事项。

保证的方式有一般保证和连带责任保证。保证担保的范围包括主债权及利息、违约金、损害赔偿金和实现债权的费用。当事人对保证担保的范围没有约定或者约定不明确的，保证人应当对全部债务承担责任。

【例 3-12】 甲从银行借款 10 万元，乙为甲提供保证，承诺贷款逾期不还，乙承担偿还责任。此情形下，即是未约定期限的连带保证责任。

2）抵押

抵押是指债务人或者第三人不转移对财产的占有，将该财产作为债权的担保。债务人不履行债务时，债权人有权将该财产折价拍卖或者变卖，并从卖得的价款中优先受偿。

抵押属于物保。在抵押中，债务人或者第三人称为抵押人，债权人称为抵押权人，提供担保的财产称为抵押物。

抵押合同应当包括以下内容：

①被担保的主债权种类、数额；

②债务人履行债务的期限；

③抵押物的名称、数量、质量、状况、所在地、所有权权属或者使用权权属；

④抵押担保的范围；

⑤当事人认为需要约定的其他事项。

【例 3-13】 甲向乙借钱，乙要求甲以其住房进行抵押，于是甲、乙双方到房地产管理部门办理了抵押登记手续，乙拿到载明抵押权的《他项权证》后借钱给甲，但该房子现在还由甲继续居住。此案例即为抵押。

3）质押

质押是指债务人或者第三人将其动产移交债权人占有，将该动产作为债权的担保。债务人不履行债务时，债权人有权以该动产折价或者以拍卖、变卖该动产的价款优先受偿。

质押属于物保。在质押中，债务人或者第三人称为出质人，债权人称为质权人，移交的动产称为质物。质押合同自质物移交于质权人占有时生效。

质押合同应当包括以下内容：

①被担保的主债权种类、数额；

②债务人履行债务的期限；

③质物的名称、数量、质量、状况；

④质押担保的范围；

⑤质物移交的时间；

⑥当事人认为需要约定的其他事项。

【例3-14】 甲向乙借钱，乙要求甲将汽车押在乙处后才能借钱给甲，即为质押。

4）留置

留置是指债权人在债务人不按照合同约定的期限履行债务时，债权人有权留置债务人的动产，并以该财产折价或者以拍卖、变卖该财产的价款优先受偿。

留置担保的范围包括主债权及利息、违约金、损害赔偿金、留置物保管费用和实现留置权的费用。因保管合同、运输合同、加工承揽合同发生的债权，债务人不履行债务的，债权人有留置权。

【例3-15】 甲在乙处订做了一套家具，乙做完家具后在甲没有付清全部款项前，将家具留在自己那里没有给甲，即为留置。

5）定金

定金是指当事人双方为保证债务的履行，约定一方向对方给付定金作为债权的担保。债务人履行债务后，定金应当抵作价款或者收回。

定金应当以书面形式约定，定金的总额不得超过合同标的的20%，给付定金的一方不履行约定的债务，无权要求返还定金；收受定金的一方不履行约定的债务，应当双倍返还定金。当事人在定金合同中应当约定交付定金的期限，定金合同从实际交付定金之日起生效。

3.3.2 合同履行中须知

1. 抗辩权

抗辩权是指在合同双方当事人都有债务的履行中，一方不履行或者有可能不履行时，另一方可以据此拒绝对方的履行要求。

（1）同时履行抗辩权

同时履行抗辩权是指当事人互负债务，没有先后履行顺序的，应当同时履行，一方在对方履行前有权拒绝其履行要求；一方在对方履行债务不符合约定时，有权拒绝其相应的履行要求。

同时履行抗辩权的成立条件有以下几方面：

①双方因同一合同互负对价债务；

②行使抗辩权的当事人没有先给付义务；

③双方债务已届清偿期；

④对方未履行债务或未提出履行债务；

⑤对方的对价给付是可履行的。

【例3-16】 甲将A画卖给乙，价款30万元，由丙承担乙的债务——向甲支付30万买画款。当甲向丙请求支付价款时，丙可以甲未对乙交画为由拒绝自己的履行。

（2）先履行抗辩权

先履行抗辩权是指当事人互负债务，有先后履行顺序，先履行一方未履行的，后履行一方有权拒绝其履行要求。先履行一方履行债务不符合约定的，后履行一方有权拒绝其相应的履行要求。先履行抗辩权本质上是对违约的抗辩，也可称为违约救济权。

（3）不安抗辩权

不安抗辩权是指当事人互负债务，有先后履行顺序，若先履行的一方有确切证据表明后履行的一方已丧失履行债务能力时，在对方没有履行或者没有提供担保之前，有中止合同履行的权利。

不安抗辩权制度保护先给付义务人是有条件的，只有在后给付义务人有不能为对价给付的现实，会危害先给付义务人的债权实现时，先履行的一方才能行使不安抗辩权。

这里的“有不能为对价给付的现实”包括：经营状况严重恶化；转移财产、抽逃资金以逃避债务；谎称有履行能力的欺诈行为；其他丧失或者可能丧失履行能力的情况。

【例 3-17】 A 企业和 B 企业签订 100 万元的买卖合同，约定 A 在 4 月 1 日之前发货，B 收到货物后付款。但 A 企业在发货之前有确切的证据证明 B 已丧失商业信誉，因此 A 在 4 月 1 日以行使不安抗辩权为由，中止履行合同并通知了 B。

2. 合同变更、转让与撤销

（1）合同变更

合同变更是指有效成立的合同在尚未履行或未履行完毕之前，由于一定法律事实的出现而使合同内容发生了改变。

合同变更是合同关系的局部变化（如标的数量的增减、价款的变化、履行时间、地点、方式的变化），而不是合同性质的变化（如买卖变为赠予，合同关系失去了同一性）。

1）合同变更成立的条件

①合同双方原已存在有效的合同关系

合同的变更是改变原合同关系，是以原已存在的合同为前提。若原合同关系非法，如合同无效、合同被撤销、追认权人拒绝追认效力未定的合同，则不存在合同变更。

②合同内容发生变化

合同内容的变化包括：标的物数量的增减；标的物品质的改变；价款或者酬金的增减；履行期限的变更；履行地点的改变；履行方式的改变；结算方式的改变；所附条件的增添或除去；单纯债权变为选择债权；担保的设定或取消；违约金的变更；利息的变化。

③经当事人协商一致或依法律规定

《合同法》第 77 条第 1 款规定：“当事人协商一致，可以变更合同。”合同变更通常是当事人合意的结果。此外，合同也可能基于法律规定或法院裁决而变更，如《合同法》第 54 条规定，一方当事人可以请求人民法院或者仲裁机关对重大误解或显失公平的合同予以变更。

④法律、行政法规规定变更合同应当办理批准、登记等手续的，应遵守其规定。

2）合同变更的效力

①合同变更后，当事人应按变更后的合同内容履行；

②未变更的权利义务继续有效，已经履行的债务不因合同的变更而失去合法性；

③合同的变更不影响当事人要求赔偿的权利，提出变更的一方当事人对对方当事人因合同变更所受损失应负赔偿责任。

(2) 合同转让

合同转让是指合同权利、义务的转让，即当事人一方将合同的权利或义务全部或部分转让给第三人，由新的债权人代替原债权人、新的债务人代替原债务人，但债的内容保持同一性的法律现象。

1) 合同转让与合同的第三人履行或接受履行的区别

在合同的第三人履行或接受履行中，第三人并不是合同的当事人，他只是代债务人履行义务或代债权人接受义务的履行，合同责任由当事人承担而不是由第三人承担。

合同转让时，第三人成为合同的当事人，故合同转让的效力在于成立了新的法律关系，即成立了新的合同，原合同应归于消灭，由新的债务人履行合同，或者由新的债权人享受权利。我国《民法通则》第 91 条规定："合同一方将合同的权利、义务全部或者部分转让给第三人的，应当取得合同另一方的同意，并不得牟利。依照法律规定应当由国家批准的合同，需经原批准机关批准。但是，法律另有规定或者原合同另有约定的除外。"

2) 债权的转让一般不必经债务人同意

因为改变债权人一般不会增加债务人的负担。

3) 债务的转让必须经过债权人的同意

因为债务人的履行能力与能否满足债权有密切关系。因此《合同法》规定：债权人转让债权，是依法转让、是通知转让，并不以债务人的同意为必要条件；而债务人转让债务须得到债权人的许可。

【例 3-18】 甲公司（某房地产投资企业）与开发商（乙）在 2003 年 7 月 15 日签订合同，约定由乙于 2003 年 10 月 2 日将某地一栋花园式商品房交付给甲，甲支付价款约为 1600 万元。甲公司于 2003 年 8 月 7 日又与丙（另一房地产投资企业）签订转让商品房请求权的合同，并于当日把书面通知送达给乙。

分析：

在本例中，甲和丙之间转让商品房请求权的合同，实际上是甲将商品房的请求权出卖给了丙，丙将向甲支付 1600 万元。其中，甲公司和开发商乙之间的买卖合同是产生债权的行为；甲和丙之间的商品房请求权转让合同是基础行为，也称为债权让与合同；商品房请求权于 2003 年 8 月 7 日让与给了丙，是债权让与。在这里，买卖商品房的合同是提供转让商品房请求权的标的物，转让商品房请求权的合同是商品房请求权让与的原因，请求权让与系转让合同生效的结果。

【例 3-19】 甲与乙签订一个买卖电脑的合同，约定由乙交付一台赛扬处理器的 Dell 牌电脑，标的为 5000 元，之后乙又与丙签订债务承担合同，由丙承受交付一台符合条件电脑的债务。

分析：

在本例中，丙取得债务叫做债务承担；乙与丙签订的移转债务的合同是债务承担合同；甲乙之间签订的买卖合同是产生债务的合同。

(3) 合同撤销

合同撤销是指因重大误解订立的合同或在订立时显失公平的合同，当事人一方有权请求人民法院或仲裁机构撤销合同。

1）当事人行使合同撤销权的条件

①限制民事行为能力人订立的合同，善意相对人在合同被追认之前可以行使撤销权；

②无权代理人以被代理人名义订立的合同，善意相对人在合同被追认之前可以行使撤销权。

③合同一方当事人因重大误解、显失公平，或一方以欺诈、胁迫手段，或乘人之危，使对方在违背真实意思情况下订立的合同，受损害方可以行使撤销权。

④债务人放弃其到期债权，实施无偿或低价转让、处分其财产的行为，受损害的债权人有权行使撤销权。

上述第一、二两种情况，系无订立合同行为能力人订立的合同，相对人可以行使撤销权；第三种情形是违背意思表示真实原则，可行使撤销权；第四种情形是违背诚实信用原则，可行使撤销权。

2）合同撤销权的消灭

我国《合同法》规定有以下两种情形之一的，合同撤销权消灭。

①具有撤销权的当事人自知道或者应当知道撤销事由之日起一年内没有行使撤销权的，撤销权消灭。

②具有撤销权的当事人知道撤销事由后明确表示或以自己行为放弃撤销权的，撤销权消灭。

合同被撤销以后，因该合同取得的财产，应当予以返还；不能返还或者没有必要返还的，应当折价补偿。有过错的一方应当赔偿对方因此受到的损失，双方都有过错的，应当各自承担相应的责任。

3. 合同终止、中止与解除

（1）合同终止

合同终止是指由于一定的法律事实的发生，使合同所设定的权利和义务在客观上已不再存在，即当事人之间的权利义务关系消灭。

1）合同终止的条件

①债务已经按照约定履行；

②合同已解除（协议解除或法定解除）；

③债务已相互抵销；

④债务人已依法将标的物提存；

⑤债权人已免除债务；

⑥债权债务已同归于一人（混同）；

⑦法律规定或者当事人约定终止的其他情形。

2）合同终止的法律后果

①权利、义务关系消灭（从权利、从义务一并消灭）；

②不影响合同中结算和清理条款的效力；

③合同权利义务关系终止之后，当事人还应遵循诚信原则，根据交易习惯履行通知、协助、保密等义务；

④合同终止不影响当事人请求赔偿损失的权利；

⑤负债字据的返还。

合同终止后，债权人免除债务人部分或全部债务的，合同的权利义务部分或者全部终止；债权和债务同归于一人的，合同的权利义务终止，但涉及第三人利益的除外。

【例3-20】 甲与乙签订了房屋预售合同，甲交纳了一定比例的预付款后，取得了对预售房屋的权利。随后甲将取得的预售房屋抵押给了丙。半年后，甲乙二公司合并（预售房屋债务混同），但如果此时合同终止，甲不必取得对于预售房屋的所有权，就会损害抵押权人丙的利益，在此种情况甲乙二人的合同不能终止。

（2）合同中止

合同中止是指合同有效期内，发生了中止的事由，停止履行合同义务，待中止事由消失后，合同继续履行。

如买卖合同，一方发生危机，另一方基于同时履行抗辩权停止履行义务，此时合同中止，待对方提供担保或经济好转，合同恢复履行。

（3）合同解除

合同解除是指合同有效成立后，在一定条件下通过当事人的单方行为或者双方合意终止合同效力或者溯及力消灭合同关系的行为。

合同解除后可产生两种效力：一是尚未履行的，终止履行；二是已经履行的，根据履行情况和合同性质，当事人可以请求恢复原状或者采取其他补救措施，并有权要求赔偿损失，即产生溯及力。

4. 合同约定不明时的履行

当事人对合同内容的约定应当明确、具体，以便于合同履行，但实践中由于种种原因，欠缺合同条款或者合同条款约定不明的情况经常发生，因此需要对合同进行补充。

《合同法》规定，合同生效后，当事人就质量、价款或者报酬、履行地点等内容没有约定或者约定不明确的，可以协议补充，不能达成补充协议的，按照合同有关条款或者交易习惯确定。

（1）标的约定不明

合同标的约定不明时，双方可通过补充协议达成一个补充条款，把不明确之处进行明确，把没有约定的地方进行约定，补充条款与合同有同等的法律效力。

如果双方经过协商不能达成补充协议，则要根据合同上下文条款、交易惯例或者逻辑推断来确定。

【例3-21】 A企业从B商场订货2000块上海牌手表，由于没有约定是石英表还是电子表，B商场发给A企业的全是电子表。若A企业说要的是石英表，怎么确定？

分析：

由于合同并没有说清楚到底是什么表，但若B商场提供了证据，证明A企业是B商场的长期客户，以前B商场发给A企业的货全是电子表，从来没有发过石英表。也许现在A企业确实不想要电子表，而是要石英表，但它没有明确提出来，根据交易惯例可以解释为B商场发货标的是符合合同约定的。

【例3-22】 甲公司向乙厂订手表2000块，由于合同书起草漏洞，没有约定是机械表还是电子表，结果乙厂发货给甲公司的全部是机械表。由于双方第一次打交道，没有交易惯例可查，从合同上下文条款也看不出来，怎么解决？

分析：

这种情形只能根据双方的相关证据进行逻辑推断，判断双方真实意思的表示。如果乙厂能够提供证据证明他们厂只生产机械表，根本不生产石英表，就可以根据乙厂的证明，推断出他们发货的标的是符合合同约定的。

（2）质量标准约定不明

若合同中质量标准约定不明确，有国家标准、行业标准的，按照国家标准、行业标准履行；没有国家标准、行业标准的，按照同类产品、同类服务的市场通常质量标准（即同一价格的中等质量标准）履行，或者按符合合同目的特定标准履行。

【例 3-23】 张某购买了一套已装修的商品房，在购房合同中对房屋的工程质量等均做出了约定。但张某一家住进去以后，大人小孩都出现了流泪、头晕的症状，医院检查结论为因室内空气污染所致。张某请相关机构对新房进行检测，发现室内的甲醛苯氡胺严重超标，因此找开发商理论。开发商说甲醛苯氡胺的要求合同里没有写，且当初国家也没有规定室内污染什么样算超标，所以不同意张某的违反合同之说。怎么解决？

分析：

我们知道，买房子的目的就是为了居住，如果医院的鉴定结论为该房屋人住进去后生病是因为室内的空气污染所致，张某就没有实现买房的目的，尽管购房合同里没有写清楚，但法院可以根据这条来确定开发商所交付的标的物不符合质量标准。

（3）价款或报酬约定不明

若合同中价款或报酬约定不明确，除依法必须执行政府定价、政府指导价的以外，按照同类产品、同类服务订立合同时履行地的市场价格履行。

【例 3-24】 找律师帮助打官司是要支付律师报酬的，这个报酬被称为代理费。合同中如果没有约定代理费的具体金额，或者约定不明的时候，通常可采用行业的通用标准，取一个平均值来作为本次律师的代理费。

（4）履行地点约定不明

履行地点约定不明确，给付货币的，在接受货币一方所在地履行；交付不动产的，在不动产所在地履行；其他标的，在履行义务一方所在地履行。

【例 3-25】 上海的 A 公司从北京的 B 厂购进一批价值 300 万元的设备，但在合同中没有说明履行地。实际履行时 A 公司要求 B 厂送货上门，然后支付 B 厂的货款。B 厂则持相反的意见，要求 A 公司自行取货，同时支付货款。怎样处理？

分析：

根据合同履行地点约定不明确时的规定，在支付货款问题上，A 公司可有两个选择：一是派人将款送到北京；二是将款汇到北京，但须承担发生的相关费用。在设备送货问题上，由于 B 厂是履行义务方，因此 A 公司必须到北京自行提货。

（5）履行期限约定不明

履行期限约定不明确的，债务人可以随时履行，债权人也可以随时要求履行，但应当给对方必要的准备时间。

【例 3-26】 甲向乙借款 200 万用于生意周转，在借款合同中没有约定还款期限，这时甲可以随时要求乙还钱，乙也可以随时还钱给甲。但甲不能在某天上午找到乙，要求乙当天下午就把钱还上，因为 200 万不是一个小数目，甲应该给乙一个合理的筹款期限。

（6）履行费用的负担约定不明

履行费用的负担约定不明的，由履行义务一方负担。

【例 3-27】 甲（买方）从乙（卖方）处购得二手房一套，购房价格 150 万，购房合同中双方没有约定相关费用（如契税、公证费、印花税等）由谁来支付。履行时甲认为这笔费用应该由乙支付，而乙则认为应由甲支付，到底应该由谁支付呢？

分析：

在买房过程中，乙的义务是交付房屋，甲的义务是支付房款，因此支付相关费用属于甲的义务范畴，即购房的契税、公证费、印花税等应由甲支付。

（7）履行方式约定不明

履行方式是指完成合同义务的方法，如标的物的交付方法、工作成果的完成方法、货物的运输方法、价款或酬金的支付方法等。履行方式与当事人的权益有密切关系，履行方式不符合要求，可以造成标的物缺陷、费用增加、延迟履行等后果。

《合同法》规定，履行方式约定不明的，按照标的物性质决定的方式或者有利于实现合同目的的方式履行。

3.3.3　违约责任、仲裁与诉讼

1. 违约与违约责任

违约是指合同当事人一方不履行合同义务或履行合同义务不符合合同约定。

违约责任是指当事人违约后应该承担的民事责任。违约当事人承担违约责任的要件有两个：一是有违约行为；二是无免责事由。违约行为可分为实际违约与预期违约。

（1）实际违约

实际违约的具体形态有四种。

1）履行不能

指债务人在客观上已经没有履行能力，如在提供劳务的合同中，债务人丧失了劳动能力；或在以特定物为标的的合同中，该特定物灭失，如在文物拍卖合同中，拍卖物被损坏。

2）拒绝履行

指合同履行期到来后，一方当事人能够履行而故意不履行合同规定的全部义务。

3）迟延履行

指合同债务已经到期，债务人能够履行而未履行。

4）不适当履行

指债务人虽然履行了债务，但其履行不符合合同的约定，包括瑕疵给付（即履行有瑕疵，侵害对方利益，如给付数量不完全、给付质量不符合约定、给付时间和地点不当等）和加害给付（即因不适当履行造成对方利益之外的其他损失，如出售不合格产品导致买受人的损害）。

（2）预期违约

预期违约的具体形态有两种。

1）明示毁约

指一方当事人无正当理由，明确地向对方表示将在履行期届至时不履行合同。

2）默示毁约

指在履行期到来之前，一方以自己的行为表明其将在履行期届至后不履行合同。如特定物买卖合同的出卖人在合同履行期届至前将标的物转卖给第三人，或买受人在付款期到来之前转移财产和存款以逃避债务。

(3) 免责事由

免责事由也称免责条件，是指当事人对其违约行为免于承担违约责任的事由。

《合同法》上的免责事由可分为两大类。法定免责事由，即指由法律直接规定、不需要当事人约定便可援用的免责事由，主要指不可抗力；约定免责事由，即指当事人在合同中约定的免责条款。

1) 不可抗力

指不能预见、不能避免并不能克服的客观情况。主要包括：自然灾害（如台风、洪水、地震等）；政府行为（如征收、征用等）；社会异常事件（如罢工、骚乱等）。

2) 免责条款

指当事人在合同中约定免除将来可能发生违约责任的条款。但免责条款不能排除当事人的基本义务，也不能排除故意或重大过失的责任。

(4) 违约责任的承担原则

1) 过错责任原则

指因当事人过错（故意或者过失）引起的违约行为，当事人必须承担违约责任。一方当事人有过错的，由过错方承担；双方当事人都有过错的，由双方分别承担。

【例 3-28】 在来料加工合同中，定作人提供的材料质量不合要求，要承担违约责任。承揽人本应按合同规定对来料先行检验合格后方可加工，但承揽人没有对定作人提供的来料进行检验，而是直接把不合格的原料制成了质量差的成品，这时承揽人也要承担违约责任。

2) 赔偿实际损失原则

指违约方因自己的违约行为在事实上给对方造成的实际经济损失，包括财物的减少、损坏、灭失和其他损失及支出的必要费用，还包括可得利益的损失。

(5) 违约责任的承担形式

1) 支付违约金

一般情况下，任何一方当事人违反合同的规定，都应当按照法律规定或者合同约定向对方支付违约金。

2) 赔偿损失

赔偿损失仅适用于违约造成对方损失的情况，即当事人一方违约造成另一方损失时，另一方有权要求违约方赔偿损失。赔偿损失一般表现为支付赔偿金，也有其他赔偿形式。

3) 继续履行

指在一方违反合同的情况下，另一方有权请求违约方继续按照合同规定去履行义务，法律另有规定的除外。

在有些情况下，尽管违约方已支付违约金或者赔偿金，但违约金和赔偿金只能补偿受害方的经济损失，并不能代替实际履行合同，即受害方没能达到订立合同的目的。因此，受害方要求继续履行合同时，违约方应按要求或者双方新的约定继续履行。

【例 3-29】 继续履行包括财产、工作、劳务或者产品的数量、质量上的继续履行。

如果违约方对应交付的产品、工作成果没有交付或者交付不足，就要在继续履行的期限内按要求交付或者补足；如果违约方交付的产品，在数量或者质量上不符合规定，就要在继续履行期限内交足数量、进行无偿修理或者更换。违约方不能以已经支付违约金或者赔偿金为由拒绝继续履行。因此说，继续履行可以起到违约金或者赔偿金起不到的作用，它可以实现当事人双方订立合同所要达到的目的。

4）定金处罚

定金即是合同履行的担保形式，又是违约方承担违约责任的方式。给付定金的一方违约时，无权要求返还定金；收受定金的一方违约时，应当双倍返还定金。

5）价格处罚

指对执行国家定价或者指导价的合同当事人，由于逾期不履行合同遇到价格调整时，在原价格和新价格当中执行对违约方不利的价格。逾期交货的，遇价格上涨时，按原价格执行；价格下降时，按新价格执行。逾期提货的，遇价格上涨时，按新价格执行；价格下降时，按原价格执行。

6）解除合同

一方当事人违约，另一方（受害方）当事人有权根据法律规定或者合同约定通知违约方解除合同，违约方承担解除合同的责任。解除合同并不影响当事人要求赔偿损失的权利，即受害方解除合同后，还有权要求违约方按规定承担其他违约责任。

7）其他责任或者补救措施

一方违约时，根据具体情况，另一方当事人还可以采取其他一些合理的补救措施，违约方应承担相应的责任。例如，在借款合同中，借款人不按规定使用借款时，借（贷）款人有权对其实施信贷制裁措施，包括加付利息、提前收回部分或者全部贷款等。

2. 合同仲裁

合同仲裁是指合同双方当事人在争议发生前或争议发生后达成协议，自愿将争议交给第三者（仲裁机构）作出裁决，双方有义务执行裁决结果的一种解决争议的方法。

我国于1994年8月31日由第八届全国人民代表大会常务委员会第九次会议通过了《中华人民共和国仲裁法》。

仲裁机构通常是民间团体的性质，我国目前常设的仲裁机构是经省、自治区、直辖市的司法行政部门登记的仲裁委员会，仲裁委员会受理案件的管辖权来自双方协议，没有仲裁协议的仲裁委员会无权受理。

（1）仲裁的特点

1）自愿性

仲裁以双方当事人的自愿为前提，即：是否将发生在双方当事人之间的纠纷提交仲裁、交予哪个仲裁机构仲裁、仲裁庭如何组成、由谁组成、仲裁的审理方式、开庭形式等都是在当事人自愿的基础上，由双方当事人协商确定。因此说，仲裁是最能充分体现当事人意思自治原则的争议解决方式。

2）专业性

经济纠纷往往涉及特殊的知识领域，会遇到许多复杂的法律、经济贸易和有关的技术性问题，专家裁判更能体现专业权威性。因此，由具有一定专业水平和能力的专家担任仲裁员对当事人之间的纠纷进行裁决，是仲裁公正性的重要保障。仲裁机构都备有分专业的、由专家组成的仲裁员名册供当事人进行选择，专家仲裁是经济纠纷仲裁的重要特点之一。

3）灵活性

仲裁中的诸多具体程序可以由双方当事人协商确定与选择，与法院起诉相比，仲裁更灵活、更具有弹性。

4）保密性

仲裁以不公开审理为原则，这是世界性的通行做法。我国有关的仲裁法律和仲裁规则，还明确规定了仲裁员及仲裁秘书人员的保密义务。因此，当事人的商业秘密和贸易活动不会因仲裁活动而泄露。

5）快捷性

仲裁实行一裁终局制，仲裁裁决一经仲裁庭作出即发生法律效力，使得当事人之间的纠纷能够迅速得以解决。

6）经济性

仲裁的经济性主要表现在：一是时间上的快捷使得仲裁所需费用相对减少；二是仲裁无需多级审理、收费，使得仲裁费往往低于诉讼费；三是仲裁的自愿性、保密性使当事人之间通常没有激烈的对抗，且商业秘密不必公之于世，因而对双方当事人之间今后的商业机会影响较小。

7）独立性

仲裁机构独立于行政机构和其他机构，仲裁机构之间也无隶属关系。在仲裁过程中，仲裁庭独立进行仲裁，不受任何行政机关、社会团体和个人的干涉，亦不受仲裁机构的干涉，显示出极大的独立性。

（2）仲裁程序

1）当事人申请

当事人在满足有仲裁协议，有具体的仲裁请求、事实和理由，申请的仲裁事件属于仲裁委员会受理范围三个条件后，可向合同中约定的仲裁委员会递交仲裁协议、仲裁申请书及副本。

2）仲裁机构受理

仲裁委员会收到仲裁申请书之日起五日内，认为符合受理条件的，应当受理，并在仲裁规则规定的期限内将仲裁规则和仲裁员名册送达申请人，将仲裁申请书副本和仲裁规则、仲裁员名册送达被申请人；认为不符合受理条件的，应当书面通知当事人不予受理，并说明理由。

被申请人收到仲裁申请书副本后，应当在仲裁规则规定的期限内向仲裁委员会提交答辩书。仲裁委员会收到答辩书后，应当在仲裁规则规定的期限内将答辩书副本送达申请人。被申请人未提交答辩书的，不影响仲裁程序的进行。

3）仲裁庭组成

仲裁庭可以由三名仲裁员或者一名仲裁员组成。当事人约定三名仲裁员组成仲裁庭的，由双方各自选定或者各自委托仲裁委员会主任指定一名仲裁员，第三名仲裁员由双方共同选定或者共同委托仲裁委员会主任指定，第三名仲裁员为首席仲裁员。当事人约定一名仲裁员成立仲裁庭的，由双方共同选定或者共同委托仲裁委员会主任指定仲裁员。当事人没有在仲裁规则规定的期限内约定仲裁庭的组成方式或者选定仲裁员的，由仲裁委员会主任指定。

4）开庭

仲裁委员会在仲裁规则规定的期限内将开庭日期通知双方当事人。申请人经书面通知，无正当理由不到庭或者未经仲裁庭许可中途退庭的，可以视为撤回仲裁申请。被申请人经书面通知，无正当理由不到庭或者未经仲裁庭许可中途退庭的，可以缺席裁决。

5）裁决

当事人对自己的主张提供证据，证据在开庭时出示，对方可以质问。当事人可以在仲裁过程中进行辩论，辩论终结时，首席仲裁员或者独任仲裁员应征询当事人的最后意见。仲裁庭在做出裁决前，可以先行调解，调解不成的，按照多数仲裁员的意见做出，少数仲裁员的不同意见记入笔录。若不能形成多数意见时，裁决按照首席仲裁员的意见做出。

6）形成裁决书

裁决书应当写明仲裁请求、争议事实、裁决理由、裁决结果、仲裁费用的负担和裁决日期。裁决书自做出之日起发生法律效力。对裁决书中的文字、计算错误或者仲裁庭已经裁决但在裁决书中遗漏的事项，当事人自收到裁决书之日起三十日内，可以请求仲裁庭补正。

7）执行

当事人应当履行裁决。一方当事人不履行的，另一方当事人可以依照民事诉讼法的有关规定向法院申请强制执行，受申请的法院应当执行。

3. 合同诉讼

合同诉讼是指经济合同发生纠纷时，当事人以自己的名义，根据法律有关规定，请求法院通过审判的方式给予法律上的保护，以解决合同纠纷的一种方式。

2007年10月28日，第十届全国人民代表大会常务委员会第三十次会议修订通过了《中华人民共和国民事诉讼法》。民事诉讼法制订的目的是保证法院正确适用法律，及时审理民事案件，确认民事权利义务关系，制裁民事违法行为，保护当事人的合法权益，教育公民自觉遵守法律，维护社会秩序、经济秩序。

（1）法院审理合同纠纷案件的基本原则

1）以事实为根据、法律为准绳；

2）当事人有平等的诉讼权利；

3）根据自愿、合法的原则先行调解，调解不成时，及时判决；

4）实行合议、回避、公开审判和两审终审制度；

5）审案过程中，当事人有权进行辩论。

（2）审判机关

审判机关是指代表国家行使审判权的机关。合同纠纷的审判机关有：基层人民法院（如县、区级法院），中级人民法院（如市级法院）、高级人民法院（如省级法院）、最高人民法院、专门人民法院（如军事法院）。

（3）诉讼管辖

诉讼管辖是指各级法院之间以及不同地区的同级法院之间，受理第一审案件的职权范围和具体分工。

1）级别管辖

①基层法院：管辖第一审民事案件，另有规定者除外。

②中级法院：管辖第一审的重大涉外案件、在本辖区有重大影响的案件、最高法院确定由中级法院管辖的案件。

③高级法院：管辖本辖区有重大影响的第一审民事案件。

④最高法院：管辖在全国有重大影响的第一审案件、认为应当由本院审理的案件。

2）地域管辖

地域管辖是指不同地区的同级别法院受理第一审案件的权限分工。因合同纠纷提起的诉讼，一般采用“原告就被告”原则，由被告住所地或者合同履行地法院管辖。

3）移送管辖

移送管辖是指某一法院受理民事案件后，发现自己对该案没有管辖权，将该案件移送给有管辖权的法院受理。受移送的法院认为案件依照规定不属于本院管辖的，应报请上级法院指定管辖，不得再自行移送。

4）指定管辖

指定管辖是指上级法院用指定的方式将某一案件交由某个下级法院审理。

(4) 审判组织

审判组织是指法院审判案件的组织形式。有独任制、合议制和审判委员会三种。

1）独任制

指一名审判员独自审理案件。独任制仅限于基层法院适用简易程序审判的案件。因为这类案件案情比较简单，由一人审判既可以保证办案效率，又可以节省司法资源。

2）合议制

指案件的审判由审判员、陪审员数人共同组成合议庭进行。合议庭的成员人数必须是单数，陪审员在执行陪审职务时，与审判员有同等的权利义务。

3）审判委员会

指法院内部设立的对审判工作实行集体领导的组织。审判委员会由院长、庭长和资深审判员组成。对于疑难、复杂、重大的案件，合议庭认为难以作出决定的，由合议庭提请院长提交审判委员会讨论决定。

(5) 回避

审判人员有下列情形之一的，当事人有权用口头或者书面方式申请他们回避：

1）是本案当事人或者当事人、诉讼代理人的近亲属；

2）与本案有利害关系；

3）与本案当事人有其他关系，可能影响对案件公正审理的。

(6) 诉讼当事人

诉讼当事人是指因民事权益发生争议，以自己的名义进行诉讼，并受法院裁判约束的利害关系人。公民、法人和其他组织均可作为诉讼的当事人。

1）原告

是指为保护自己的权益，以自己的名义向人民法院提起诉讼，从而引起诉讼程序发生的人。

2）被告

指与原告利益对立的另一方，被法院通知应诉的人。

3）共同诉讼人

指原告、被告一方或双方为两人以上的诉讼当事人。其中原告为两人以上的称共同原告；被告为两人以上的称共同被告。

4）第三人

指对原告和被告所争议的诉讼标的认为有独立的请求权，或者虽没有独立请求权，但案件的处理结果与他有法律上的利害关系，而参加到正在进行的诉讼中来的人。第三人是相对于原被告而言，是加入到别人的诉讼中去的人。第三人分为有独立请求权第三人与无独立请求权第三人两种。

【例 3-30】 张、李二人到甲饭店吃饭，因啤酒瓶爆炸而受伤，张、李二人将甲饭店诉至法院。甲饭店称张、李二人所买啤酒为 A 啤酒厂生产，二人因伤产生的费用应由 A 啤酒厂承担。A 啤酒厂闻之后向法院提起诉讼，称啤酒爆炸是因啤酒瓶生产厂家 B 生产的啤酒瓶不合格所致，致使 B 也参加到诉讼中。

分析：

在本案例中，张、李二人为共同原告，甲饭店为被告，A 啤酒厂为有独立请求权的第三人，B 啤酒瓶生产厂家为无独立请求权的第三人。

（7）诉讼代理人

诉讼代理人是指在法律规定、法院指定或者当事人授权范围内，以当事人的名义代理该当事人进行诉讼行为，并维护该当事人合法利益的人。

律师、当事人的近亲属、有关的社会团体或者所在单位推荐的人、经法院许可的其他公民，都可以被委托为诉讼代理人。

委托他人代为诉讼，必须向法院提交由委托人签名或者盖章的授权委托书。

（8）财产保全

财产保全是指法院在利害关系人起诉前或者当事人起诉后，为保障将来的生效判决能够得到执行或者避免财产遭受损失，对当事人的财产或者争议的标的物，采取限制当事人处分的强制措施。财产保全的措施有：

1）查封

指法院将需要保全的财物清点后，加贴封条、就地封存，以防止任何单位和个人处分。

2）扣押

指法院将需要保全的财物移置到一定的场所予以扣留，防止任何单位和个人处分。

3）冻结

指法院依法通知有关金融单位，不准被申请人提取或者转移其存款。法院依法冻结的款项，任何单位和个人都不准动用。

4）法律准许的其他方法

如法院责令被申请人提供银行担保、实物担保，扣留、提取被申请人的劳动收入等。

（9）起诉

起诉是指原告向有管辖权的法院提起诉讼。

起诉应当在诉讼时效期间内提出。一般民事案件的诉讼时效期间为二年；身体受到伤害要求赔偿、出售质量不合格的商品未声明、延付或者拒付租金、寄存财物被丢失或者损毁案件的诉讼时效期间为一年。

起诉应当依照法律规定交纳案件受理费和其他诉讼费用。

(10) 应诉

被告被起诉后，首先应在收到起诉状后十五日内向法院提交答辩状及副本。如需要提出反诉的，可在答辩状中写明。其次，应做好出庭参加诉讼的各种准备，并依照法院的传唤，按时参加庭审。

(11) 诉讼中当事人的权利与义务

1) 当事人有权委托代理人，提出回避申请，收集、提供证据，进行辩论，请求调解，提起上诉和申请执行；

2) 当事人可以查阅本案有关材料，并可以复制本案有关材料和法律文书；

3) 当事人可以自行和解；

4) 原告可以放弃或者变更诉讼请求；

5) 被告可以承认或者反驳诉讼请求，有权提起反诉；

6) 当事人必须依法行使诉讼权利、遵守诉讼秩序、履行发生法律效力的法律文书，按规定交纳诉讼费用。

(12) 上诉

当事人不服一审法院的判决或者裁定，可以在法定期间内向上一级法院提出上诉，民事判决的上诉期间为15日，裁定为10日。

(13) 申请再审

当事人对已经发生法律效力的民事判决、裁定，认为有错误时，可以向原审法院或者上级法院申请再审。申请再审应当在判决、裁定发生法律效力后二年内提出。

申请再审应当提交再审申请书，并附原裁决文书，有新证据的应一并提交。申请再审不影响已生效判决或裁定的执行。

(14) 申请执行

判决、裁定发生法律效力后，债务人未按照判决或裁定所确定的期间履行债务的，债权人可以申请法院强制执行。申请执行的期限，双方或一方当事人是公民的为一年，是法人或者其他组织的为六个月。向法院申请执行仲裁机构裁决的，应交纳申请执行费。

(15) 第一审普通程序

1) 法院收到起诉状或者口头起诉后，经审查认为符合起诉条件的，在七日内立案并通知当事人；认为不符合起诉条件的，在七日内裁定不予受理。原告对裁定不服的，可以提起上诉。

2) 法院在立案之日起五日内将起诉状副本发送被告。被告在收到之日起十五日内提出答辩状，法院在收到答辩状之日起五日内将副本发送原告。被告不提出答辩状的，不影响法院审理。

3) 法院在合议庭组成人员确定后三日内告知当事人。

4) 法院在开庭三日前通知当事人和其他诉讼参与人。公开审理的，公告当事人姓名、案由和开庭的时间、地点。

5) 法庭调查顺序：当事人陈述→证人作证→宣读未到庭证人证言→出示书证、物证和视听资料→宣读鉴定结论→宣读勘验笔录。

6）法庭辩论顺序：原告及其诉讼代理人发言→被告及其诉讼代理人答辩→第三人及其诉讼代理人发言或者答辩→互相辩论→审判长征询各方最后意见。

7）判决前调解，调解不成时，公开判决。

8）当庭宣判的，法院在十日内发送判决书；定期宣判的，宣判后立即发给判决书。

9）适用普通程序审理的案件，法院应在立案之日起六个月内审结。

（16）第一审简易程序

1）适用于基层法院审理事实清楚、权利义务关系明确、争议不大的简单的民事案件。

2）原告口头或书面起诉。

3）当事人到基层法院请求解决纠纷。

4）基层法院传唤当事人、证人。

5）审判员一人独任审理，在立案之日起三个月内审结。

（17）第二审程序

1）原审法院收到上诉状后，在五日内将上诉状副本送达对方当事人，对方当事人在收到之日起十五日内提出答辩状。法院在收到答辩状之日起五日内将副本送达上诉人。

2）原审法院收到上诉状、答辩状后，在五日内连同全部案卷和证据，报送第二审法院。

3）第二审法院对上诉案件，可组成合议庭开庭审理。合议庭认为不需要开庭审理的，也可以进行判决、裁定。

4）第二审法院对上诉案件经过审理，可分别处理为：维持原判；依法改判；发回原审法院重审。

5）第二审法院的判决、裁定，是终审的判决、裁定。

6）法院审理判决的上诉案件，应在第二审立案之日起三个月内审结；审理裁定的上诉案件，应在第二审立案之日起三十日内做出终审裁定。

（18）审判监督程序

1）各级法院院长对本院已经发生法律效力的判决、裁定，发现确有错误、需要再审的，可提交审判委员会讨论决定。

2）最高法院对地方各级法院已经发生法律效力的判决、裁定，上级法院对下级法院已经发生法律效力的判决、裁定，发现确有错误的，有权提审或者指令下级人民法院再审。

3）当事人对已经发生法律效力的判决、裁定，认为有错误的，可以向上一级法院申请再审，但不停止判决、裁定的执行。

4）最高检察院对各级法院已经发生法律效力的判决、裁定，上级检察院对下级法院已经发生法律效力的判决、裁定，发现确有错误的，可提出抗诉。

5）地方各级检察院对同级法院已经发生法律效力的判决、裁定，发现确有错误的，应当提请上级检察院向同级法院提出抗诉。

（19）执行程序

1）发生法律效力的民事判决、裁定，由第一审法院或者与第一审法院同级的被执行的财产所在地法院执行。

2）法院自收到申请执行书之日起超过六个月未执行的，申请执行人可以向上一级法院申请执行。

3）被执行人或者被执行的财产在外地的，可以委托当地法院代为执行。

4）被执行人向法院提供担保，并经申请执行人同意的，法院可暂缓执行。

5）执行员接到申请执行书或者移交执行书，应向被执行人发出执行通知，责令其在指定的期间履行，逾期不履行的，强制执行。

6）被执行人不履行法律文书确定的义务，并有可能隐匿、转移财产的，执行员可以立即采取强制执行措施。

（20）执行措施

1）法院可以根据情节轻重对被执行人或者其法定代理人、有关单位的主要负责人或者直接责任人予以罚款、拘留。

2）法院有权冻结、划拨被执行人的存款，但冻结、划拨存款不得超出被执行人应当履行义务的范围。

3）法院有权扣留、提取被执行人应当履行义务部分的收入。但应保留被执行人及其所扶养家属的生活必需费用。

4）法院有权查封、扣押、冻结、拍卖、变卖被执行人应当履行义务部分的财产。但应保留被执行人及其所扶养家属的生活必需品。

5）法院查封、扣押财产时，被执行人是公民的，应当通知被执行人或其成年家属到场；被执行人是法人或者其他组织的，应当通知其法定代表人或者主要负责人到场。拒不到场的，不影响执行。

6）法院有权发出搜查令，对被执行人及其住所或者财产隐匿地进行搜查。

3.4 合同案例剖析

3.4.1 案例1（传真订货合同案例）

背景资料

2月8日，甲企业向乙企业发出传真订货，该传真列明了货物的种类、数量、质量、供货时间、交货方式等，要求乙在10日内报价。乙企业接到传真后，于2月11日向甲企业发出传真，按甲企业列明的条件进行了报价，并要求甲企业在10日内回复。甲企业在接到传真的当天复电同意其价格，提出双方于2月20日前签订书面合同。

2月15日，乙企业在双方未签订书面合同的情况下，按甲企业传真所列订货条件向甲企业发货，甲企业收货后未提出异议，亦未付货款。后因市场发生变化，该货物价格下降。甲企业遂向乙企业提出，由于双方未签订书面合同，买卖关系不能成立，故乙企业应尽快取回货物。乙企业不同意甲企业的意见，要求其偿付货款。

5月10日，乙企业发现甲企业放弃其对关联企业的到期债权，并向其关联企业无偿转让财产，乙企业认为甲企业的行为可能使自己的货款无法得到清偿，于是向法院提起诉讼，要求判甲企业偿付货款。

问题

1. 试述甲企业传真订货、乙企业报价、甲企业回复报价行为的法律性质。

2. 买卖合同是否成立？说明理由。

3. 对甲企业放弃到期债权、无偿转让财产的行为，乙企业可向法院提出何种权利请求，以保护其利益不受侵害。

4. 对乙企业行使该权利，法律有何规定？

知识点

1. 要约、要约邀请、承诺

2. 合同成立

3. 合同撤销

案例剖析

问题1

甲企业传真订货行为的性质属于要约邀请。因该传真欠缺价格条款，邀请乙企业报价，故不具有要约性质。乙企业报价行为的性质属于要约。根据《合同法》的规定，要约要具备两个条件，第一，内容具体确定；第二，表明经受要约人承诺，要约人即受该意思表示约束。乙企业的报价因同意甲方传真中的其他条件，并通过报价使合同条款内容具体确定，约定回复日期则表明其将受报价的约束，已具备要约的全部要件。甲企业回复报价行为的性质属于承诺。因其内容与要约一致，且于承诺期限内作出。

问题2

买卖合同成立。根据《合同法》的规定，当事人约定采用书面形式订立合同，当事人未采用书面形式但一方已经履行主要义务，对方接受的，该合同成立。本案例中，虽然双方未按约定签订书面合同，但乙企业已实际履行合同义务，甲企业亦接受，未及时提出异议，故合同成立。

问题3

乙企业可向人民法院提出行使撤销权的请求，撤销甲企业放弃到期债权、无偿转让财产的行为，以维护其权益。

问题4

对于乙企业行使撤销权，我国《合同法》的规定是：具有撤销权的当事人自知道或者应当知道撤销事由之日起一年内没有行使撤销权的，撤销权消灭；具有撤销权的当事人知道撤销事由后明确表示或以自己行为放弃撤销权的，撤销权消灭。

3.4.2　案例2（加工承揽合同案例）

背景资料

2008年10月15日，A公司与B公司签订了一份加工承揽合同。合同约定：

1. B公司为A公司制作铝合金门窗1万件，原材料由A公司提供，加工承揽报酬总额为150万元，违约金为报酬总额的10%；

2. A公司在2008年11月5日前向B公司交付60%的原材料，B公司在2009年3月1日前完成6000件门窗的加工制作并交货；

3. A公司在2009年3月5日前交付其余40%的原材料，B公司在2009年5月20日前完成其余门窗的加工制作并交货。

4. A公司应在收到B公司交付门窗后3日内付清相应款项。

为确保A公司履行付款义务，B公司要求其提供担保。此期间，D公司委托A公司购买办公用房，D公司为此向A公司提供了盖有D公司公章及法定代表人签字的空白委托书和D公司的合同专用章。A公司遂利用上述空白委托书和合同专用章，将D公司列为该项加工承揽合同的连带保证人，与B公司签订了保证合同。

2008年11月1日，A公司向B公司交付了60%的原材料，B公司按约加工制作门窗。2009年2月28日，B公司将制作完成的6000件门窗交付A公司，A公司按报酬总额的60%予以结算。

2009年3月1日，B公司发生重组，加工型材的生产部门分立为C公司。3月5日，A公司既未按加工承揽合同的约定向B公司交付40%的原材料，也未向C公司交付。3月15日，C公司要求A公司继续履行其与B公司签订的加工承揽合同，A公司表示无法继续履行并要求解除合同。C公司遂在数日后向人民法院提起诉讼，要求判令A公司支付违约金并继续履行加工承揽合同，同时要求D公司承担连带责任。

经法院查明：A公司与B公司签订的加工承揽合同仅有B公司及其法定代表人的签章，而无A公司的签章。

问题

1. A公司与B公司签订的加工承揽合同是否成立？说明理由。

2. C公司可否向A公司主张加工承揽合同的权利？说明理由。

3. C公司要求判A公司支付违约金并继续履行加工承揽合同的主张能否获得支持？说明理由。

4. D公司应否承担保证责任？说明理由。

知识点

1. 合同成立
2. 债权、债务
3. 违约责任
4. 担保责任

案例剖析

问题1

A公司与B公司签订的加工承揽合同成立。根据《合同法》的规定，当事人约定采用合同书形式订立合同，在签字或者盖章之前，当事人一方已经履行主要义务，对方接受的，该合同成立。在本案中，A公司虽未在加工承揽合同上签章，但已经实际履行了主要义务，且B公司已经接受，加工承揽合同成立。

问题2

C公司可向A公司主张加工承揽合同的权利。根据《合同法》的规定，当事人订立合同后分立的，除债权人和债务人另有约定的以外，由分立的法人或者其他组织对合同的权利和义务享有连带债权、承担连带债务。

问题3

C公司要求判令A公司支付违约金的主张可以获得支持。A公司未按照加工承揽合同约定的时间向B公司支付40%的原材料，已构成违约，根据《合同法》的规定，应当承担违约责任，支付违约金。C公司要求判令A公司继续履行合同的主张不能获得支持。根据《合同法》的规定，在加工承揽合同中，定作人可以随时解除承揽合同。A公司作为定作人，可以解除合同，故无需继续履行合同。

问题4

D公司应当承担保证责任。根据《合同法》的规定，行为人超越代理权以被代理人名义订立合同，相对人有理由相信行为人有代理权的，该合同有效。本案中，A公司向B公司出具了D公司提供的盖有公章及法定代表人签字的空白委托书及合同专用章，B公司有理由相信A公司有代理权，A公司与B公司签订的以D公司为保证人的保证合同有效，因此D公司应当承担担保责任。

3.4.3　案例3（名画纠纷合同案例）

背景资料

A、B、C三人于2007年8月8日各出资1万元买得一幅名画，约定由A保管。同年10月，A遇到D，D愿购此画。A即将画作价4.5万元卖给D，事后，A告知B、C。B、C二人要求分得卖画款项，A即分别给B、C各1.5万元。

D购该画后，于同年12月又将画以5万元卖给E。两人约定：买卖合同签订后即将画交付E，但因D欲参与个人收藏品展，故与E约定，若该画交付后半年内该收藏品展览未举行，则该画的所有权即转移E。依此约定，D将画交付E，E亦先期支付D价款4万元。

E友F亦爱该画，2008年3月，F以6万元价格自E处买此画。F嫌该画装裱不够精美，遂将该画送G装裱店装裱。因F未按期付G装裱店费用，该画被G装裱店留置。G装裱店通知F应在30日内付其费用，但F未能按期支付。G装裱店遂将画折价受偿，扣除费用，将差额补偿给F，但F不同意G装裱店这一做法。

D于2007年12月与E签订合同后，因经营借款需要又于2008年2月将该画抵押给H（因H以前知道D有该画），后H在G装裱店见到此画，方知D在抵押该画之前已将其卖给了E。

E于2008年4月死亡，其财产已由妻M与儿子N继承。H找D评理，D找E，要求E返还该画或支付E尚未支付的1万元价款。

问题

1. 本案主要涉及哪些民事法律关系？
2. A是否有权出卖该画？A与D之间的买卖行为是否有效？
3. D与E之间的买卖合同是否成立？该画的所有权何时转移？
4. E是否有权出卖该画？F能否取得该画的所有权？
5. G装裱店的作法是否合法？
6. D能否以该画作抵押向H借款？H的权益能否得到保护？
7. D对E的债权应由谁清偿？

知识点

1. 民事法律关系
2. 合同效力
3. 共同所有人
4. 附条件合同
5. 留置权

6. 抵押担保

案例剖析

问题 1

本案涉及的主要民事法律关系有：A、B、C 的共有关系；A、B、C 与 D 的买卖关系；D 与 E 的买卖关系；E 与 F 的买卖关系；F 与 G 装裱店间的承揽关系和留置关系；D 与 H 间的抵押关系、借贷关系；E 死亡之后的财产继承关系；D 与 M、N 的价款清偿关系。

问题 2

A 无权单独决定出卖该画。因为 A、B、C 三人共同出资，三人对该画共同享有所有权。A 向 B、C 说明卖画后，B、C 未反对而只要求分得其应得款额，实际上是对 A 的越权行为的追认，使效力未定行为有效。因而使 A、D 之间的买卖行为有效。

问题 3

D 与 E 之间的买卖行为意思表示一致，故成立，该行为不存在无效、可撤销或效力未定事由，故该行为有效。D 与 E 在合同中约定了所有权转移的条件，故 D 虽交付该画但所有权并未转移，只有在所附条件成立时，才能转移所有权。

问题 4

E 将该画卖给 F 属无权处分，因 D 与 E 的买卖合同中约定 E 取得该画的所有权是附条件的，因该条件尚未成就，E 还未取得该画的所有权。

问题 5

G 装裱店对该画有留置权，但留置权行使不当，F 与 G 装裱店之间为承揽合同关系，F 不按期交付相关费用，构成违约，应承担违约责任。G 对该画因为承揽合同而合法占有，故有留置权。依《担保法》第 87 条规定，债权人留置债务人财产后，应确定两个月以上的期限，通知债务人在该期限内履行债务。G 装裱店只给 F 30 天期限，故其留置权行使不当，不能通过行使留置权取得该画的所有权。

问题 6

D 可将该画抵押给 H 以借款，因为此时 D 仍为该画的所有人，H 的抵押权虽成立在 E 与 F 买卖之前，但这种未登记的动产抵押不能对抗第三人，故 H 不能对善意取得人 F 主张抵押权限的优先受偿权。本案体现了《担保法》中所规定的动产抵押的不足。

问题 7

D 对 E 的债权，只能依《继承法》第 33 条规定，由 E 的财产继承人 M、N 在所继承的遗产内清偿。

3.4.4 案例 4（冰柜买卖合同案例）

背景资料

甲公司是全国著名冰柜生产基地。2003 年 3 月，甲公司和乙公司订立了一份冰柜买卖合同，乙公司向甲公司购买 A 型号冰柜 500 台，合同约定 7 月 1 日交货，验收后 1 个月内付款。

5 月 6 日，甲公司得知乙公司经营状况严重恶化，经暗访获得确切证据表明，乙可能丧失履行债务能力，因此甲公司要求乙公司在一个月内提供担保，否则将中止履行合同。

5 月 21 日，乙公司将自己的一辆轿车（估价 20 万元）作抵押，办理了抵押登记，并找到丙公司作为保证人，甲公司与丙公司签订了担保合同，但未约定担保方式，也未约定保证期间。

6月22日，乙公司和甲公司经协商，将合同订购冰柜的数量由500台改为600台，将付款改为验收后3个月内付清，甲乙双方对主合同变更内容当日用电话通知了丙公司，丙公司在电话中当即表示同意。

7月1日，按照合同约定交付货物，甲公司委托丁公司运输，丁公司将冰柜运往乙公司仓库，因乙公司仓库只能卸载500台冰柜，丁公司一辆货车未能卸货，当日夜晚停放在乙公司院内，因油箱遭雷击爆炸起火，货车与车上110台冰柜全部被烧毁，其中10台冰柜为甲公司员工工作失误多装，事发前乙公司并不知情。

乙公司认为报废冰柜尚未交付验收，损失应当由甲公司承担，要求甲公司继续交付100台冰柜，被甲公司拒绝，甲公司要求乙公司支付货款，并返回多发的10台冰柜。

因夏季是冰柜销售旺季，乙公司很快将500台冰柜销售一空，甲公司要求乙公司支付货款，乙公司以冰柜产品质量为由拒绝付款。甲公司多次向其追要，乙公司均以甲公司尚未交货完毕、产品质量不合格为由拒绝支付。至10月份，因乙公司经营状况已经严重恶化，无力支付货款，于是甲公司又要求保证人丙公司支付货款，丙公司以担保合同价格条款不明确，主合同变更内容未经其书面同意，主合同无效为由拒绝支付。因此，甲公司将乙、丙两公司诉至法院，法院调查表明，甲公司交货的冰柜质量符合标准。

问题

1. 甲公司与乙公司的买卖冰柜合同的价格不明确，合同是否有效，应如何解决？

2. 甲公司要求乙公司提供担保，否则中止履行合同的行为是否合法？为什么？

3. 甲和乙公司对主合同变更，未取得丙公司的书面同意，丙公司的保证责任能否免除？如果丙公司的保证责任不能免除，请指出丙公司的具体保证期间。保证合同未约定保证方式，丙公司应承担一般保证还是连带保证责任？

4. 丙公司对合同增加的100台冰柜是否承担保证责任？如果甲公司放弃对乙公司轿车的抵押权，又该如何处理？

5. 本案中110台冰柜被烧毁的损失应由谁承担？

6. 法院对此案应作如何处理？

7. 如果保证人丙是某区的财政部门，其是否应承担连带责任？为什么？

8. 本案涉及的诉讼期间。

知识点

1. 合同履行规则
2. 不安抗辩权
3. 抵押担保
4. 保证担保
5. 诉讼时效

案例剖析

问题1

该买卖合同有效，因价格不明确并不影响合同的履行。《合同法》规定，合同生效后，当事人就质量、价款或报酬、履行地点等内容没有约定或者约定不明确的，可以协议补充；不能达成补充协议的，按照合同有关条款或者交易习惯确定。依照上述履行原则仍不能确定的，价款或报酬不明确的，按照订立合同时履行地的市场价格履行；履行地点不明确给付货币的，在接受货币一方所在地履行。本案中既然双方对冰柜的价格没有明确约定，现又不能达成补充协议，应当按照订立合同时履行地的市场价格确定。而该合同中对履行地点也未明确规定，依法应在接受货币一方的所在地，即甲公司的所在地为履行地点，因此该批冰柜的价格应当按照合同订立时，即 2003 年 3 月甲公司所在地的市场价格确定。

问题 2

甲公司要求乙公司提供担保，否则中止履行合同的行为合法。根据《合同法》的规定，先履行义务人有证据证明对方有丧失或者可能丧失履行债务能力的情形，可以中止履行合同，该行为属于不安抗辩权的行使。中止履行后，对方在合理期限内没有恢复履行能力并且未提供适当担保的，中止履行的一方可以解除合同。但如对方提供适当担保的，则中止方应当继续履行合同。因此本案甲方在乙方提供担保后，又继续履行合同了。

问题 3

丙公司的保证责任不能免除。根据规定，债务人与债权人对主合同履行期限的变更，未经保证人书面同意的，保证期间为原合同约定的或者法律规定的期间。在本案中，由于丙公司和甲公司在签订保证合同时未约定保证期间，因此保证期间为原主合同履行期限届满之日起 6 个月，即 2003 年 8 月 1 日至 2004 年 2 月 1 日。甲公司与乙公司对主合同履行期限进行变更后，丙公司的保证期间为 2003 年 10 月 1 日至 2004 年 2 月 1 日。如果甲公司在此期间内未要求丙公司承担保证责任的，丙公司可免除保证责任。根据我国《担保法》的规定，保证方式没有约定的，保证人和债务人对债权人承担连带责任。因此丙公司应当承担连带保证责任。

问题 4

未经丙公司书面同意，对主合同增加的 100 台冰柜，丙公司不承担保证责任。如果甲公司放弃对乙公司轿车的抵押权，也无权要求丙公司承担全部保证责任，丙公司只就轿车作价款以外的债务承担保证责任，即 500 台冰柜价款扣除轿车作价款的部分承担连带保证责任。我国《担保法》规定：同一债权即有物的担保又有保证时，物的担保优先于保证，即保证人只对物的担保以外的债权承担保证责任；债权人放弃物的担保的，保证人在债权人放弃权利的范围内免除保证责任，除非保证人愿意与物的担保人共同负连带责任。

问题 5

110 台被烧毁的冰柜损失，其中 100 台应由乙公司承担，对甲公司失误多发的 10 台冰柜的灭失由甲公司承担。

问题 6

法院对此案应作如下处理：拍卖或变卖乙公司抵押的轿车，以拍卖或变卖款偿付甲公司货款，不足清偿部分（500 台）丙公司承担。其他 100 台的货款由乙公司清偿。

问题 7

区财政部门应承担相应的民事责任。区财政部门是国家机关，不能作为保证人。但若其做了保证人，就是有过错的；债权人和债务人都应当知道区财政部门不具备保证人资格，因此他们也是有过错的，所以各自承担相应的民事责任。

问题8

本案涉及的诉讼期间为：

甲公司对乙公司的具体诉讼时效期间为2003年10月1日至2005年10月1日，自债权人知道或者应当知道权利被侵害之日起计算。

如果甲公司于2004年2月1日要求丙公司承担保证责任，当日遭到拒绝，甲公司对丙公司的诉讼时效期间为2004年2月1日至2006年2月1日。根据规定，保证合同的诉讼时效为2年，自债权人要求保证人承担保证责任之日起计算。

如果甲公司于2004年2月1日要求丙公司承担保证责任，丙公司承担保证责任后向乙公司追偿，遭到乙公司拒绝，丙公司对乙公司的诉讼时效期间为2004年2月1日至2006年2月1日。根据规定，保证人对债务人行使追偿权的诉讼时效，自保证人向债权人承担保证责任之日起计算。

如果甲公司对乙公司的诉讼时效中断，甲公司对丙公司的诉讼时效不中断。根据规定，在连带保证中，主债务的诉讼时效中断，保证债务的诉讼时效不中断。

练　习　题

单项选择题

1. 某市建设工程交易服务网站发布招标公告，对某单位办公楼进行施工总承包公开招标，此消息属于(　　)。

A. 要约　　B. 要约邀请　　C. 承诺　　D. 合同

2. 某建筑公司成功中标某单位办公楼项目，签订施工合同时，双方风险的分配、违约责任的约定明显不合理，严重损害了该建筑公司的合法权益。则该施工合同的签订违反了《合同法》原则中的(　　)。

A. 平等原则　　B. 公平原则　　C. 诚实信用原则　　D. 自愿原则

3. 下列协议中，适用《合同法》的是(　　)。

A. 收养协议　　B. 监护协议　　C. 工程承包协议　　D. 劳务协议

4. 某施工企业甲于2007年承建某单位办公楼，2008年4月竣工验收合格并交付使用，2013年5月，甲致函该单位，说明屋面防水保修期满及以后使用维护的注意事项。此事体现《合同法》的(　　)原则。

A. 公平　　B. 自愿　　C. 诚实信用　　D. 维护公共利益

5. 下列不属于承揽合同的是(　　)。

A. 建设工程勘察合同　　B. 建设工程设计合同

C. 建设工程监理合同　　D. 建设工程施工合同

6. 一方希望和他人订立合同的意思表示，在性质上属于(　　)。

A. 要约　　B. 要约邀请　　C. 承诺　　D. 合同

7. 在缔约过程中，受要约人做出承诺后，要约和承诺的内容产生法律约束力的对象是(　　)。

A. 要约人　　B. 受要约人　　C. 双方　　D. 双方都不

8. 在缔约过程中，受要约人对要约的主要条款部分同意，部分要求做出变更，性质上是(　　)。

A. 部分承诺　　B. 承诺　　C. 拒绝承诺　　D. 新要约

9. 根据《担保法》的规定，下列关于抵押担保和质押担保主要区别的说法中，正确的是(　　)。

A. 抵押物必须是债务人的财产，质押物可以是第三人的财产

B. 抵押物必须是第三人的财产，质押物可以是债务人的财产

C. 担保期间，抵押物必须转移给债权人，质押物不需转移给债权人

D. 担保期间，抵押物不需转移给债权人，质押物必须转移给债权人

10. 担保方式中，必须由第三人为一方当事人提供担保的是(　　)。

A. 保证　　B. 抵押　　C. 留置　　D. 定金

11. 甲建设单位与乙设计院签订设计合同，设计费用为 300 万元，双方在协商定金数额时发生意见分歧。根据《担保法》的规定，该定金数额最多为(　　)万元。

A. 30　　B. 45　　C. 60　　D. 90

12. 在下列担保方式中，不转移对担保财产占有的是(　　)。

A. 定金　　B. 质押　　C. 抵押　　D. 留置

13. 建设单位与供货商签订的钢材供货合同未约定交货地点，后双方对此没有达成补充协议，也不能依其他方法确定，则供货商备齐钢材后(　　)。

A. 应将钢材送到施工现场　　B. 应将钢材送到建设单位的办公所在地

C. 应将钢材送到建设单位的仓库　　D. 可通知建设单位自提

14. 某工程项目的施工合同中约定，如该工程获得鲁班奖，则发包人另外奖励承包人 300 万元，则下列表述正确的是(　　)。

A. 该合同属附期限的合同　　B. 该合同属附条件的合同

C. 所附期限是否到来具有可能性　　D. 所附条件是否成就具有必然性

15. 当事人履行合同时发现部分货物的价款没有约定，而且双方又未能达成补充协议。依据《合同法》，应按(　　)的市场价格履行。

A. 订立合同时订立地　　B. 履行合同时订立地

C. 订立合同时履行地　　D. 履行合同时履行地

16. 执行政府指导价的合同，当事人一方逾期交付标的物，遇到政府指导价上涨时，交付标的物后的结算应按照(　　)执行。

A. 原价格　　B. 新价格

C. 市场价　　D. 双方协商的价格

17. 甲供货单位与乙采购单位于 2006 年 3 月 1 日订立水泥供应合同。约定水泥价格为每吨 370 元，2006 年 5 月 1 日交货，逾期交货 1 个月的违约金为每吨 10 元。甲实际交货为 2006 年 6 月 1 日。2006 年 5 月 1 日水泥市场价格为每吨 380 元，则乙最终应付总款为每吨(　　)元。

A. 360　　B. 370　　C. 380　　D. 390

18. 某工程施工合同的发包人拖欠工程进度款，承包人按照合同的约定及时调整了施工进度，放慢施工速度。依照《合同法》的规定，承包人行使的是(　　)。

A. 不安抗辩权　　B. 先履行抗辩权

C. 同时履行抗辩权　　D. 后履行抗辩权

19.《合同法》规定的不安抗辩权制度，是指应当先履行债务的当事人有确切证据证明对方发生某些情形时可以中止合同。下列情形中，当事人可以行使不安抗辩权中止合同的是(　　)。

A. 对方当事人降低注册资金　　B. 对方当事人银行贷款数额激增

C. 对方当事人的法定代表人变更　　D. 对方当事人经营状况严重恶化

20. 甲施工单位向乙预制件厂订制非标构件，合同约定乙收到支票之日三日内发货，后甲顾虑乙经营状况严重恶化，遂要求其先行发货，乙表示拒绝。则乙的行为属于(　　)。

A. 违约行为　　B. 行使同时履行抗辩权

C. 行使先履行抗辩权　　D. 行使不安抗辩权

21. 依据《合同法》，债权人决定将合同中的权利转让给第三人时，转让行为(　　)。

A. 必须征得对方同意　　B. 无须征得对方同意，但应提供担保

C. 无须征得对方同意，但要通知对方　　D. 无须征得对方同意，也无须通知对方

22. 某建设单位与设备供应公司签订购买10台空调的设备采购合同，合同约定：设备公司向建设单位供货2台空调，其余8台交付承建其工程的施工单位。这种情况属于《合同法》规定的合同履行中的(　　)。

A. 债权转让　　B. 合同变更

C. 债务转移　　D. 合同转让

23. 施工合同履行过程中，合同一方当事人提出变更合同要求。在双方就变更内容协商期间，合同应(　　)履行。

A. 中止　　B. 终止

C. 继续　　D. 对要求变更的部分中止

24. 根据《合同法》对违约责任的规定，既具有对合同守约方给予补偿，又具有对违约方实行制裁双重性质的承担违约责任的方式是(　　)。

A. 罚金　　B. 利息　　C. 赔偿金　　D. 违约金

25. 施工单位因为违反施工合同而支付违约金后，建设单位仍要求其继续履行合同，则施工单位应(　　)。

A. 拒绝履行　　B. 继续履行

C. 缓期履行　　D. 要求对方支付一定费用后履行

26. 当事人的(　　)是仲裁最突出的特点。

A. 保密性　　B. 自愿性　　C. 程序性　　D. 专业性

27. 以下关于仲裁庭组成的表述，正确的是(　　)。

A. 仲裁庭可以由三名仲裁员或一名仲裁员组成，由三名仲裁员组成的设首席仲裁员

B. 由若干名仲裁员组成仲裁庭的，不设首席仲裁员

C. 仲裁庭由二名仲裁员组成，当事人双方各选定一名

D. 仲裁庭由当事人各方选定一名仲裁员组成

28. 甲、乙合同纠纷申请仲裁。甲、乙各选定一名仲裁员，首席仲裁员由甲乙共同选定。仲裁庭合议时产生了两种不同意见，仲裁庭应当(　　)作出裁决。

A. 按多数仲裁员的意见　　B. 按首席仲裁员的意见

C. 提请仲裁委员会　　　　　　　　　D. 提请仲裁委员会主任

29. 人民法院可以根据情况对不同的证据采用不同的保全方法，下列行为不是证据保全方法的是(　　)。

A. 没收　　　　B. 扣押　　　　C. 查封　　　　D. 勘验

30. 关于民事案件的级别管辖，下列哪一选项是正确的(　　)。

A. 第一审民事案件原则上由基层法院管辖

B. 涉外案件的管辖权全部属于中级法院

C. 高级法院管辖的一审民事案件包括在本辖区内有重大影响的民事案件和它认为应当由自己审理的案件

D. 最高法院仅管辖在全国有重大影响的民事案件

多项选择题

1. 民事法律关系的客体包括(　　)。

A. 财　　　　　　　　　　　　　　B. 物

C. 事件　　　　　　　　　　　　　D. 行为

E. 智力成果

2. 根据《合同法》的规定，下列文件中属于要约邀请的是(　　)。

A. 招股说明书　　　　　　　　　　B. 投标书

C. 招标公告　　　　　　　　　　　D. 拍卖公告

E. 商品价目表

3.《合同法》规定，合同内容一般包括(　　)等条款。

A. 标的　　　　　　　　　　　　　B. 数量、质量

C. 价款或者报酬　　　　　　　　　D. 签订地点

E. 解决争议的方法

4. 下列有关合同担保的内容，说法正确的是(　　)。

A. 保证担保的当事人包括：债权人、债务人、保证人

B. 当事人对保证方式没有约定的，按照一般保证承担保证责任

C. 因保管合同发生的违约，保管人有留置权

D. 定金的数额由当事人约定，但不得超过主合同标的额的20%

E. 抵押是指债务人或者第三人不转移对财产的占有，将该财产作为债权的担保

5. 下列关于合同生效的要件中，正确的是(　　)。

A. 合同当事人必须具有相应的民事行为能力

B. 当事人的意思表示要真实

C. 合同价格要与社会平均价格一致

D. 合同不损害社会公共利益

E. 合同必须采用书面形式

6.《合同法》规定，合同效力表述正确的有(　　)。

A. 不得约定解除合同的条件

B. 可以约定合同生效的条件

C. 附生效条件的合同，自条件成就时合同生效

D. 附解除条件的合同，自条件成就时失效

E. 附生效期限的合同，自期限届至时生效

7. 甲、乙两公司签订了一份执行国家定价的购销合同。在乙公司逾期交货的情况下，依照《合同法》对迟延履行的规定，当交货时的价格浮动变化时，则该产品的结算价格(　　)。

A. 无论上涨或下降，仍按原定价格执行

B. 遇价格上涨时，按原价格执行

C. 遇价格上涨时，按新价格执行

D. 遇价格下降时，按新价格执行

E. 遇价格下降时，按原价格执行

8. 甲、乙签订一份水泥买卖合同，甲为出卖人，乙为买受人。合同中约定乙将货款20万元支付给甲5天内，甲将水泥运至乙的工地。当乙准备按合同约定支付货款时，突然得到消息，并有确切证据证明甲存在(　　)情形之一的，乙即可中止履行合同。

A. 经营状况严重恶化

B. 领导班子发生重大变动

C. 丧失商业信誉

D. 转移财产以逃避债务

E. 抽逃资金以逃避债务

9.《合同法》规定，合同变更表述正确的有(　　)。

A. 变更必须采用书面形式

B. 当事人可以将合同转让给他人

C. 当事人经过协商可以改变某些条款的约定

D. 必须以明确的新条款内容更换相应条款内容

E. 变更的条款对当事人双方有约束力

10. 某建设工程施工合同履行中，施工单位违约，则可能承担违约责任的形式有(　　)。

A. 支付违约金与解除合同

B. 赔偿损失与修理、重作、更换

C. 定金与支付违约金

D. 继续实际履行与解除合同

E. 赔偿损失与实际履行

11. 仲裁的基本特点包括(　　)。

A. 保密性

B. 强制性

C. 程序性

D. 专业性

E. 灵活性

12. 审判人员有(　　)情形之一的，当事人有权用口头或者书面方式申请他们回避。

A. 是本案当事人或者当事人、诉讼代理人的近亲属

B. 与本案有利害关系

C. 是本案鉴定人的近亲属

D. 是本案证人的近亲属

E. 与本案当事人有其他关系，可能影响对案件公正审理的

13. 某建筑公司经投标，中标某住宅工程。但在签订合同时，业主强硬坚持降低工程款10%，该建筑公司无奈，违心签订了合同，则此合同主要违反了《合同法》原则中

的(　　)。

A. 平等原则　　B. 公平原则

C. 诚实信用原则　　D. 自愿原则

E. 损害社会公益原则

14.《合同法》的基本原则包括平等、自愿等五项。下列关于平等原则的理解中错误的是(　　)。

A. 当事人的法律地位一律平等　　B. 当事人的权利、义务对等

C. 当事人自主决定是否签订合同　　D. 当事人自主决定与谁签订合同

E. 当事人自主协议合同的变更解除

15. 下列(　　)属于《合同法》中的自愿原则。

A. 双方可以协商解除合同　　B. 合同中的权利义务对等

C. 不得假借订立合同恶意进行磋商　　D. 订不订立合同自愿

E. 合同履行过程中，当事人可以补充协议

案例分析题

1. 背景资料：

1999年2月2日，某市中江房地产开发公司（以下简称中江公司）与该市化学制品有限责任公司（以下简称化学公司）签订门面房屋租赁合同，租赁合同主要约定：中江公司将自己的20间门面房出租给化学公司，由化学公司在此设立化学公司销售部，租赁期限为3年，年租金为6万元，每年年初时一次付清当年租金。约定租赁期满后，在同等条件下化学公司享有优先承租权。租赁合同签订后，1999年2月3日，化学公司将1999年2月2日至2000年2月2日的年租金6万元支付给中江公司。2000年2月3日，化学公司将第二年房租6万元又支付给中江公司。

1999年9月6日，中江公司与该市商业银行签订借款抵押担保合同书，合同主要约定：商业银行贷给中江公司人民币30万元，月息0.9分，借款期限8个月，贷款用途为商品房开发建设，中江公司用其门面房20间及所占用的土地使用权抵押担保，抵押担保的范围为中江公司贷款30万元的本金、利息、罚息及实现债权的费用。1999年9月7日，该市房地产部门和土地管理部门评估中江公司的抵押物价值为40万元；同日中江公司与商业银行分别到房地产部门和土地管理部门办理了抵押登记，商业银行将款项30万元划入中江公司账号。

中江公司未将上述设置抵押的情况告知化学公司，并于2000年2月3日继续收取租金。中江公司贷款到期后，仅偿还了贷款的利息。经中江公司与商业银行协商，中江公司将抵押物协议作价38万元抵押、还贷款，尚余的8万元由商业银行支付给中江公司，双方协商后，2000年5月9日即到土地部门和房管部门办理了土地使用权和房屋产权过户手续。2000年5月13日，商业银行以在此设分理处为由，通知承租人化学公司限期搬走，双方形成纠纷。化学公司遂以商业银行和中江公司为被告诉至该市人民法院，请求人民法院确认房屋租赁合同有效，应继续履行，并依法享有同等条件下的优先购买权。

问题：

（1）中江公司与商业银行的抵押担保合同的效力如何，为什么？

（2）抵押物协议作价转让合同的效力如何，为什么？

（3）化学公司是否享有继续承租权，商业银行是否有权要求化学公司限期搬出，为什么？

2. 背景资料：

原告：冯某

被告：某房地产开发公司

某年1月19日，冯某与某房地产开发公司签订了《商品房买卖合同》，订明冯某向该房地产开发公司购买某花园G座6楼1号，房屋建筑面积52.24m^2，房价为671648元。50％的房款于该年1～8月每月的18号前分八期缴付，50％的房款以办理银行按揭方式支付。

冯某逾期付款，每月应向房地产开发公司支付总房款1‰的违约金；逾期3个月不付清应付款项，房地产开发公司有权终止合同，并收回或另行出售冯某所购房屋。房地产开发公司于该年12月31日前将房屋交付使用，逾期则每日按冯某已付总价款的1‰向冯某偿付违约金；房地产开发公司可因不可抗力（包括施工遇到异常困难及重大技术问题等特殊原因）而延长交房日期。

合同签订前，冯某向房地产开发公司支付了30000元定金。合同签订之后，冯某又向房地产开发公司支付了三期房款，并办理了公证和缴了相关费用。

该年3月20日，冯某在交纳了上述第三期房款后便停止向房地产开发公司支付余下的房款。之后，房地产开发公司于次年7月1日将上述房屋另行出售予他人，并已办妥了房屋的产权证。

次年9月，冯某向法院提起诉讼称：双方签订《商品房买卖合同》后房地产开发公司没有依约在三十天内向本市房产局办理预售登记，违反《××市商品房预售合同管理办法》的规定，所以合同是无效的；某花园在该年4月中旬还没有开始动工，我认为房地产开发公司不可能在本年12月31日前交楼，为维护自己的利益，所以停止支付房款；该花园在次年6月10日建成使用后，房地产开发公司没有通知我入住，又没有通知我解除合同，就将房屋另行售予他人，侵害了我的利益。现请求法院判决合同无效，房地产开发公司返还我房款、公证费和手续费。房地产开发公司辩称：该花园在施工中遇上了异常地质（熔岩地形），属双方约定的不可抗力，可延期交楼，并提供了该市某区建设委员会的证明（可延期六个月）；按合同约定，冯某逾期三个月不交款，我公司可解除合同，将房屋另行出售，不构成违约，并反诉要求冯某赔偿违约损失。

问题：

（1）冯某主张合同无效的理由是否成立，说明理由。

（2）某房地产开发公司延期交楼是否应负违约责任，说明理由。

（3）冯某行使不安抗辩权是否恰当，说明理由。

（4）某房地产开发公司是否有权不通知冯某入住，说明理由。

（5）某房地产开发公司将房屋另行出售是否构成违约，说明理由。

第4章　施工合同的订立与履行

教学目的：引导学生掌握施工合同文件的组成、《建设工程施工合同（示范文本）》（GF—2013—0201）的主要内容、施工合同签订与履行、施工中纠纷的处理。

知识点：施工合同的订立过程，施工合同的类型，施工合同签订前的谈判与签订中的审查，施工合同文件的组成与示范文本，施工进度、质量、安全与环境保护，工程价款支付、工程监理、工程验收、工程结算、施工合同争议的解决。

学习提示：通过示意图掌握施工合同的产生与订立，通过范本掌握施工合同的类型、签订前与签订中应做的工作，能够填写《建设工程施工合同（示范文本）》（GF—2013—0201），能够起草一般施工合同，通过学习施工进度、工程质量、施工安全与环境保护、工程价款，掌握施工单位的责任与权利，通过学习工程监理、工程验收、工程结算，掌握发包人的责任与权利，通过学习施工合同争议的解决方式，掌握工程纠纷中的解决。

施工合同是围绕一个具体的拟建工程项目而产生的。参见3.1中的建设项目背景资料3-1，伟业诚信房地产开发公司投资兴建的南园国际住宅小区工程。若该项目的施工图设计工作已经完成，其一期工程中的B区多层住宅与部分公共、地下建筑物等单项工程，计划投资18000万元人民币，计划建设工期25个月，计划工程质量合格，计划开工时间2010年6月10日。现希望找一家资信、经验俱佳的施工企业承担工程的施工任务，并与该施工企业订立对双方均公平、合理的施工合同，则伟业诚信房地产开发公司面临并且必须解决的三个问题：

一是怎样找所期望的施工企业；

二是若找到了合适的施工企业后，起草和签订一个什么样的施工合同才能既对自己有利，又对施工企业公平，使得工程项目能够顺利完成；

三是在实施中哪些东西必须作为施工合同文件的组成部分。

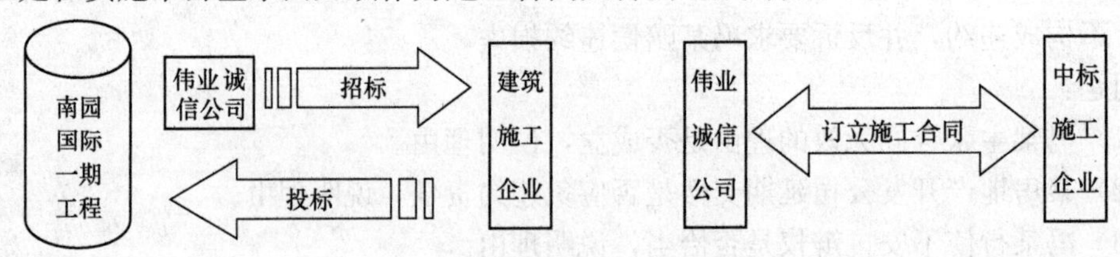

图4-1　施工合同订立示意图

图4-1形象地显示了施工合同产生的概貌。一般说来，施工合同的产生与订立，需要经过以下几个阶段：

1. 建设单位有一个等待建设的工程项目；

2. 待建的工程项目已正式列入计划，建设单位已办理工程报建手续，建设资金已经落实，征地拆迁工作已基本完成或落实，施工图设计已完成，能满足工程开工后连续施工的要求；

3. 建设单位通过发布工程招标信息，要约邀请有兴趣的施工企业参加本工程的施工投标；

4. 具备条件的施工企业，根据建设单位招标文件的要求编制投标文件，前来投标；

5. 建设单位通过委托招标代理机构或自行组织评标委员会，评选出投标者中优秀的施工企业中标；

6. 建设单位与中标的施工企业通过协商订立书面的施工合同，并界定施工合同文件的组成。

关于施工的招标与投标，已在第2章中讲述，本章重点将讨论建设工程项目施工合同的签订与履行。

4.1 施工合同文件

经过招标、投标、定标、发送中标通知书等一系列的过程，招标单位与中标单位之间的施工合同法律关系就建立起来了。

由于施工合同的标的规模大、投资多、技术复杂、建设周期长、影响因素多，制订完善、系统、缺陷少、对甲乙双方都公平的合同，就是一项关键的工作。

目前，国际上被普遍认可的施工合同文本是FIDIC条件。FIDIC是国际咨询工程师联合会（Fédération Internationale Des Ingénieurs Conseils）的法文缩写，是国际上最有权威的、被世界银行认可的咨询工程师组织。FIDIC有50多个成员国，总部设在瑞士的洛桑。1957年，FIDIC首次出版了标准的土木工程施工合同条件，通常称为FIDIC条件。在国际工程承包中被广泛使用的是1988年的修订版。

我国在工程合同的标准化方面做了许多工作，其中最典型的是1991年颁布的《建设工程施工合同（示范文本）》（GF—1991—0201），该文本于1999年进行了修订，形成了目前国内建设工程项目施工中使用广泛的《建设工程施工合同》（GF—1999—0201）。在此基础上，2013年4月3日，住房城乡建设部、国家工商总局联合印发了《建设工程施工合同（示范文本）》（GF—2013—0201）（以下简称2013版施工合同），对1999版施工合同进行了补充完善。

4.1.1 施工合同范本

1. 施工合同范本的产生

建筑项目施工具有生产周期长、耗费人力物力大、生产过程与技术复杂、受自然条件及政策法规影响大的特点，这些特点决定了工程施工合同的特殊性和复杂性。施工合同的签订，对于发包人和承包人来说都不是一件容易做的事情。

为了规范合同当事人的行为，完善建设经济合同制度，解决施工合同中文本不规范、条款不完备、合同纠纷多等问题，国家建设部会同国家工商行政管理局，依据有关工程建设的法律、法规，结合我国建设市场及工程施工的实际状况，同时借鉴国际通用土木工程施工合同的成熟经验和做法，于1991年3月联合制定了《建设工程施工合同（示范文本）》。

《建设工程施工合同（示范文本）》作为标准合同文本，其推行和实施很好地解决了施工合同签订过程中长时间存在的种种难题，有效地避免了发包人与承包人之间长期存在的诸多问题。经过八年的工程实践，根据国际、国内建筑市场的变化，在修订和补充的基础上，建设部与国家工商行政管理局于1999年12月制定了新版《建设工程施工合同（示范文本）》（GF—1999—0201），沿用至今。

根据国内建设工程施工项目量大面广，投资规模与复杂程度差异悬殊，施工安装企业国有、民营多种体制并存，现场工人大都是农民工等特点，配合建设工程施工合同的操作运用，建设部和国家工商行政管理总局于2003年又颁布了《建设工程施工专业分包合同（示范文本）》（GF—2003—0213）和《建设工程施工劳务分包合同（示范文本）》（GF—2003—0214）两个合同范本。

对于之前的施工合同版本已经不能满足我国工程建设需要的情况，以及使用过程中出现的一些问题，2013版施工合同在1999版的基础上，增加了双向担保、合同调价、缺陷责任期、工程系列保险、索赔期限、双倍赔偿、争议评审等八项新的制度，使合同结构体系更加完善，并加强了与《建设工程工程量清单计价规范》（GB 50500—2013）等现行法律、法规、规范和其他文本的衔接，保证了合同的适用性。

2. 施工合同范本简介

2013版施工合同范本是由合同协议书、通用合同条款、专用合同条款三部分和承包人承揽工程项目一览表、发包人供应材料设备一览表、工程质量保修书、主要建设工程文件目录、承包人用于本工程施工的机械设备表、承包人主要施工管理人员表、分包人主要施工管理人员表、履约担保格式、支付担保格式、暂估价一览表等11个附件组成。

（1）合同协议书

合同协议书开头是发包人、承包人订立合同的承诺，中间是协议书内容，结尾是发包人与承包人的住所、法定代表人、委托代理人联系方式、开户行账号、签字盖章。

合同协议书内容包括：工程概况、合同工期、质量标准、签约合同价与合同价格形式、项目经理、合同文件构成、承发包双方承诺、词语含义、签订时间、签订地点、补充协议、合同生效、合同份数共13个组成部分。

合同协议书是《施工合同范本》中总纲性的文件。虽然其文字量并不大，但它规定了合同当事人双方最主要的权利、义务，规定了组成合同的文件及合同当事人对履行合同义务的承诺，合同当事人双方要在这份文件上签字盖章，因此具有很高的法律效力。对于合同协议书中缺省内容，合同当事人应慎重填写，避免因填写不当或缺失，影响合同的理解和适用。

（2）通用合同条款

通用合同条款是根据法律、行政法规规定，同时考虑建设工程施工中的惯例以及施工合同在签订、履行和管理中的通常做法订立的条款。通用合同条款具有较强的普遍性，是通用于各类建设工程施工的基础性条款。

通用条款由20个部分组成，具体如下。

1）一般约定

共13条：词语定义与解释；语言文字；法律；标准和规范；合同文件的优先顺序；图纸和承包人文件；联络；严禁贿赂；化石、文物；交通运输；知识产权；保密；工程量清单错误的修正。

2）发包人

共 8 条：许可或批准；发包人代表；发包人人员；施工现场、施工条件和基础资料的提供；资金来源证明及支付担保；支付合同价款；组织竣工验收；现场统一管理协议。

3）承包人

共 8 条：承包人的一般义务；项目经理；承包人人员；承包人现场查勘；分包；工程照管与成品、半成品保护；履约担保；联合体。

4）监理人

共 4 条：监理人的一般规定；监理人员；监理人的指示；商定或确定。

5）工程质量

共 5 条：质量要求；质量保证措施；隐蔽工程检查；不合格工程的处理；质量争议检测。

6）安全文明施工与环境保护

共 3 条：安全文明施工；职业健康；环境保护。

7）工期和进度

共 9 条：施工组织设计；施工进度计划；开工；测量放线；工期延误；不利物质条件；异常恶劣的气候条件；暂停施工；提前竣工。

8）材料与设备

共 9 条：发包人供应材料与工程设备；承包人采购材料与工程设备；材料与工程设备的接收与拒收；材料与工程设备的保管与使用；禁止使用不合格的材料和工程设备；样品；材料与工程设备的替代；施工设备和临时设施；材料与设备专用要求。

9）试验与检验

共 4 条：试验设备与试验人员；取样；材料、工程设备和工程的试验与检验；现场工艺检验。

10）变更

共 9 条：变更的范围；变更权；变更程序；变更估价；承包人的合理化建议；变更引起的工期调整；暂估价；暂列金额；计日工。

11）价格调整

共 2 条：市场价格波动引起的调整；法律变化引起的调整。

12）合同价格、计量与支付

共 5 条：合同价格形式；预付款；计量；工程进度款支付；支付账户。

13）验收和工程试车

共 6 条：分部分项工程验收；竣工验收；工程试车；提前交付单位工程的验收；施工期运行；竣工退场。

14）竣工结算

共 4 条：竣工结算申请；竣工结算审核；甩项竣工协议；最终结清。

15）缺陷责任与保修

共 4 条：工程保修的原则；缺陷责任期；质量保证金；保修。

16）违约

共3条：发包人违约；承包人违约；第三人造成的违约。

17）不可抗力

共4条：不可抗力的确认；不可抗力的通知；不可抗力后果的承担；因不可抗力解除合同。

18）保险

共7条：工程保险；工伤保险；其他保险；持续保险；保险凭证；未按约定投保的补救；通知义务。

19）索赔

共5条：承包人的索赔；对承包人索赔的处理；发包人的索赔；对发包人索赔的处理；提出索赔的期限。

20）争议解决

共5条：和解；调解；争议评审；仲裁和诉讼；争议解决条款效力。

通用合同条款是根据《合同法》、《建筑法》等法律对承发包双方的权利、义务作出的规定，除双方协商一致对其中的某些条款作了修改、补充或取消外，双方都必须履行。

（3）专用合同条款

专用合同条款是对通用合同条款原则性约定的细化、完善、补充、修改或另行约定的条款。合同当事人可以根据不同建设工程的特点及具体情况，通过双方的谈判、协商对相应的专用合同条款进行修改补充。在使用专用合同条款时，应注意以下事项：

1）专用合同条款的编号应与相应的通用合同条款的编号一致。

2）合同当事人可以通过对专用合同条款的修改，满足具体建设工程的特殊要求，避免直接修改通用合同条款。

3）在专用合同条款中有横道线的地方，合同当事人可针对相应的通用合同条款进行细化、完善、补充、修改或另行约定；如无细化、完善、补充、修改或另行约定，则填写“无”或划“/”。

4）如果专用合同条款对通用合同条款的某一条款作出了修改，则执行专用合同条款，否则按通用合同条款执行。

（4）附件

2013版施工合同的11个附件是对施工合同当事人的权利、义务的进一步明确，并且使得施工合同当事人的有关工作一目了然，便于执行和管理。

4.1.2 施工合同类型的选择

施工合同的类型是指施工合同中所采用的计价方法。用什么方法计算工程价款，是甲乙双方都十分关注的问题。不同类型的合同有不同的应用条件和付款方式，对合同双方有不同的风险，合同签订时要根据不同的项目特性选择适合的合同类型。

1. 施工合同常用类型

（1）总价合同

总价合同是指支付给承包人的工程价款在合同中是一个“固定”的金额，即总价。它是以设计图纸和工程说明书为依据，由承发包双方经过协商确定的。总价合同按其是否可以调值可分为两种形式。

1）不可调值总价合同

不可调值总价合同的价格是由承发包双方就所承包的项目协商确定的，一笔包死，除非在设计及工程范围有所变更的情况下才可以做相应的变更，否则一律不能变动。

采用不可调值固定总价合同时，承包人要承担合同履行过程中的主要风险，如实物工程量、工程单价等变化而可能造成损失的风险。由于合同执行过程中，承发包双方均不能以工程量、设备和材料价格、工资等变动为理由，提出对合同总价调值的要求。所以，作为合同总价计算依据的设计图纸、说明、规定及规范需对工程做出详尽的描述，承包人要在投标时对一切费用上升的因素做出估计并将其包含在投标报价之中。承包人因为要为许多不可预见的因素付出代价，所以往往会加大不可预见费用，使这种合同的投标价格较高。

不可调值固定总价合同一般适用于：

①招标时的设计深度已达到施工图设计要求，工程设计图纸完整齐全，项目、范围及工程量计算依据确切，合同履行过程中不会出现较大的设计变更，承包人依据的报价工程量与实际完成的工程量不会有较大的差异。

②规模较小，技术不太复杂的中小型工程。承包人一般在报价时可以合理地预见到实施过程中可能遇到的各种风险。

③合同工期较短，一般为一年之内的工程。

2）可调值总价合同

可调值总价合同的价格虽然也是总价，但如果遇到一些影响价格的因素发生，如通货膨胀、不可预见因素导致的工程量大幅度上升等，可以根据双方在合同专用条款中的规定对合同总价进行调整。

可调值总价合同适用于设计深度已达到施工图设计要求，工程内容和技术经济指标规定均较明确，工期在1年以上的工程。

（2）单价合同

单价合同是施工合同中采用最多的合同类型。在单价合同中，承包商仅按合同规定承担报价的风险，即对所报单价的正确性和适宜性承担责任，工程量变化的风险由发包人承担，风险分配较合理，能够适应大多数工程。

单价合同可分为估算工程量单价合同与纯单价合同。

1）估算工程量单价合同

估算工程量单价合同是发包人提出工程量清单，列出估算的分部分项工程量，承包人以此为基础填报相应单价，累计计算后得出合同价格。但最后的工程结算价应按照实际完成的工程量来计算，即按合同中的分部分项工程单价和实际工程量，计算得出工程结算和支付的工程总价格。

采用这种合同时，要求实际完成的工程量与原估计的工程量不能有实质性的变更。因为承包人给出的单价是以相应的工程量为基础的，如果工程量大幅度增减可能影响工程成本。但在实践中往往很难确定工程量究竟有多大范围的变更才算实质性变更，这是采用这种合同计价方式需要考虑的一个问题。因此有些固定单价合同规定，如果实际工程量与报价表中的工程量相差超过±10%时，允许调整合同单价。

估算工程量单价合同大多用于工期长、技术复杂、施工图较完整的工程项目中。

2）纯单价合同

纯单价合同是发包人只向承包人给出发包工程的有关分部分项工程名称及工程范围，不对工程量作任何规定。承包人在投标时需要对给定范围的分部分项工程做出报价，合同实施过程中按实际完成的工程量进行结算。

纯单价合同主要适用于没有施工图，或工程量不明、却急需开工的紧迫工程。采用纯单价合同时，发包人必须对工程范围的划分做出明确的规定，使承包人能够合理地确定工程单价。

在实际应用中，单价合同还可采用可调值和不可调值两种形式。

（3）成本加酬金合同

成本加酬金合同是将工程项目的实际投资划分成直接成本费和承包人完成工作后应得酬金两部分。工程实施过程中发生的直接成本费由发包人实报实销，再按合同约定的方式另外支付给承包人相应报酬。

在工程实践中，有些建设项目由于工程内容及技术经济指标尚未全面确定、投标报价的依据不充分，但发包人因工期要求紧迫，必须发包的工程；还有些工程建设项目由于承包人在某些方面具有独特的技术、特长、经验，或发包人与承包人之间有着高度的信任，当签订合同时，发包人提供不出可供承包人准确报价所必需的资料，在合同内只能用商定酬金的计算方法。

一般说来，成本加酬金合同主要适用于工作范围很难确定，或在设计图纸完成之前就开始施工的工程。

成本加酬金合同有两个明显缺点：一是发包人对工程总价不能实施有效的控制；二是承包人对降低成本不太感兴趣。因此，采用这种合同计价方式，其条款必须非常严格。

成本加酬金合同又分为以下几种形式：

1）成本加固定百分比酬金合同

成本加固定百分比酬金合同是指承包人的实际成本由发包人实报实销，同时按照实际成本的固定百分比付给承包人一笔酬金。

采用这种合同计价方式，当工程总价越高时，付给承包人的酬金也越高，不利于鼓励承包人降低成本，正是由于这种弊病所在，使得这种合同计价方式很少被采用。

2）成本加固定金额酬金合同

成本加固定金额酬金合同是指承包人的实际成本由发包人实报实销，此外，再另外付给承包人一笔固定金额的酬金。

这种计价方式的合同虽然也不能鼓励承包商关心和降低成本，但从尽快获得全部酬金减少管理投入出发，会有利于缩短工期。

3）成本加奖罚合同

成本加奖罚合同是在签订合同时，双方事先约定该工程的预期成本（或称目标成本）和固定酬金，以及实际发生的成本与预期成本比较后的奖罚计算办法。在合同实施后，根据工程实际成本的发生情况，确定奖罚的额度，当实际成本低于预期成本时，承包人除可获得实际成本补偿和酬金外，还可根据成本降低额得到一笔奖金；当实际成本大于预期成本时，承包人仅可得到实际成本补偿和酬金，并视实际成本高出预期成本的情况，被处以一笔罚金。

成本加奖罚合同计价方式可以促使承包人关心和降低成本，缩短工期，而且目标成本可以随着设计的进展而加以调整，所以承发包双方都不会承担太大的风险，故这种合同计价方式应用较多。

2. 施工合同类型的选择

(1) 项目规模和工期长短

如果项目的规模较小，工期较短，则合同类型的选择余地较大，总价合同、单价合同及成本加酬金合同都可选择。由于选择总价合同发包人可以不承担风险，所以发包人比较愿选用。对这类项目，承包人同意采用总价合同的可能性较大，因为这类项目风险小，不可预测因素少。

(2) 项目的竞争情况

如果在某一时期和某一地点，愿意承包某一项目的承包人较多，则发包人拥有较多的主动权，可按照总价合同、单价合同、成本加酬金合同的顺序进行选择。如果愿意承包项目的承包人较少，则承包人拥有的主动权较多，可以尽量选择承包人愿意采用的合同类型。

(3) 项目的复杂程度

如果项目的复杂程度较高，则意味着：一是对承包人的技术水平要求高；二是项目的风险较大。因此，承包人对合同的选择有较大的主动权，总价合同被选用的可能性较小。如果项目的复杂程度低，则发包人对合同类型的选择有较大的主动权。

(4) 项目单项工程的明确程度

如果单项工程的类别和工程量都已十分明确，则可选用的合同类型较多，总价合同、单价合同、成本加酬金合同都可以选择。如果单项工程的分类已详细而明确，但实际工程量与预计的工程量可能有较大出入时，则应优先选择单价合同，此时单价合同为最合理的合同类型。如果单项工程的分类和工程量都不甚明确，则只能选择成本加酬金合同。

(5) 项目准备时间的长短

项目的准备包括发包人的准备工作和承包人的准备工作。对于不同的合同类型，他们分别需要不同的准备时间和准备费用。对于一些非常紧急的项目，如抢险救灾工程项目，给予发包人和承包人的准备时间都非常短，因此只能采用成本加酬金的合同形式。反之，则可采用单价或总价合同形式。

(6) 项目的外部环境因素

如项目所在地区的政治、经济因素（通货膨胀、经济发展速度等）、劳动力素质、交通、生活条件等。如果项目的外部环境恶劣则意味着项目的成本高、风险大、不可预测的因素多，承包商很难接受总价合同方式，而较适合采用成本加酬金合同。

4.1.3　施工合同签订前的谈判

2013 版施工合同示范文本中的三个主要组成部分：合同协议书、通用合同条款和专用合同条款，只有通用合同条款是固定格式，合同协议书和专用合同条款都是需要经过合同双方协商、达成一致后才能形成正式文件的。由于合同协议书和专用合同条款的最终确认，直接关系到承发包双方的权利与责任，对双方都至关重要，因此也是双方争论的焦点。

在实际施工合同订立中，合同协议书和专用合同条款一般是由发包人起草，然后发包人和承包人双方进行谈判，逐渐达成一致并确认的过程。作为承包人而言，通过谈判实现的目标是：争取合理的价格，争取改善合同条款，修改过于苛刻的不合理条款，澄清模糊的条款，增加保护自身利益的条款。

在合同谈判过程中需要注意的是，根据我国招标投标法规定，对于招标发包的工程，合同协议书填写的内容应与投标文件、中标通知书等招投标文件的实质性内容保持一致，避免所订立的协议被认定为与中标结果实质性内容相背离，影响合同效力。如经常出现的投标价、中标价与签约合同价不一致的情形等。

1. 谈判前的准备工作

谈判工作的成功与否，通常取决于准备工作的充分程度、谈判策略与技巧的运用程度。谈判的准备工作具体包括以下几部分。

（1）收集资料

谈判准备工作的首要任务是收集、整理有关方及项目的各种背景材料。对承包人而言，要收集发包人的资信情况、履约能力、拟参加合同谈判的人员组成情况等。对发包人而言，要收集承包人的技术、经济、管理能力，拟参加合同谈判的人员组成情况等。

（2）具体分析

在获得上述资料的基础上，具体分析以下内容：

1）谈判目标设定的可行性

重点分析谈判目标设定的是否合理、是否能被对方接受，以及对方设置的谈判目标是否合理。如果自身设置的谈判目标有疏漏或错误，盲目接受对方的不合理谈判目标，就会给自己造成项目实施过程中的后患。

2）对方的谈判人员

主要了解对方的谈判组由哪些人员组成，他们的身份、地位、性格、喜好、权限等，注意与对方建立良好的关系，发展谈判双方的友谊，为谈判创造良好的氛围。

3）双方地位

应分别分析整体与局部的优势和劣势。如果己方在整体上处于优势地位，而在个别问题上处于劣势地位，则可以通过后续谈判来弥补局部的劣势。但如果己方在整体上已显示劣势，则除非能有契机转化这一形势，否则就不宜再耗时耗资进行无益的谈判。

（3）拟订谈判方案

在具体分析工作完成后，总结该项目的操作风险、双方的共同利益、双方的利益冲突，在哪些问题上已和对方取得一致，还存在着哪些问题甚至是原则性的分歧等，然后拟订谈判的初步方案，决定谈判的重点。

2. 谈判内容

（1）工程范围

通过谈判明确中标工程的施工、设备采购、安装和调试等工作的具体范围，做到合同的工作范围清楚、责任明确，避免将来实施中双方无谓的扯皮。

（2）合同文件

通过谈判将双方一致同意的修改意见和补充意见整理为正式的“附录”，并由双方签字作为合同的组成部分。采用标准合同文本的施工合同，在签字前仍需要进行全面检查，对于关键词和数字应反复核对，避免将来产生异议。

（3）不可预见的自然条件和人为障碍

通过谈判，在合同中应明确界定“不可预见的自然条件和人为障碍”的内容。若招标文件中提供的气象、地质、水文资料与实际情况有出入时，应该明确出如何解决该类问题的具体条款。

（4）工程的开工和工期

通过谈判，明确出工程开工与竣工的具体时限，承包人要求顺延工期的条件，工程移交（包括场地测量图样、文件和各种测量标志）的时间和移交的内容。

（5）材料和操作工艺

通过谈判，对报送给监理工程师或发包人审批的材料样品，应明确规定答复期限；对发生材料代用、更换型号及其标准问题时，应注意将这些问题载入合同“附录”；对于应向监理工程师提供的现场测量和试验的仪器设备，应在合同中列出清单，写明名称、型号、规格、数量等。

（6）工序质量检查

通过谈判，应对工程检验制度做出具体规定，特别是对需要及时安排检验的工序要有时间限制；争取在合同或“附录”中写明材料化验和试验的权威机构，以防止事后因化验结果的权威性产生争执。

（7）工程维修

通过谈判，应明确维修工程的范围、维修期限和维修责任，工程维修期届满时维修保证金的退还。

（8）工程的变更

通过谈判，应明确工程变更的合适限额，若超过限额，双方可协商修改单价。

（9）争端及其他

通过谈判，用协商和调解的方法解决双方争端。

3. 谈判的策略和技巧

谈判不是一项简单的机械性工作，而是集合了策略与技巧的艺术，在谈判过程中应充分运用各种谈判策略和技巧。

（1）掌握谈判进程，合理分配各议题的时间

工程建设的谈判涉及诸多需要讨论的事项，而各谈判事项的重要性并不相同，谈判双方对同一事项的关注程度也不相同。谈判者要善于掌握谈判进程，在充满合作气氛的阶段，展开自己所关注的议题，从而达成有利于己方的协议；而在气氛紧张时，则引导谈判进入双方具有共识的议题，一方面缓和气氛，另一方面缩小双方差距，推进谈判进程。同时，谈判者还应懂得合理分配谈判时间。对于各议题商讨时间的分配应得当，不要过多拘泥于细节性问题，这样可以缩短谈判时间，降低交易成本。

（2）分配谈判角色

任何一方的谈判团都由众多人士组成，谈判中应根据各人不同的性格特征扮演不同的角色，这样可以达到事半功倍的效果。

（3）注意谈判氛围

谈判各方往往存在利益冲突，但有经验的谈判者会在双方分歧严重、交锋激烈时采取润滑措施，舒缓压力，如饭桌式谈判。

（4）充分发挥专家的作用

科技的高速发展致使个人不可能成为各方面的专家，而工程项目谈判又涉及广泛的学科领域，因此充分发挥各领域专家的作用，既可以在专业问题上获得技术支持，又可以利用专家的权威给对方以心理压力。

(5) 拖延和休会

当谈判遇到障碍、陷入僵局的时候，拖延和休会可以使明智的谈判方有时间冷静思考，在客观分析形势后提出替代方案。在一段时间的冷处理后，各方都可以进一步考虑整个项目的意义，进而弥合分歧，将谈判从低谷引向高潮。

4.1.4 施工合同签订中的审查

施工合同的标的规模大、投资大、技术复杂、合同期长、影响因素多，而工程招投标、合同书的起草时间相对较为仓促，从而可能导致工程合同条款和其他合同文件的完备性、准确性、充分性不足，甚至会出现合法性方面的缺陷，给今后合同的履行造成很大的困难。因此，在施工合同正式签订之前，发包人与承包人必须高度重视合同的审查工作。

1. 发包人的合同审查

发包人对施工合同审查的目的是以合理的投资产生期望的效益。通过对施工合同的审查，可以发现合同中的潜在问题，减少经济损失，避免履行中的分歧，提高合同履约率。发包人对施工合同的审查应侧重以下方面。

(1) 对方当事人是否具备相应施工企业法人资质等级审查。审查时主要看其是否持有国家工商行政管理机关核发的企业法人营业执照，是否持有建设行政主管机关颁发的资质证书，对于不具备相应资质、资格的施工企业应该拒绝，以免合同无效。另外，还要审查施工当事人的设备、技术水平、经营范围、履约能力、信誉等情况，加以调查核实。

(2) 施工合同形式审查。施工合同一定要采用书面形式，最好按合同示范文本签订。要搞清楚合同是否需要有关机关批准或者登记备案。如果是涉外施工合同，合同形式要符合国际法规和国际惯例，要注意不同国家语言文字在价格数值、币种表述上的差别。

(3) 施工合同内容审查。这是施工合同审查最重要的一步，主要内容有：

1) 施工企业的名称必须是全称，且要与营业执照、资质证书上的名称一致。如果施工合同谈判时是以集团公司名义的，最终签订合同时不能以集团内另外一个公司的名义。施工企业的地址要以其主要办事机构所在地为准，且要详细，便于联系沟通。

2) 施工合同的标的必须具体。特别是固定总价合同，一定要写清楚拟完成工程的具体范围，是否包括水、电、消防、外围景观、绿化及市政等配套工程，是否带装修，装修到什么程度。

3) 施工合同条款中的数量表述一定要明确，切忌模糊不清，而且要注明计量单位和计量方法。如承包工程面积要写清楚是建筑面积还是使用面积，土方体积是松土体积还是压实体积，这对采用单价合同工程的总造价有很大的影响。计量方法、计量单位的使用要符合规定，以免发生争议。

4) 施工合同中的质量条款是最复杂、最容易产生纠纷的条款之一。要明确施工质量应符合国家颁发的质量标准，要明确工程质量要求是合格还是优良，是否要创奖杯。因为不同的质量要求对工程造价有很大的影响。

5) 检查施工合同的价款是否公平合理，如果明显偏高或不合法，一定要指出来并提出修改意见。要审查施工企业保证金是否符合法定数额，工程预付款数目是否合理，施工进度款支付数额、日期是否合理，维修保证金是否合规。要明确计算方法（如按什么定额计算）、货币种类、支付时间和方式。

6）对施工合同的履行期限，要把分期形象进度和总履行期限写清楚，采用从公历几时开始到公历几时结束方式描述，不要笼统写多少天。

7）施工合同中违约责任与义务要相对应，应符合法律法规规定，约定的违约金和赔偿金的数额不得高于或者低于法律法规规定的比例幅度或限额。特别对违约责任条款中的索赔条款，一定要清楚说明索赔的范围、条件、时间，以及索赔费用的计算方式、标准。

8）施工合同解决争议的条款制订时要注意：尽量选择双方协商，协商不成时申请仲裁或诉讼。选择仲裁时必须写明仲裁机构和仲裁地点，仲裁地点或法院尽量选择就近发包人的地方。

2. 承包人的合同审查

承包人对施工合同的审查应侧重以下方面。

（1）尽量使用《建设工程施工合同（示范文本）》，确保双方权利义务平衡。审查合同份数，是否盖骑缝章，页码是否连续，是否为合同原件等。

（2）审查发包人资质等级及履约信用情况，合同上单位名称是否是全称，单位名称和印章是否一致，单位的地址（包括送达地址）和电话联系方式等信息是否准确。审查合同签订人员是否具有授权，本人和身份资料是否一致，工程代表是否明确，工程代表的权限范围是否明确。审查合同是否有第三方参与，如果有设计、监理单位等第三方参与合同签订或履行过程，对自己的权利义务是否会产生不利影响。

（3）审查工程来源是否正当，是否需要主管部门的批准手续，工程名称是否规范，工程范围、内容是否清晰。

（4）审查合同中规定的己方义务实现是否存在障碍，有无依赖外界因素的情况，在需要对方配合的情况下，配合的程序是否已经列明。审查己方的权利（主要是付款）是否包含条件，付款的依据是否清晰，是按完成的进度、工程量支付还是一次性支付，付款是否附加了条件和期限，多个付款条款是否有矛盾等。

（5）审查工程量的确定、确认方法和调整依据。审查工程量的计算方法是否科学，有关工程量的报告如何编写、提交、确认等内容是否具有可操作性，遇到超出设计范围、变更施工范围、返工等情况如何计算工程量是否有约定，工程量的核定期限是否细致、明确。

（6）审查工程质量的确定、确认方法与程序。审查工程质量有无明晰的标准，验收范围有无书面的双方签字确认细则，质量的实现有无障碍，验收的主体是否合适，验收的期限、程序设计是否合理，如何提出质量异议，如何磋商、处理等。审查质量争议的处理方式及违约责任是否约定，工程质量保修范围、保修期和保修金的规定等。

（7）审查工程期限（如计划开工日、实际开工日、计划完工日、实际完工日、计划竣工日和实际竣工日等）的确认程序和时间限制是否明确，工程有无阶段工期的要求。审查是否有工期顺延的情况，如何提出、确认，工期延误、延期竣工的责任承担方式。

（8）审查合同价款是暂定价、固定单价还是固定总价。审查工程价款的支付方式（如按月支付、分段结算、一次性结算）中相关依据是否科学、可行，是否具有操作性。审查工程价款计量如何进行，程序如何安排，拖延支付惩罚措施是否明确。审查工程价款支付是否存在不确定性，是否有批准、前置或其他任何形式的弹性条款存在。审查竣工结算的前提条件（如结算的条件、依据、期限、程序、逾期审核的责任等）。

(9) 审查工程准备工作如何开展、设备材料如何安排、设备材料如何采购检验、现场工作如何组织、安全施工由谁保障、场地通行通水通电如何保证、协助工作是否需要等。

(10) 审查工程变更、设计修改、方案变更、材料更换、其他临时修改的双方交换意见的程序、费用等内容的约定是否合理。

(11) 审查已完成工程的保护、竣工验收的性质和程序，竣工资料的内容、份数、提交时限和逾期提交的责任，竣工资料、竣工验收资料的备案。

(12) 审查合同提前终止、解除的条件，确认和后续处理程序。审查合同终止、解除情况下已经完成的工作量、工程质量如何审查确认，已购买材料设备的处理，工程资料的编制与移交的时限和程序，已完成工程与未完成工程的技术衔接和处理。审查合同终止、解除或者符合约定交付工程时的撤场时限、确认程序。

(13) 审查争议解决途径，处理索赔需要哪些文件，形式和程序怎么规定。审查如何通过法律途径解决，是仲裁还是起诉到法院，是原告所在地法院还是被告所在地法院等。

(14) 审查施工前、施工过程中、竣工结算时需要提交哪些材料（如验收材料、竣工材料、结算材料等），如何编排目录，如何提交、确认，如何联系、通知等。审查是否需要阶段性工程技术资料，如何整理收集、提供和确认。

4.1.5 施工合同文件的组成与解释顺序

工程建设中所指的施工合同文件是广义的，并不是单纯的施工合同书。一般说来，施工合同文件除了施工合同书外，还有一系列有助于确立合同双方当事人权利与义务关系的组成文件，形成了一个合同系统。这就需要在订立合同时，当事人双方应在合同书中明确约定合同文件的组成与解释顺序。

在施工合同履行中，由于合同组成文件个数多、涉及面广、内容复杂，难免出现各个文件之间存在相互矛盾和规定不一致的情况，进而使合同无法顺利、有效地履行。这就需要对施工合同组成文件的解释顺序做出规定，即：当合同组成文件内容含糊不清或不相一致时，以解释顺序在先的文件为准，顺序在后的文件中相关条款无效。

2013 版施工合同对施工合同文件的组成和解释顺序做出了规定，在国内工程合同中具有代表性。按照该规定，如果合同当事人在施工合同中没有另行约定，施工合同文件的组成及优先顺序如下：

1. 合同协议书；
2. 中标通知书（如果有）；
3. 投标函及其附录（如果有）；
4. 专用合同条款及其附件；
5. 通用合同条款；
6. 技术标准和要求；
7. 图纸；
8. 已报价工程量清单或预算书；
9. 其他合同文件。

上述各项合同文件包括合同当事人就该项合同文件所作出的补充和修改，属于同一类内容的文件，应以最新签署的为准。专用合同条款及其附件须经合同当事人签字或盖章。

在合同订立及履行过程中形成的与合同有关的文件均构成合同文件组成部分，并根据其性质确定优先解释顺序。

对施工合同组成文件的解释顺序做出规定的意义在于：在施工合同履行过程中，如果上述组成文件出现矛盾或者规定不一致时，应按照解释顺序在前文件中的规定执行；当因合同文件内容含糊不清或不相一致导致双方争议时，监理工程师、仲裁员、法官会依据该款约定对适用文件优先性做出判断。

4.1.6　建设工程施工合同填写参考样本

在实际的工程项目建设中，除小型施工项目外，一般项目签订合同时往往采用《建设工程施工合同（示范文本）》。如何填写建设施工合同文本，是起草合同的一方面临并需要解决的问题。以下是 2013 版施工合同填写时的参考样本，供起草施工合同时参考使用。

第一部分　合 同 协 议 书

发包人（全称）：填写发包人名称（如××地产集团公司）

承包人（全称）：填写承包人名称（如××建筑安装工程有限公司）

根据《中华人民共和国合同法》、《中华人民共和国建筑法》及有关法律规定，遵循平等、自愿、公平和诚实信用的原则，双方就填写工程项目的详细名称（如××家园）工程施工及有关事项协商一致，共同达成如下协议：

一、工程概况

1. 工程名称：填写工程项目的详细名称（如××家园）

2. 工程地点：填写工程所在地详细地址（如××省××市××区××路××号）

3. 工程立项批准文号：填写立项批准文号（如政府投资工程，由发展和改革部门批准）

4. 资金来源：填写资金来源（如：财政拨款、金融机构借款、单位自筹、外商投资、国外金融机构借款、赠款、其他资金等）

5. 工程内容：填写工程的结构、层数及建筑面积等（如框筒结构，32 层，60000m^2）

群体工程应附《承包人承揽工程项目一览表》（附件 1）。

6. 工程承包范围：

填写项目承包的具体范围（如主体总承包应包括主体结构的建筑、结构、电气安装、给排水工程、通风空调工程等；如果是招标项目，应以招标文件中的工程承包范围填写）

二、合同工期

计划开工日期：××（招标项目，应以招标文件中的要求填写）年××月××日。

计划竣工日期：××（招标项目，应以招标文件中的要求填写）年××月××日。

工期总日历天数：填写工期总日历天数（应与中标通知书确定的天数相同）天。工期总日历天数与根据前述计划开竣工日期计算的工期天数不一致的，以工期总日历天数为准。

三、质量标准

工程质量符合填写工程质量要求：合格（争创××杯优质工程、鲁班奖优质工程等，其口径应与招标文件要求或投标人承诺中标的质量等级相同）标准。

四、签约合同价与合同价格形式

1. 签约合同价为：

人民币（大写）填写合同总金额（应与中标金额相同）（￥填写小写金额元）；

其中：

(1) 安全文明施工费：

人民币（大写）按照中标通知书该部分金额填写（￥填写小写金额元）；

(2) 材料和工程设备暂估价金额：

人民币（大写）按照中标通知书该部分金额填（￥填写小写金额元）；

(3) 专业工程暂估价金额：

人民币（大写）按照中标通知书该部分金额填（￥填写小写金额元）；

(4) 暂列金额：

人民币（大写）按照中标通知书该部分金额填（￥填写小写金额元）。

2. 合同价格形式填写合同价格形式，具体招标项目以招标文件为准（如总价合同、单价合同、成本加酬金合同）

五、项目经理

承包人项目经理：填写承担本项目的项目经理人姓名，招标项目无特殊原因，应是承包人投标时确定的拟承担该项目的项目经理

六、合同文件构成

本协议书与下列文件一起构成合同文件：

(1) 中标通知书（如果有）；

(2) 投标函及其附录（如果有）；

(3) 专用合同条款及其附件；

(4) 通用合同条款；

(5) 技术标准和要求；

(6) 图纸；

(7) 已标价工程量清单或预算书；

(8) 其他合同文件。

在合同订立及履行过程中形成的与合同有关的文件均构成合同文件组成部分。

上述各项合同文件包括合同当事人就该项合同文件所作出的补充和修改，属于同一类内容的文件，应以最新签署的为准。专用合同条款及其附件须经合同当事人签字或盖章。

七、承诺

1. 发包人承诺按照法律规定履行项目审批手续、筹集工程建设资金并按照合同约定的期限和方式支付合同价款。

2. 承包人承诺按照法律规定及合同约定组织完成工程施工，确保工程质量和安全，不进行转包及违法分包，并在缺陷责任期及保修期内承担相应的工程维修责任。

3. 发包人和承包人通过招投标形式签订合同的，双方理解并承诺不再就同一工程另行签订与合同实质性内容相背离的协议。

八、词语含义

本协议书中词语含义与第二部分通用合同条款中赋予的含义相同。

九、签订时间

本合同于××年××月××日签订。

十、签订地点

本合同在填写合同订立的具体地点签订。

十一、补充协议

合同未尽事宜，合同当事人另行签订补充协议，补充协议是合同的组成部分。

十二、合同生效

本合同自双方签字、盖章生效。

十三、合同份数

本合同一式填写份数（一般4份以上）份，均具有同等法律效力，发包人执填写份数（一般2份以上）份，承包人执填写份数（一般2份以上）份。

发包人：（公章）

法定代表人或其委托代理人：
（签字）
组织机构代码：发包人在组织机构证上的代码
地址：发包人详细地址
邮政编码：发包人所在地的邮政编码
法定代表人：__________
委托代理人：__________
电话：法定或委托代表人的电话号码
传真：法定或委托代表人的传真号码
电子信箱：法定或委托代表人的email
开户银行：发包人的开户银行名称
账号：发包人的开户银行账号

承包人：（公章）

法定代表人或其委托代理人：
（签字）
组织机构代码：承包人在组织机构证上的代码
地　址：承包人详细地址
邮政编码：承包人所在地的邮政编码
法定代表人：__________
委托代理人：__________
电话：法定或委托代表人的电话号码
传真：法定或委托代表人的传真号码
电子信箱：法定或委托代表人的email
开户银行：承包人的开户银行名称
账号：承包人的开户银行账号

第二部分　通　用　条　款

此合同采用《建设工程施工合同（示范文本）》（GF—2013—0201）中《第二部分通用条款》。

第三部分　专用条款（主要部分）

1. 一般约定

1.1　词语定义

1.1.1　合同

1.1.1.10　其他合同文件包括：如没有，可以填“/”。一般会有补充条款，明确发包人与承包人双方权利、义务的洽商、变更等书面协议或纪要，工程进行过程中的有关信件、数据电文（电报、电传、传真、电子数据交换和电子邮件）等资料

1.1.2　合同当事人及其他相关方

1.1.2.4 监理人

名　　称：填写监理单位名称

资质类别和等级：根据建设行政主管部门批准的资质证书填写（如工程监理综合资质甲级）

联系电话：填写监理单位联系人电话

电子信箱：填写监理单位联系人电子信箱

通信地址：填写监理单位联系人通信地址

1.1.2.5 设计人

名　　称：填写设计单位名称

资质类别和等级：根据建设行政主管部门批准的资质证书填写（如工程设计综合资质甲级）

联系电话：填写设计单位联系人电话

电子信箱：填写设计单位联系人电子信箱

通信地址：填写设计单位联系人通信地址

1.1.3 工程和设备

1.1.3.7 作为施工现场组成部分的其他场所包括：按照招标文件的相关内容填写（如某一临时建筑）

1.1.3.9 永久占地包括：按照招标文件的相关内容填写（一般应具体描述红线位置，写出具体坐标）

1.1.3.10 临时占地包括：按照招标文件的相关内容填写（一般应具体描述红线位置，写出具体临时占地对于红线的相对位置，并写出具体坐标）

1.3 法律

适用于合同的其他规范性文件：写出法律、法规、规范的具体名称（如《中华人民共和国建筑法》、《中华人民共和国合同法》、《建设工程工程量清单计价规范》（GB 50500—2013）等现行与本合同文件有关的所有法律、法规、规章、规范）

1.4 标准和规范

1.4.1 适用于工程的标准规范包括：填写适用的现行国家有关标准、规范名称（如《地下工程防水技术规范（GB 50108—2008）》、《混凝土结构工程施工质量验收规范（GB 50204—2002）》等）

1.4.2 发包人提供国外标准、规范的名称

发包人提供国外标准、规范的份数：根据招标文件或双方约定填写图纸份数

发包人提供国外标准、规范的名称：填写国外标准、规范的名称和条款

1.4.3 发包人对工程的技术标准和功能的特殊要求：填写比技术标准要求高或者功能要求特殊的内容

1.5 合同文件的优先顺序

合同文件组成及优先顺序为：双方有关工程的洽商和变更等书面协议；本合同协议书；中标通知书；投标书及其附件等；本合同专用条款；本合同通用条款；标准、规范及有关技术文件；施工图纸；工程量清单；工程报价单或预算书

1.6 图纸和承包人文件

1.6.1　图纸的提供

发包人向承包人提供图纸的期限：填写提供图纸的时间

发包人向承包人提供图纸的数量：填写提供图纸的数量

发包人向承包人提供图纸的内容：填写提供图纸的内容（如建筑工程、结构工程等专业）

1.6.4　承包人文件

需要由承包人提供的文件，包括：填写在工程施工中，需要承包人编制与工程施工有关的文件（如施工组织设计、专项施工方案、有的还需结合具体工程情况，编制加工图、大样图等）

承包人提供的文件的期限为：填写提供文件的时间

承包人提供的文件的数量为：填写提供文件的数量

承包人提供的文件的形式为：填写内容可以是图纸、文字资料、网络图、横道图等

发包人审查承包人文件的期限：填写天数（如发包人收到承包人文件后14天内）

1.6.5　现场图纸准备

关于现场图纸准备的约定：填写现场图纸由发包人还是承包人提供，及提供份数

1.7　联络

1.7.1　发包人和承包人应当在填写天数天内将与合同有关的通知、批准、证明、证书、指示、指令、要求、请求、同意、意见、确定和决定等书面函件送达对方当事人。

1.7.2　发包人接收文件的地点：填写发包人接收文件地点（如某一办公室）

发包人指定的接收人为：填写发包人指定的接收人

承包人接收文件的地点：填写承包人接收文件地点（如某一办公室）

承包人指定的接收人为：填写承包人指定的接收人

监理人接收文件的地点：填写监理人接收文件地点（如某一办公室）

监理人指定的接收人为：填写监理人指定的接收人

1.10　交通运输

1.10.1　出入现场的权利

关于出入现场的权利的约定：填写关于道路通行条件的约定（如申请修建临时道路，一般由发包人申请，但承包人应协助解决）

1.10.3　场内交通

关于场外交通和场内交通的边界的约定：填写场外交通和场内交通的边界的约定（如以规划国土部门批准的红线为界）

关于发包人向承包人免费提供满足工程施工需要的场内道路和交通设施的约定：填写场内道路位置，有关交通设施技术参数、具体条件，如果免费提供的场内道路和交通设施不能满足施工要求时，发包人如何支付费用等

1.10.4　超大件和超重件的运输

运输超大件或超重件所需的道路和桥梁临时加固改造费用和其他有关费用由填写由发包人或承包人（一般为承包人）承担。

1.11　知识产权

1.11.1　关于发包人提供给承包人的图纸、发包人为实施工程自行编制或委托编制的

技术规范以及反映发包人关于合同要求或其他类似性质的文件的著作权的归属：填写内容要求明确著作权归发包人所有还是承包人所有

关于发包人提供的上述文件的使用限制的要求：填写时间

1.11.2　关于承包人为实施工程所编制文件的著作权的归属：填写内容要求明确著作权归发包人所有还是承包人所有

关于承包人提供的上述文件的使用限制的要求：填写限制要求（如是否可以复制，或者哪种情况下可以复制）

1.11.4　承包人在施工过程中所采用的专利、专有技术、技术秘密的使用费的承担方式：填写内容要求明确对于承包人在施工过程中采用承包人或第三方的专利、专有技术、技术秘密的使用费由发包人还是承包人承担

1.13　工程量清单错误的修正

出现工程量清单错误时，是否调整合同价格：填写可参照《建设工程工程量清单计价规范》(GB 50500—2013) 执行

允许调整合同价格的工程量偏差范围：填写可参照《建设工程工程量清单计价规范》(GB 50500—2013) 执行

2. 发包人

2.2　发包人代表

发包人代表：

姓　　名：填写发包人代表姓名

身份证号：填写发包人代表身份证号

职　　务：填写发包人代表职务

联系电话：填写发包人代表联系电话

电子信箱：填写发包人代表电子信箱

通信地址：填写发包人通信地址

发包人对发包人代表的授权范围如下：填写发包人赋予业主代表行使的职权范围（如履行隐蔽工程验收义务、工程价款洽商、索赔事项的处理等，发包人一般应委派具备相应专业能力和经验的人员担任其代表）

2.4　施工现场、施工条件和基础资料的提供

2.4.1　提供施工现场

关于发包人移交施工现场的期限要求：填写发包人移交施工现场的最迟时间

2.4.2　提供施工条件

关于发包人应负责提供施工所需要的条件，包括：填写包括施工用水、用电、交通条件、地下管线资料、邻近建筑物情况等发包人应提交给承包人的施工所需要的条件

2.5　资金来源证明及支付担保

发包人提供资金来源证明的期限要求：填写提供资金来源投资文件的时间

发包人是否提供支付担保：填写是或否（如发包人要求承包人提供履约担保，则发包人应提供支付担保）

发包人提供支付担保的形式：填写担保形式（如银行保函）

3. 承包人

3.1 承包人的一般义务

承包人提交的竣工资料的内容：填写需要提交的竣工资料的内容（如竣工验收证明书、工程竣工结算书、工程质量保修书等）

承包人需要提交的竣工资料的套数：填写套数

承包人提交的竣工资料的费用承担：填写由发包人还是承包人承担

承包人提交的竣工资料的移交时间：填写移交时间

承包人提交的竣工资料的形式要求：填写竣工资料形式（如纸质资料、电子光盘等）

承包人应履行的其他义务：填写通用条款内没有细化的其他义务

3.2 项目经理

3.2.1 项目经理：

姓　　名：填写担任本项目的项目经理姓名

身份证号：填写担任本项目的项目经理身份证号

建造师执业资格等级：填写担任本项目的项目经理建造师执业资格等级

建造师注册证书号：填写担任本项目的项目经理建造师注册证书号

建造师执业印章号：填写担任本项目的项目经理建造师执业印章号

安全生产考核合格证书号：填写担任本项目的项目经理安全生产考核合格证书号

联系电话：填写担任本项目的项目经理联系电话

电子信箱：填写担任本项目的项目经理电子信箱

通信地址：填写担任本项目的项目经理通信地址

承包人对项目经理的授权范围如下：填写项目经理在本项目的权限范围（如承包人授权项目经理在施工质量、安全、进度和成本管理等方面的权限）

关于项目经理每月在施工现场的时间要求：填写项目经理驻施工现场时间要求

承包人未提交劳动合同，以及没有为项目经理缴纳社会保险证明的违约责任：填写违约责任的承担方式（如更换项目经理、罚款、违约所导致的不利后果由承包人承担等）

项目经理未经批准，擅自离开施工现场的违约责任：填写违约责任的承担方式（如更换项目经理、罚款、违约所导致的不利后果由承包人承担等）

3.2.3 承包人擅自更换项目经理的违约责任：填写违约责任的承担方式（如罚款、违约所导致的不利后果由承包人承担等）

3.2.4 承包人无正当理由拒绝更换项目经理的违约责任：填写拒绝更换不称职项目经理违约责任的承担方式（如罚款、违约所导致的不利后果由承包人承担等）

3.3 承包人人员

3.3.1 承包人提交项目管理机构及施工现场管理人员安排报告的期限：填写提交的期限（一般承包人应在接到开工通知后7天内提交）

3.3.3 承包人无正当理由拒绝撤换主要施工管理人员的违约责任：填写拒绝更换不称职主要施工管理人员违约责任的承担方式（如罚款、违约所导致的不利后果由承包人承担等）

3.3.4 承包人主要施工管理人员离开施工现场的批准要求：填写承包人主要施工管理人员离开施工现场的批准流程、批准权限及临时代职人员

3.3.5 承包人擅自更换主要施工管理人员的违约责任：填写违约责任的承担方式

（如罚款、违约所导致的不利后果由承包人承担等）

承包人主要施工管理人员擅自离开施工现场的违约责任：填写违约责任的承担方式（如罚款、违约所导致的不利后果由承包人承担等）

3.5 分包

3.5.1 分包的一般约定

禁止分包的工程包括：填写禁止分包的工程（如工程主体结构、关键性工作及已经分包的工程等）

主体结构、关键性工作的范围：填写主体结构、关键性工作的范围（如主体混凝土结构工程）

3.5.2 分包的确定

允许分包的专业工程包括：填写允许分包的专业工程（如施工总承包工程中可以将装饰装修工程分包）

其他关于分包的约定：填写分包的约定（如拟分包的暂估价工程如何确定分包单位，是否要公开招标）

3.5.4 分包合同价款

关于分包合同价款支付的约定：填写承包人向分包人支付，如发包人向分包人直接支付，则发包人应向承包人承担的责任（或者此处约定清楚发包人直接向分包人支付合同价款，三方签署相关协议）

3.6 工程照管与成品、半成品保护

承包人负责照管工程及工程相关的材料、工程设备的起始时间：填写承包人负责照管工程及工程相关的材料、工程设备的起始时间（如不填写或填写/，就是发包人向承包人移交施工现场之日起直到颁发工程接收证书之日止，可根据具体情况调整）

3.7 履约担保

承包人是否提供履约担保：填写是或否，根据招标文件约定

承包人提供履约担保的形式、金额及期限：根据招标文件约定填写履约担保的形式、金额及期限

4. 监理人

4.1 监理人的一般规定

关于监理人的监理内容：填写监理人的监理内容（注意应与发包人与监理人之间的监理合同内容一致）

关于监理人的监理权限：填写监理人的监理权限（注意避免与发包人代表的权限范围出现交叉）

关于监理人在施工现场的办公场所、生活场所的提供和费用承担的约定：根据情况填写，如不填写或填写/则发生的费用由发包人承担

4.2 监理人员

总监理工程师：

姓　　名：填写总监理工程师姓名

职　　务：填写总监理工程师职务

监理工程师执业资格证书号：填写总监理工程师的监理工程师执业资格证书号

联系电话：填写总监理工程师联系电话

电子信箱：填写总监理工程师电子信箱

通信地址：填写总监理工程师通信地址

关于监理人的其他约定：填写监理人的其他约定（如更换总监理工程师的流程）

4.4 商定或确定

在发包人和承包人不能通过协商达成一致意见时，发包人授权监理人对以下事项进行确定：

(1) 根据项目情况填写（如质量标准的认定、索赔价款的确定等）

(2) /

(3) /

5. 工程质量

5.1 质量要求

5.1.1 特殊质量标准和要求：填写特殊质量标准和要求，主要针对国家和地区有关质量标准和要求中没有涉及或标准和要求达不到项目要求的

关于工程奖项的约定：填写工程奖项要求（如不写，就是合格）

5.3 隐蔽工程检查

5.3.2 承包人提前通知监理人隐蔽工程检查的期限的约定：填写承包人提前通知监理人隐蔽工程检查的时间（如不写，就是通用合同条款中的48小时）

监理人不能按时进行检查时，应提前如不填写或填写/，就是通用合同条款中的24小时提交书面延期要求

关于延期最长不得超过：如不填写或填写/，就是通用合同条款中的48小时

6. 安全文明施工与环境保护

6.1 安全文明施工

6.1.1 项目安全生产的达标目标及相应事项的约定：根据需要在通用合同条款相应内容基础上补充，如不填写则按照通用合同条款执行

6.1.4 关于治安保卫的特别约定：有特别约定的可填写，如不填写或填写/则按照通用合同条款执行，发包人应与当地公安部门协商，在现场建立治安管理机构或联防组织，统一管理施工现场的治安保卫事项，履行合同工程的治安保卫职责

关于编制施工场地治安管理计划的约定：如不填写或填写/则按照通用合同条款执行，发包人和承包人应在工程开工后7天内共同编制施工场地治安管理计划

6.1.5 文明施工

合同当事人对文明施工的要求：工程所在地有关行政管理部门有特殊要求的，承包人须按照其要求执行，如某些省份出台《建设工程安全文明工地标准》，在此处须填写

6.1.6 关于安全文明施工费支付比例和支付期限的约定：工程所在地有关建设行政主管部门对安全文明施工费支付比例和支付期限有特别规定的，在此处须填写

7. 工期和进度

7.1 施工组织设计

7.1.1 合同当事人约定的施工组织设计应包括的其他内容：填写通用合同条款中7.1施工组织设计部分未包含而本项目须包含的内容

7.1.2 施工组织设计的提交和修改

承包人提交详细施工组织设计的期限的约定：根据项目情况填写，如不填写或填写/则按照通用合同条款执行，承包人应在合同签订后14天内提交

发包人和监理人在收到详细的施工组织设计后确认或提出修改意见的期限：根据项目情况填写，如不填写或填写/则按照通用合同条款执行，发包人和监理人应在监理人收到施工组织设计后7天内确认或提出修改意见

7.2 施工进度计划

7.2.2 施工进度计划的修订

发包人和监理人在收到修订的施工进度计划后确认或提出修改意见的期限：根据项目情况填写，如不填写或填写/则按照通用合同条款执行，发包人和监理人应在监理人收到修订的施工进度计划后7天内确认或提出修改意见

7.3 开工

7.3.1 开工准备

关于承包人提交工程开工报审表的期限：根据项目情况填写，如不填写或填写/则按照施工组织设计约定的期限提交

关于发包人应完成的其他开工准备工作及期限：主要填写发包人应完成的各项行政审批、许可手续的时间

关于承包人应完成的其他开工准备工作及期限：填写具体施工组织中未涉及的其他开工准备工作及完成时间

7.3.2 开工通知

因发包人原因造成监理人未能在计划开工日期之日起如不填写或填写/，就是按照通用合同条款的"90"天内发出开工通知的，承包人有权提出价格调整要求，或者解除合同

7.4 测量放线

7.4.1 发包人通过监理人向承包人提供测量基准点、基准线和水准点及其书面资料的期限：根据项目情况填写，如不填写或填写/则按照通用合同条款执行，开工日期前7天

7.5 工期延误

7.5.1 因发包人原因导致工期延误

因发包人原因导致工期延误的其他情形：具体填写延误情形（如合同约定应由发包人提供的材料、设备在合同约定期限内未提供等情形）

7.5.2 因承包人原因导致工期延误

因承包人原因造成工期延误，逾期竣工违约金的计算方法为：填写具体的计算方法（如填写逾期一天罚一定金额）

因承包人原因造成工期延误，逾期竣工违约金的上限：填写逾期竣工违约金占合同价的比例或者逾期一天罚款的具体金额

7.6 不利物质条件

不利物质条件的其他情形和有关约定：填写内容可将通用合同条款该部分内容细化或填写未包含的其他情形

7.7 异常恶劣的气候条件

发包人和承包人同意以下情形视为异常恶劣的气候条件：

(1) 填写内容可将通用合同条款该部分内容细化（如可约定24小时内降水超过100mm；连续两天气温高于38℃）

(2) /

(3) /

7.9 提前竣工的奖励

7.9.2 提前竣工的奖励：填写提前竣工奖励占合同价的比例或者提前一天竣工奖励的具体金额

8. 材料与设备

8.4 材料与工程设备的保管与使用

8.4.1 发包人供应的材料设备的保管费用的承担：如不填写或填写/则认为已在工程量清单中列支（如工程量清单未列支，则应根据当地建设行政主管部门的规定，填写保管费占材料设备价的比例或者具体金额，如1%）

8.6 样品

8.6.1 样品的报送与封存

需要承包人报送样品的材料或工程设备，样品的种类、名称、规格、数量要求：填写要求承包人报送的样品诸如混凝土、钢筋、砌块、电缆、给排水管等材料的种类、规格和数量

8.8 施工设备和临时设施

8.8.1 承包人提供的施工设备和临时设施

关于修建临时设施费用承担的约定：如不填写或填写/，由承包人承担（如填写由发包人提供的临时设施的种类、规格、型号、质量等应作出明确的约定，并约定发包人不能提供应当承担的责任）

9. 试验与检验

9.1 试验设备与试验人员

9.1.2 试验设备

施工现场需要配置的试验场所：填写承包人应配置的试验场所（如混凝土试块养护间）

施工现场需要配备的试验设备：填写承包人应配置的试验设备的规格、种类、型号、数量等

施工现场需要具备的其他试验条件：填写承包人应具备的其他试验条件

9.4 现场工艺试验

现场工艺试验的有关约定：填写现场工艺试验的具体事项，约定发生这些试验的费用和工期由发包人还是承包人承担

10. 变更

10.1 变更的范围

关于变更的范围的约定：填写通用合同条款该部分没有涉及或是没有细化的内容

10.4 变更估价

10.4.1 变更估价原则

关于变更估价的约定：填写可参照《建设工程工程量清单计价规范》（GB 50500—2013）执行

10.5 承包人的合理化建议

监理人审查承包人合理化建议的期限：填写监理人收到承包人合理化建议后的审查时间；如不填写或填写/就是监理人在收到承包人合理化建议后7天内审查完毕

发包人审批承包人合理化建议的期限：填写发包人收到监理人报送的合理化建议后的审查时间；如不填写或填写/就是在收到监理人报送的合理化建议后7天内审查完毕

承包人提出的合理化建议降低了合同价格或者提高了工程经济效益的奖励方法和金额为：填写奖励的具体计算方法，包括奖励比例或者金额

10.7 暂估价

暂估价材料和工程设备的明细详见附件11：《暂估价一览表》。

10.7.1 依法必须招标的暂估价项目

对于依法必须招标的暂估价项目的确认和批准采取第填写1或2（从2种方式中选择1种）种方式确定

10.7.2 不属于依法必须招标的暂估价项目

对于不属于依法必须招标的暂估价项目的确认和批准采取第填写1或2（从2种方式中选择1种）种方式确定

第3种方式：承包人直接实施的暂估价项目

承包人直接实施的暂估价项目的约定：填写暂估价项目的合同金额，合同价款调整方法、工期计算等内容

10.8 暂列金额

合同当事人关于暂列金额使用的约定：填写暂列金额使用的有关批准流程

11. 价格调整

11.1 市场价格波动引起的调整

市场价格波动是否调整合同价格的约定：填写是或否，填否则11条款下面部分不用填写

因市场价格波动调整合同价格，采用以下第填写1或2或3种方式对合同价格进行调整：

第1种方式：采用价格指数进行价格调整。

关于各可调因子、定值和变值权重，以及基本价格指数及其来源的约定：可以填写按当地建设管理部门或其授权的造价管理部门公布的数据执行

第2种方式：采用造价信息进行价格调整。

关于基准价格的约定：可以填写采用当地某期造价信息中该项材料价格

专用合同条款①承包人在已标价工程量清单或预算书中载明的材料单价低于基准价格的：专用合同条款合同履行期间材料单价涨幅以基准价格为基础超过填写数字（如10）%时，或材料单价跌幅以已标价工程量清单或预算书中载明材料单价为基础超过填写数字（如10）%时，其超过部分据实调整。

②承包人在已标价工程量清单或预算书中载明的材料单价高于基准价格的：专用合同条款合同履行期间材料单价跌幅以基准价格为基础超过填写数字（如10）%时，材料单价

涨幅以已标价工程量清单或预算书中载明材料单价为基础超过填写数字（如 10）%时，其超过部分据实调整。

③承包人在已标价工程量清单或预算书中载明的材料单价等于基准单价的：专用合同条款合同履行期间材料单价涨跌幅以基准单价为基础超过±填写数字（如 10）%时，其超过部分据实调整。

第 3 种方式：其他价格调整方式：填写无或/，则无其他价格调整方式，如有，则写出具体调整方式

12. 合同价格、计量与支付

12.1　合同价格形式

（1）单价合同

综合单价包含的风险范围：填写应明确综合单价的风险范围，包括政策、法规和市场价格变化等风险由承包人承担的范围，不得采用无限风险、所有风险或类似语句规定风险范围

风险费用的计算方法：填写具体的计算方法

风险范围以外合同价格的调整方法：填写具体调整方法，如因市场价格波动引起的调整按第 11.1 款执行

（2）总价合同

总价包含的风险范围：填写应明确总价合同包含的风险范围，包括政策、法规和市场价格变化等风险由承包人承担的范围，不得采用无限风险、所有风险或类似语句规定风险范围

风险费用的计算方法：填写具体的计算方法

风险范围以外合同价格的调整方法：填写具体调整方法，如因市场价格波动引起的调整按第 11.1 款执行

（3）其他价格方式：填写价格方式，如成本加酬金合同

12.2　预付款

12.2.1　预付款的支付

预付款支付比例或金额：填写支付比例或金额（原则上不低于合同金额的 10%，不高于合同金额的 30%）

预付款支付期限：填写具体期限，填写/则认为是签订合同 1 个月内或不迟于约定的开工日期前 7 天

预付款扣回的方式：填写按月抵扣，或者分期抵扣

12.2.2　预付款担保

发包人提交预付款担保的期限：填写期限，填写/则认为是发包人支付预付款 7 天前

预付款担保的形式为：选择填写银行保函或担保公司担保等

12.3　计量

12.3.1　计量原则

工程量计算规则：填写具体的工程量计算规则（如《建设工程工程量清单计价规范》GB 50500—2013）

12.3.2　计量周期

关于计量周期的约定：填写计量周期，如月、季度等

12.3.3　单价合同的计量

关于单价合同计量的约定：填写承包人完成工程量的具体计量程序及方式

12.3.4　总价合同的计量

关于总价合同计量的约定：填写承包人完成工程量的具体计量程序及方式

12.3.5　总价合同采用支付分解表计量支付的，是否适用第12.3.4项〔总价合同的计量〕约定进行计量：填写是或否

12.3.6　其他价格形式合同的计量

其他价格形式的计量方式和程序：具体填写其他价格形式合同的工程量计量方式和程序

12.4　工程进度款支付

12.4.1　付款周期

关于付款周期的约定：填写付款周期，如月、季度等，一般与计量周期一致

12.4.2　进度付款申请单的编制

关于进度付款申请单编制的约定：填写通用合同条款中未规定内容，如具体申请格式、要求等；或明确通用合同条款中有关进度付款申请单中未包含的增减金额项

12.4.3　进度付款申请单的提交

(1) 单价合同进度付款申请单提交的约定：填写提交进度付款申请单时应附上的资料

(2) 总价合同进度付款申请单提交的约定：填写提交进度付款申请单时应附上的资料

(3) 其他价格形式合同进度付款申请单提交的约定：填写提交进度付款申请单时应附上的资料

12.4.4　进度款审核和支付

(1) 监理人审查并报送发包人的期限：不填写或填写/，为收到承包人进度付款申请单以及相关资料后7天内

发包人完成审批并签发进度款支付证书的期限：不填写或填写/，为收到监理人审查完的进度付款申请单以及相关资料后7天内签发

(2) 发包人支付进度款的期限：不填写或填写/，可视为按照通用合同条款执行，即在进度款支付证书或临时进度款支付证书签发后14天内完成支付

发包人逾期支付进度款的违约金的计算方式：填写按××金额/天处罚，或者工程价款的处罚比例

12.4.6　支付分解表的编制

总价合同支付分解表的编制与审批：填写总价合同按时间、工程资料等如何分解支付

单价合同的总价项目支付分解表的编制与审批：填写单价合同按工程资料、费用性质等如何分解支付

13. 验收和工程试车

13.1　分部分项工程验收

13.1.2　监理人不能按时进行验收时，应提前填写数字（一般是24的倍数，如24）小时提交书面延期要求

关于延期最长不得超过：填写数字（一般是24的倍数，如48）小时

13.2　竣工验收

13.2.2　竣工验收程序

关于竣工验收程序的约定：填写承包人竣工验收应提交的资料、竣工验收的组织、竣工验收后工程接收证书的签发等内容

发包人不按照本项约定组织竣工验收、颁发工程接收证书的违约金的计算方法：填写工程价款的处罚比例

13.2.5　移交、接收全部与部分工程

承包人向发包人移交工程的期限：填写颁发工程接收证书后多少天内，承包人完成工程移交

发包人未按本合同约定接收全部或部分工程的，违约金的计算方法为：填写按××金额/天处罚，或工程价款的处罚比例

承包人未按时移交工程的，违约金的计算方法为：填写按××金额/天处罚，或工程价款的处罚比例

13.3　工程试车

13.3.1　试车程序

工程试车内容：填写的试车内容应与承包人承包范围相一致，如承包范围不能满足特殊要求，可在此补充

单机无负荷试车费用由填写承包人或发包人（一般合同内已含，由承包人）承担；

无负荷联动试车费用由填写承包人或发包人（一般合同内已含，由承包人）承担。

13.3.3　投料试车

关于投料试车相关事项的约定：填写投料试车的费用承担、投料试车时间等事项

13.6　竣工退场

13.6.1　竣工退场

承包人完成竣工退场的期限：填写竣工退场的时间

14. 竣工结算

14.1　竣工付款申请

承包人提交竣工付款申请单的期限：填写承包人提交竣工付款申请单的时间

竣工付款申请单应包括的内容：填写包括通用合同条款中竣工付款申请单所需要提交的内容以及补充的内容

14.2　竣工结算审核

发包人审核竣工付款申请单的期限：填写发包人审核竣工付款申请单的时间

发包人完成竣工付款的期限：填写发包人完成竣工付款的时间

关于承包人收款账户的约定：填写收款账户信息，一般为合同协议书账号

14.4　最终结清

14.4.1　最终结清申请单

承包人提交最终结清申请单的份数：填写份数

承包人提交最终结算申请单的期限：填写时间

14.4.2　最终结清证书和支付

发包人完成最终结清申请单的审核并颁发最终结清证书的期限：填写颁发最终结清证

书时间及违约责任

发包人完成支付的期限：填写最终完成支付时间及违约责任

15. 缺陷责任期与保修

15.2　缺陷责任期

缺陷责任期的具体期限：填写缺陷责任期的具体期限，但最长不得超过24个月

15.3　质量保证金

关于是否扣留质量保证金的约定：填写扣留质量保证金的具体事项

15.3.1　承包人提供质量保证金的方式

质量保证金采用以下第填写3种方式中1种种方式：

(1) 质量保证金保函，保证金额为：填写金额

(2) 填写比例(一般3%～5%)%的工程款；

(3) 其他方式：填写具体约定方式

15.3.2　质量保证金的扣留

质量保证金的扣留采取以下第填写3种方式中1种，原则上采用第1种方式：

(1) 在支付工程进度款时逐次扣留，在此情形下，质量保证金的计算基数不包括预付款的支付、扣回以及价格调整的金额；

(2) 工程竣工结算时一次性扣留质量保证金；

(3) 其他扣留方式：填写具体约定方式

关于质量保证金的补充约定：填写其他通用合同条款未包含的质量保证金条款

15.4　保修

15.4.1　保修责任

工程保修期为：填写具体工程保修内容和期限，但不能低于《建设工程质量管理条例》规定的建设工程最低保修期限

15.4.3　修复通知

承包人收到保修通知并到达工程现场的合理时间：根据保修具体内容约定合理时间

16. 违约

16.1　发包人违约

16.1.1　发包人违约的情形

发包人违约的其他情形：填写通用合同条款中未包含的发包人违约的情形

16.1.2　发包人违约的责任

发包人违约责任的承担方式和计算方法：

(1) 因发包人原因未能在计划开工日期前7天内下达开工通知的违约责任：填写违约金的计算方法和支付方式

(2) 因发包人原因未能按合同约定支付合同价款的违约责任：填写违约金的计算方法和支付方式

(3) 发包人违反第10.1款〔变更的范围〕第(2)项约定，自行实施被取消的工作或转由他人实施的违约责任：填写违约金的计算方法和支付方式

(4) 发包人提供的材料、工程设备的规格、数量或质量不符合合同约定，或因发包人原因导致交货日期延误或交货地点变更等情况的违约责任：填写违约金的计算方法和支付

方式

（5）因发包人违反合同约定造成暂停施工的违约责任：填写违约金的计算方法和支付方式

（6）发包人无正当理由没有在约定期限内发出复工指示，导致承包人无法复工的违约责任：填写违约金的计算方法和支付方式

（7）其他：填写具体事项和违约金的计算方法、支付方式

16.1.3　因发包人违约解除合同

承包人按16.1.1项〔发包人违约的情形〕约定暂停施工满填写天数（如28）天后发包人仍不纠正其违约行为并致使合同目的不能实现的，承包人有权解除合同。

16.2　承包人违约

16.2.1　承包人违约的情形

承包人违约的其他情形：填写通用合同条款中未包含的承包人违约的情形

16.2.2　承包人违约的责任

承包人违约责任的承担方式和计算方法：填写工程损失和违约金金额的计算方法

16.2.3　因承包人违约解除合同

关于承包人违约解除合同的特别约定：填写工程损失和违约金金额的计算方法

发包人继续使用承包人在施工现场的材料、设备、临时工程、承包人文件和由承包人或以其名义编制的其他文件的费用承担方式：填写费用的具体计算方法和支付方式

17. 不可抗力

17.1　不可抗力的确认

除通用合同条款约定的不可抗力事件之外，视为不可抗力的其他情形：填写不可抗力具体情形（如气温高于38℃，20年一遇的大雨等）

17.4　因不可抗力解除合同

合同解除后，发包人应在商定或确定发包人应支付款项后填写天数（如28）天内完成款项的支付。

18. 保险

18.1　工程保险

关于工程保险的特别约定：填写建筑工程一切险或安装工程一切险的投保方（发包人投保，也可委托承包人投保）

18.3　其他保险

关于其他保险的约定：填写工程保险和工伤保险外的其他保险的具体约定

承包人是否应为其施工设备等办理财产保险：填写是或否，约定投保施工设备的名称、规格型号、数量等

18.7　通知义务

关于变更保险合同时的通知义务的约定：填写变更保险合同时，应得到另一方当事人同意的程序

20. 争议解决

20.3　争议评审

合同当事人是否同意将工程争议提交争议评审小组决定：填写是或否

20.3.1　争议评审小组的确定

争议评审小组成员的确定：填写1名或3名争议评审员，或者明确争议评审小组成员确定的方法

选定争议评审员的期限：填写选定争议评审员的时间（如合同签订××天内，或争议发生××天内）

争议评审小组成员的报酬承担方式：填写由发包人和承包人各承担一半（也可具体约定由哪方负责）

其他事项的约定：填写具体事项的处理方式

20.3.2　争议评审小组的决定

合同当事人关于本项的约定：填写应遵照执行

20.4　仲裁或诉讼

因合同及合同有关事项发生的争议，按下列第填写第1或2（2种方式只能选择1种）种方式解决：

(1) 向填写××（如深圳）仲裁委员会申请仲裁；

(2) 向填写××（如深圳中级）人民法院起诉。

协议书附件：承包人承揽工程项目一览表

专用合同条款附件：发包人供应材料设备一览表、工程质量保修书、主要建设工程文件目录、承包人用于本工程施工的机械设备表、承包人主要施工管理人员表、分包人主要施工管理人员表、履约担保格式、预付款担保格式、支付担保格式、暂估价一览表。

附件1：

承包人承揽工程项目一览表

单位工程名称	建设规模	建筑面积（平方米）	结构形式	层数	生产能力	设备安装内容	合同价格（元）	开工日期	竣工日期

附件2：

发包人供应材料设备一览表

序号	材料、设备品种	规格型号	单位	数量	单价（元）	质量等级	供应时间	送达地点	备注

附件3：

工程质量保修书

发包人（全称）：填写发包人名称

承包人（全称）：填写承包人名称

发包人和承包人根据《中华人民共和国建筑法》和《建设工程质量管理条例》，经协商一致就填写工程名称（工程全称）签订工程质量保修书。

一、工程质量保修范围和内容

承包人在质量保修期内，按照有关法律规定和合同约定，承担工程质量保修责任。

质量保修范围包括地基基础工程、主体结构工程、屋面防水工程、有防水要求的卫生间、房间和外墙面的防渗漏，供热与供冷系统，电气管线、给水排水管道、设备安装和装修工程，以及双方约定的其他项目。具体保修的内容，双方约定如下：

填写双方约定保修的具体内容

二、质量保修期

根据《建设工程质量管理条例》及有关规定，工程的质量保修期如下：

1. 地基基础工程和主体结构工程为设计文件规定的工程合理使用年限；
2. 屋面防水工程、有防水要求的卫生间、房间和外墙面的防渗，为伍年；
3. 装修工程为贰年；
4. 电气管线、给水排水管道、设备安装工程为贰年；
5. 供热与供冷系统为贰个采暖期、供冷期；
6. 住宅小区内的给水排水设施、道路等配套工程为贰年；
7. 其他项目保修期限约定如下：

填写双方约定的其他内容保修年限，上面序号1～6空格所填写时间为《建设工程质量管理条例》规定的工程质量最低保修期限，发包承包双方可以根据工程具体约定不低于最低保修期限的具体质量保修期限

质量保修期自工程竣工验收合格之日起计算。

三、缺陷责任期

工程缺陷责任期为填写时间（最长不超过贰拾肆）个月，缺陷责任期自工程竣工验收

合格之日起计算。单位工程先于全部工程进行验收，单位工程缺陷责任期自单位工程验收合格之日起算。

缺陷责任期终止后，发包人应退还剩余的质量保证金。

四、质量保修责任

1. 属于保修范围、内容的项目，承包人应当在接到保修通知之日起 7 天内派人保修。承包人不在约定期限内派人保修的，发包人可以委托他人修理。

2. 发生紧急事故需抢修的，承包人在接到事故通知后，应当立即到达事故现场抢修。

3. 对于涉及结构安全的质量问题，应当按照《建设工程质量管理条例》的规定，立即向当地建设行政主管部门和有关部门报告，采取安全防范措施，并由原设计人或者具有相应资质等级的设计人提出保修方案，承包人实施保修。

4. 质量保修完成后，由发包人组织验收。

五、保修费用

保修费用由造成质量缺陷的责任方承担。

六、双方约定的其他工程质量保修事项

填写双方约定的其他工程质量保修事项（如：保修金提取比例及归还时间和方式）

工程质量保修书由发包人、承包人在工程竣工验收前共同签署，作为施工合同附件，其有效期限至保修期满。

发包人（公章）：________	承包人（公章）：________
地址：________	地址：________
法定代表人（签字）：________	法定代表人（签字）：________
委托代理人（签字）：________	委托代理人（签字）：________
电话：________	电话：________
传真：________	传真：________
开户银行：________	开户银行：________
账号：________	账号：________
邮政编码：________	邮政编码：________

（上面斜体字部分与施工合同填写一致，不再重复）

附件 4：

主要建设工程文件目录

文件名称	套数	费用（元）	质量	移交时间	责任人

附件 5：

承包人用于本工程施工的机械设备表

序号	机械或设备名称	规格型号	数量	产地	制造年份	额定功率（kW）	生产能力	备注

附件 6：

承包人主要施工管理人员表

名称	姓名	职务	职称	主要资历、经验及承担过的项目
一、总部人员				
项目主管				
其他人员				
二、现场人员				
项目经理				
项目副经理				
技术负责人				
造价管理				
质量管理				
材料管理				
计划管理				
安全管理				
其他人员				

附件7：

分包人主要施工管理人员表

名称	姓名	职务	职称	主要资历、经验及承担过的项目
一、总部人员				
项目主管				
其他人员				
二、现场人员				
项目经理				
项目副经理				
技术负责人				
造价管理				
质量管理				
材料管理				
计划管理				
安全管理				
其他人员				

附件8：

履 约 担 保

填写发包人名称（发包人名称）：

鉴于填写发包人名称（发包人名称，以下简称“发包人”）与填写承包人名称（承包人名称，以下称“承包人”）于某年某月某日就填写具体工程名称（工程名称）施工及有关事项协商一致共同签订《建设工程施工合同》。我方愿意无条件地、不可撤销地就承包人履行与你方签订的合同，向你方提供连带责任担保。

1. 担保金额人民币（大写）按照招标文件的要求填写具体金额（《中华人民共和国招标投标法实施条例》规定，履约保证金不得超过中标合同金额的10%）元（￥填写小写金额）。

2. 担保有效期自你方与承包人签订的合同生效之日起至你方签发或应签发工程接收证书之日止。

3. 在本担保有效期内，因承包人违反合同约定的义务给你方造成经济损失时，我方在收到你方以书面形式提出的在担保金额内的赔偿要求后，在7天内无条件支付。

4. 你方和承包人按合同约定变更合同时，我方承担本担保规定的义务不变。

5. 因本保函发生的纠纷，可由双方协商解决，协商不成的，任何一方均可提请仲裁委员会仲裁。

6. 本保函自我方法定代表人（或其授权代理人）签字并加盖公章之日起生效。

担 保 人：填写银行或者担保公司（盖单位章）

法定代表人或其委托代理人：银行或者担保公司法定代表人或其委托代理人签章（签字）

地　　址：填写银行或者担保公司地址

邮政编码：填写银行或者担保公司邮政编码

电　　话：填写银行或者担保公司电话

传　　真：填写银行或者担保公司传真

某年某月某日

附件9：

预付款担保

填写发包人名称（发包人名称）：

根据填写承包人名称（承包人名称）（以下称“承包人”）与填写发包人名称（发包人名称）（以下简称“发包人”）于某年某月某日签订的填写工程名称（工程名称）《建设工程施工合同》，承包人按约定的金额向你方提交一份预付款担保，即有权得到你方支付相等金额的预付款。我方愿意就你方提供给承包人的预付款为承包人提供连带责任担保。

1. 担保金额人民币（大写）填写担保金额（与招标文件规定的预付款金额一致）元（¥填写小写金额）。

2. 担保有效期自预付款支付给承包人起生效，至你方签发的进度款支付证书说明已完全扣清止。

3. 在本保函有效期内，因承包人违反合同约定的义务而要求收回预付款时，我方在收到你方的书面通知后，在7天内无条件支付。但本保函的担保金额，在任何时候不应超过预付款金额减去你方按合同约定在向承包人签发的进度款支付证书中扣除的金额。

4. 你方和承包人按合同约定变更合同时，我方承担本保函规定的义务不变。

5. 因本保函发生的纠纷，可由双方协商解决，协商不成的，任何一方均可提请填写××（如深圳）仲裁委员会仲裁。

6. 本保函自我方法定代表人（或其授权代理人）签字并加盖公章之日起生效。

担 保 人：填写银行或者担保公司（盖单位章）

法定代表人或其委托代理人：银行或者担保公司法定代表人或其委托代理人签章（签字）

地　　址：填写银行或者担保公司地址

邮政编码：填写银行或者担保公司邮政编码

电　　话：填写银行或者担保公司电话

传　　真：填写银行或者担保公司传真

某年某月某日

附件10：

支 付 担 保

填写承包人名称（承包人）：

鉴于你方作为承包人已经与填写发包人名称（发包人名称）（以下称“发包人”）于某年某月某日签订了填写工程名称（工程名称）《建设工程施工合同》（以下称“主合同”），应发包人的申请，我方愿就发包人履行主合同约定的工程款支付义务以保证的方式向你方提供如下担保：

一、保证的范围及保证金额

1. 我方的保证范围是主合同约定的工程款。

2. 本保函所称主合同约定的工程款是指主合同约定的除工程质量保证金以外的合同价款。

3. 我方保证的金额是主合同约定的工程款的填写保证比例（按主合同约定填写）%，数额最高不超过人民币元（大写：填写大写金额）。

二、保证的方式及保证期间

1. 我方保证的方式为：连带责任保证。

2. 我方保证的期间为：自本合同生效之日起至主合同约定的工程款支付完毕之日后填写数字日内。

3. 你方与发包人协议变更工程款支付日期的，经我方书面同意后，保证期间按照变更后的支付日期做相应调整。

三、承担保证责任的形式

我方承担保证责任的形式是代为支付。发包人未按主合同约定向你方支付工程款的，由我方在保证金额内代为支付。

四、代偿的安排

1. 你方要求我方承担保证责任的，应向我方发出书面索赔通知及发包人未支付主合同约定工程款的证明材料。索赔通知应写明要求索赔的金额，支付款项应到达的账号。

2. 在出现你方与发包人因工程质量发生争议，发包人拒绝向你方支付工程款的情形时，你方要求我方履行保证责任代为支付的，需提供符合相应条件要求的工程质量检测机构出具的质量说明材料。

3. 我方收到你方的书面索赔通知及相应的证明材料后7天内无条件支付。

五、保证责任的解除

1. 在本保函承诺的保证期间内，你方未书面向我方主张保证责任的，自保证期间届满次日起，我方保证责任解除。

2. 发包人按主合同约定履行了工程款的全部支付义务的，自本保函承诺的保证期间届满次日起，我方保证责任解除。

3. 我方按照本保函向你方履行保证责任所支付金额达到本保函保证金额时，自我方向你方支付（支付款项从我方账户划出）之日起，保证责任即解除。

4. 按照法律法规的规定或出现应解除我方保证责任的其他情形的，我方在本保函项下的保证责任亦解除。

5. 我方解除保证责任后，你方应自我方保证责任解除之日起填写数字个工作日内，将本保函原件返还我方。

六、免责条款

1. 因你方违约致使发包人不能履行义务的，我方不承担保证责任。

2. 依照法律法规的规定或你方与发包人的另行约定，免除发包人部分或全部义务的，我方亦免除其相应的保证责任。

3. 你方与发包人协议变更主合同的，如加重发包人责任致使我方保证责任加重的，需征得我方书面同意，否则我方不再承担因此而加重部分的保证责任，但主合同第10条〔变更〕约定的变更不受本款限制。

4. 因不可抗力造成发包人不能履行义务的，我方不承担保证责任。

七、争议解决

因本保函或本保函相关事项发生的纠纷，可由双方协商解决，协商不成的，按下列第填写（1）或（2）（2种方式中选择1）种方式解决：

（1）向填写××（如深圳）仲裁委员会申请仲裁；

（2）向填写××（如深圳中级）人民法院起诉。

八、保函的生效

本保函自我方法定代表人（或其授权代理人）签字并加盖公章之日起生效。

担 保 人：填写银行或者担保公司（盖单位章）

法定代表人或其委托代理人：银行或者担保公司法定代表人或其委托代理人签章（签字）

地　　址：填写银行或者担保公司地址

邮政编码：填写银行或者担保公司邮政编码

电　　话：填写银行或者担保公司电话

传　　真：填写银行或者担保公司传真

某年某月某日

附件11-1：

材料暂估价表

序号	名　称	单位	数量	单价（元）	合价（元）	备　注

附件11-2：

工程设备暂估价表

序号	名　称	单位	数量	单价（元）	合价（元）	备　注

附件 11-3：

专业工程暂估价表

序号	名　称	单位	数量	单价（元）	合价（元）	备　注

4.2 施工合同双方的责任与权利

4.2.1 承包人的责任与权利

对承包人而言，施工进度、施工质量及工程价款的控制是施工项目管理的重点，而施工质量需要与施工安全一起考虑，因此将从施工进度、施工质量、施工安全及工程价款角度分析合同管理中承包方的责任与权利。

1. 施工进度

施工进度控制的主要目的是为整个项目顺利按期完工，从而促进合同当事人按照合同约定完成各自工作。发包人应按时做好准备工作，如按时提供现场、图纸；承包人应按照施工组织设计组织施工，在合同工期内完工。2013 版施工合同进度控制的条款内容主要围绕施工准备、施工和竣工验收三个阶段展开。

（1）施工准备阶段的进度控制条款

施工准备阶段的工作对整个项目的开工日期有着至关重要的影响，对于整个项目的进度也有着直接的影响，这个阶段的工作包括发承包双方约定合同工期，承包人提交施工组织设计和进度计划，发包人提供已完成三通一平的工地、提供图纸，延期开工的处理等。

1）合同工期

施工合同工期，是指合同协议书中规定的建设工程从计划开工日期起到计划竣工日期止所经历的总日历天数。在合同协议书中，需要填写计划开工日期、计划竣工日期及工期总日历天数。工期总日历天数与根据前述计划开竣工日期计算的工期天数不一致的，以工期总日历天数为准。根据《建设工程安全生产管理条例》规定，建设单位不得压缩合同工期。合同当事人双方应在开工日期前做好一切开工的准备工作。

【例 4-1】 发包人蓝天地产集团有限公司（蓝天公司）与承包人白云建筑安装工程有限公司（白云公司）采用 2013 版施工合同示范文本签订了合同。在合同协议书中按照以下内容填写：

计划开工日期：2013 年1 月1 日。

计划竣工日期：2013 年12 月31 日。

工期总日历天数：360 天。

问题：在实际合同履行中，蓝天公司认为合同工期为 360 日历天，白云公司认为施工单位每个月一般按照 30 天计算施工天数，合同中约定的工期总日历天数 360 天，就应该是 12 个月，也就是从 2013 年 1 月 1 日至 2013 年 12 月 31 日，问合同工期应为多少天？

分析：按照 2013 版《建设工程施工合同（示范文本）》规定，工期总日历天数与计划开竣工日期计算的工期天数不一致的，以工期总日历天数为准。则此处应认为合同工期是 360 天，而不是按照 2013 年 1 月 1 日至 2013 年 12 月 31 日计算的 365 天。

2）施工组织设计

根据《建设施工组织设计规范》GB 50502—2009 规定，施工组织设计是指以施工项目为对象编制的，用以指导施工的技术、经济和管理的综合性文件。在 2013 版施工合同中，合同当事人可以在专用合同条款中根据项目情况自行约定是否将施工组织设计纳入合同文件组成部分。

①施工组织设计内容

A. 施工方案；

B. 施工现场平面布置图；

C. 施工进度计划和保证措施；

D. 劳动力及材料供应计划；

E. 施工机械设备的选用；

F. 质量保证体系及措施；

G. 安全生产、文明施工措施；

H. 环境保护、成本控制措施；

I. 合同当事人约定的其他内容。

发包人对工程的施工组织设计有特别要求的，应当在招标文件或专用合同条款中予以明确，承包人在编制施工组织设计时应将发包人的要求考虑进去。按照《建设工程安全生产管理条例》（国务院令第 393 号）第 26 条规定：施工单位应当在施工组织设计中编制安全技术措施和施工现场临时用电方案，对下列达到一定规模的危险性较大的分部分项工程编制专项施工方案，并附具安全验算结果，经施工单位技术负责人、总监理工程师签字后实施，由专职安全生产管理人员进行现场监督：基坑支护与降水工程；土方开挖工程；模板工程；起重吊装工程；脚手架工程；拆除、爆破工程；国务院建设行政主管部门或者其他有关部门规定的其他危险性较大的工程。对于上述规定的工程中涉及深基坑、地下暗挖工程、高大模板工程的专项施工方案，施工单位还应组织专家进行论证、审查。

②专项方案

A. 工程概况：危险性较大的分部分项工程概况、施工平面布置、施工要求和技术保证条件；

B. 编制依据：相关法律、法规、规范性文件、标准、规格及图纸（国标图集）、施工组织设计等；

C. 施工计划：包括施工进度计划、材料与设备计划；

D. 施工工艺技术：技术参数、工艺流程、施工方法、检查验收等；

E. 施工安全保证措施：组织保障、技术措施、应急预案、监测监控等；

F. 劳动力计划：专职安全生产管理人员、特种作业人员等；

G. 计算书及相关图纸。

危险性较大分部分项工程的专项施工技术方案的论证工作由总承包单位组织，按照《危险性较大的分部分项工程安全管理办法》［建质（2009）87 号文］中规定聘请至少五位相关行业专家参与方案评审论证，建设单位、监理单位、分包单位（牵涉到影响结构的设计计算时设计单位亦参加）等参加论证会，建设单位、监理单位应在论证会上对方案及专家论证意见提供建议和评审意见。

③施工组织设计的提交和修改

在专用合同条款中对于承包人提交详细施工组织设计的期限，发、承包双方应明确约定。如在专用合同条款部分无约定，承包人应在合同签订后 14 天内，但至迟不得晚于开工通知载明的开工日期前 7 天，向监理人提交详细的施工组织设计，并由监理人报送发包人。

承包人向监理人提交的详细施工组织设计，应是在签订合同后，承包人根据工程在投标截止日前 28 天（直接发包工程为合同签订前 28 天）到合同签订这段时间出现的对工程建设有影响的实际情况变化（如材料价格上涨、遇百年不遇洪水等），针对这些变化而对投标时的施工组织设计进行必要的修改和深化后的更符合工程实际的施工组织设计版本。

在专用合同条款中对于发包人和监理人在收到详细的施工组织设计后确认或提出修改意见的期限，发承包双方应明确约定。除专用合同条款另有约定外，发包人和监理人应在监理人收到施工组织设计后 7 天内确认或提出修改意见。对发包人和监理人提出的合理意见和要求，承包人应自费修改完善。根据工程实际情况需要修改施工组织设计的，承包人应向发包人和监理人提交修改后的施工组织设计。

3）施工进度计划

①施工进度计划的编制

承包人应按照合同中关于施工组织设计的约定提交详细的施工进度计划，施工进度计划的编制应当符合国家法律规定和一般工程实践惯例，施工进度计划经发包人批准后实施。施工进度计划是控制工程进度的依据，发包人和监理人有权按照施工进度计划检查工程进度情况。发包人不能任意压缩合理工期，合理工期可以参照当地建设行政主管部门（一般是委托各地建设工程造价站）或有关专业机构编制的工期定额来确定。

②施工进度计划的修订

施工进度计划不符合合同要求或与工程的实际进度不一致的，承包人应向监理人提交修订的施工进度计划，并附具有关措施和相关资料，由监理人报送发包人。除专用合同条款另有约定外，发包人和监理人应在收到修订的施工进度计划后 7 天内完成审核和批准或提出修改意见。

发包人和监理人对承包人提交的施工进度计划的确认，不能减轻或免除承包人根据法律规定和合同约定应承担的任何责任或义务。此处的含义是，发包人和监理人认可承包人按照该施工计划施工，但不能减轻或免除承包人因为按照该施工进度施工，所导致的工期延误、工程质量不过关等责任。

【例 4-2】 发包人蓝天公司通过公开招标，将某办公楼发包给承包人白云公司。在施工合同履行过程中，白云公司管理混乱，在负责采购的王某离职后，未及时采购钢筋，导致在施工进度关键线路上的二层钢筋制安工程晚开工 5 天。为赶上原计划施工进度，白云公司提交了新的符合实际情况的施工进度计划，蓝天公司和监理人经过审核，确认按照新施工进度计划施工，但最终白云公司仍比合同工期晚完工 2 天。

分析：虽然蓝天公司和监理人对承包人白云公司提交的施工进度计划进行了确认，但不能减轻或免除白云公司根据法律规定和合同约定应承担的任何责任或义务，由于白云公司自身原因造成的工期延误，蓝天公司可追究白云公司工期延误2天的责任。

4）开工

①开工准备

在专用合同条款中对于承包人提交开工报审表的期限，发、承包双方应明确约定。如专用合同条款无约定，承包人应按照施工组织设计约定的期限，向监理人提交工程开工报审表，经监理人报发包人批准后执行。开工报审表应详细说明按施工进度计划正常施工所需的施工道路、临时设施、材料、工程设备、施工设备、施工人员等落实情况以及工程的进度安排。除专用合同条款另有约定外，合同当事人应按约定完成开工准备工作。

合同当事人在开工准备工作阶段应注意两点：

一是发包人应积极落实开工所需的准备工作，尤其是获得开工所需的各项行政审批和许可手续，如办理施工许可证，避免因工程建设手续的缺陷影响工程合法性。

二是承包人在合同签订后应积极开展各项开工准备工作，签订材料、工程设备、周转材料等的采购合同，确定劳动力、材料、机械的进场安排，避免因准备不足影响正常开工。

②开工通知

发包人应按照法律规定获得工程施工所需的许可。经发包人同意后，监理人发出的开工通知应符合法律规定。监理人应在计划开工日期7天前向承包人发出开工通知，工期自开工通知中载明的开工日期起算。除专用合同条款另有约定外，因发包人原因造成监理人未能在计划开工日期之日起90天内发出开工通知的，承包人有权提出价格调整要求，或者解除合同。发包人应当承担由此增加的费用和（或）延误的工期，并向承包人支付合理利润。

因发包人违反合同约定不能如期开工达到90天以上，对于该种违约造成的损失，合同当事人有约定时从约定，无约定则执行《合同法》规定的损害赔偿原则。通常应包括实际损失和预期利益。实际损失可以包括承包人由于不能按照计划开工日期开工而产生的费用，包括前期投入、人员窝工、机械费用、材料积压、现场管理投入等方面；预期利益则按照《合同法》的规定，应当是合同当事人在订立合同时可以预见的合同正常履行后获得的利益。对于施工合同而言，投标报价或预算书中如果已经标明项目的利润率或取费，则可以按照该投标时或预算报价时费率计取。如果在投标文件或预算书中没有相关的费率表明其预期收益，可以参照社会平均水平的利润率进行计算。但不应超过发包人订立合同预见到或应当预见到的因违反合同可能造成的损失。

5）测量放线

除专用合同条款另有约定外，发包人应在至迟不得晚于开工通知载明的开工日期前7天通过监理人向承包人提供测量基准点、基准线和水准点及其书面资料。发包人应对其提供的测量基准点、基准线和水准点及其书面资料的真实性、准确性和完整性负责。

承包人发现发包人提供的测量基准点、基准线和水准点及其书面资料存在错误或疏漏的，应及时通知监理人。监理人应及时报告发包人，并会同发包人和承包人予以核实。发包人应就如何处理和是否继续施工作出决定，并通知监理人和承包人。

承包人负责施工过程中的全部施工测量放线工作，并配置具有相应资质的人员、合格的仪器、设备和其他物品。承包人应矫正工程的位置、标高、尺寸或准线中出现的任何差错，并对工程各部分的定位负责。施工过程中对施工现场内水准点等测量标志物的保护工作由承包人负责。

对于发包人提供的测量基准点、基准线和水准点存在错误，承包人应当发现而未发现或虽然发现但没有及时指出的，承包人也应承担相应责任，合同当事人可在专用合同条款中对此进行具体约定。

(2) 施工阶段的进度控制条款

1) 工期延误

①因发包人原因导致工期延误

在合同履行过程中，因下列情况导致工期延误和（或）费用增加的，由发包人承担由此延误的工期和（或）增加的费用，且发包人应支付承包人合理的利润：

A. 发包人未能按合同约定提供图纸或所提供图纸不符合合同约定的；

B. 发包人未能按合同约定提供施工现场、施工条件、基础资料、许可、批准等开工条件的；

C. 发包人提供的测量基准点、基准线和水准点及其书面资料存在错误或疏漏的；

D. 发包人未能在计划开工日期之日起 7 天内同意下达开工通知的；

E. 发包人未能按合同约定日期支付工程预付款、进度款或竣工结算款的；

F. 监理人未按合同约定发出指示、批准等文件的；

G. 专用合同条款中约定的其他情形。

因发包人原因未按计划开工日期开工的，发包人应按实际开工日期顺延竣工日期，确保实际工期不低于合同约定的工期总日历天数。因发包人原因导致工期延误需要修订施工进度计划的，按照合同中施工进度计划的修订条款约定执行。

②因承包人原因导致工期延误

因承包人原因造成工期延误的，可以在专用合同条款中约定逾期竣工违约金的计算方法和逾期竣工违约金的上限。承包人支付逾期竣工违约金后，不免除承包人继续完成工程及修补缺陷的义务。

2) 不利物质条件

不利物质条件是指有经验的承包人在施工现场遇到的不可预见的自然物质条件、非自然的物质障碍和污染物，包括地表以下物质条件和水文条件以及专用合同条款约定的其他情形，如遇到地质勘探资料中未提到的溶洞、孤石等情形，但不包括气候条件。

承包人遇到不利物质条件时，应采取克服不利物质条件的合理措施继续施工，并及时通知发包人和监理人。通知应载明不利物质条件的内容以及承包人认为不可预见的理由。监理人经发包人同意后应当及时发出指示，指示构成变更的，按 2013 版施工合同变更条款约定执行。承包人因采取合理措施而增加的费用和（或）延误的工期由发包人承担，但发包人无需支付承包人的利润。

另外，当不利物质条件发生时，承包人具有以下义务：一是采取合理措施继续施工，若承包人未履行减损义务，则无权就损失扩大部分获得补偿；二是及时通知监理人和发包人，并在通知中明确描述不利物质条件的内容，以及其无法预见的理由，若发包人采纳承包人意见，则监理人发出合同变更指令，若发包人不认可承包人意见的，则按照合同中的争议解决条款约定处理。

3）异常恶劣的气候条件

异常恶劣的气候条件是指在施工过程中遇到的，有经验的承包人在签订合同时不可预见的，对合同履行造成实质性影响的，但尚未构成不可抗力事件的恶劣气候条件，如连续两天气温高于 38℃。合同当事人可以在专用合同条款中约定异常恶劣的气候条件的具体情形。

承包人应采取克服异常恶劣的气候条件的合理措施继续施工，并及时通知发包人和监理人。监理人经发包人同意后应当及时发出指示，指示构成变更的，按 2013 版施工合同变更条款约定办理。承包人因采取合理措施而增加的费用和（或）延误的工期由发包人承担，但发包人无需支付承包人的利润。

如异常恶劣的气候条件发生于因承包人的原因引起工期延误之后，承包人无权要求发包人赔偿其工期及费用损失。因为若承包人未延误工期，则合同的履行不可能遭遇异常恶劣的气候条件影响。

另外，当异常恶劣的气候条件时，承包人具有以下义务：一是采取合理措施继续施工，若承包人未履行减损义务，则无权就损失扩大部分获得补偿；二是及时通知监理人和发包人，并在通知中明确描述异常恶劣的气候条件或异常恶劣的气候条件的内容，以及其无法预见的理由，若发包人采纳承包人意见，则监理人发出合同变更指令，若发包人不认可承包人意见的，则按照合同中的争议解决条款约定处理。

4）暂停施工

①发包人原因引起的暂停施工

因发包人原因引起暂停施工的，监理人经发包人同意后，应及时下达暂停施工指示。情况紧急且监理人未及时下达暂停施工指示的，按照合同中紧急情况下的暂停施工条款约定执行。

2013 版施工合同赋予了承包人可以先行暂停施工的权利，然后再行通知监理人。监理人在接到通知 24 小时内未发出指示的，视为同意承包人暂停施工，由发包人承担工期延误的损失并支付由此增加的费用；监理人在 24 小时内发出不同意停工的指示，且承包人不同意的，合同当事人可按照争议解决条款处理。

因发包人原因引起的暂停施工，发包人应承担由此增加的费用和（或）延误的工期，并支付承包人合理的利润。

②承包人原因引起的暂停施工

因承包人原因引起的暂停施工，承包人应承担由此增加的费用和（或）延误的工期，且承包人在收到监理人复工指示后 84 天内仍未复工的，视为 2013 版施工合同中承包人违约的情形中第（7）目（承包人明确表示或者以其行为表明不履行合同主要义务的）约定的承包人无法继续履行合同的情形。如果合同当事人认为 84 天的时间过长或过短，可就此期限在专用合同条款中做出其他特别约定。

③ 指示暂停施工

监理人认为有必要时，并经发包人批准后，可向承包人作出暂停施工的指示，承包人应按监理人指示暂停施工。

④紧急情况下的暂停施工

因紧急情况需暂停施工，且监理人未及时下达暂停施工指示的，承包人可先暂停施工，并及时通知监理人。监理人应在接到通知后 24 小时内发出指示，逾期未发出指示，视为同意承包人暂停施工。监理人不同意承包人暂停施工的，应说明理由，承包人对监理人的答复有异议，按照争议解决条款约定处理。

⑤暂停施工后的复工

暂停施工后，发包人和承包人应采取有效措施积极消除暂停施工的影响。在工程复工前，监理人会同发包人和承包人确定因暂停施工造成的损失，并确定工程复工条件。当工程具备复工条件时，监理人应经发包人批准后向承包人发出复工通知，承包人应按照复工通知要求复工。

承包人无故拖延和拒绝复工的，承包人承担由此增加的费用和（或）延误的工期；因发包人原因无法按时复工的，按照合同中因发包人原因导致工期延误条款约定办理。

⑥暂停施工持续 56 天以上

监理人发出暂停施工指示后 56 天内未向承包人发出复工通知，除该项停工属于合同中承包人原因引起的暂停施工条款及不可抗力条款约定的情形外，承包人可向发包人提交书面通知，要求发包人在收到书面通知后 28 天内准许已暂停施工的部分或全部工程继续施工。发包人逾期不予批准的，则承包人可以通知发包人，将工程受影响的部分视为变更的范围条款中第（2）项的可取消工作内容。

暂停施工持续 84 天以上不复工的，且不属于合同中承包人原因引起的暂停施工及不可抗力条款约定的情形，并影响到整个工程以及合同目的实现的，承包人有权提出价格调整要求，或者解除合同。解除合同的，按照因发包人违约解除合同条款约定执行。

⑦ 暂停施工期间的工程照管

暂停施工期间，承包人应负责妥善照管工程并提供安全保障，由此增加的费用由责任方承担。

⑧暂停施工的措施

暂停施工期间，发包人和承包人均应采取必要的措施确保工程质量及安全，防止因暂停施工扩大损失。

（3）竣工验收阶段的进度控制条款

1）按期竣工

工期是指在合同协议书约定的承包人完成工程所需的期限，包括按照合同约定所作的期限变更，工期变更调整后的工期总日历天数为判断承包人是否按期竣工的依据。承包人必须按照合同约定的工期竣工，工程如不能按期竣工，承包人应当承担违约责任。

2）提前竣工

发包人要求承包人提前竣工的，发包人应通过监理人向承包人下达提前竣工指示，承包人应向发包人和监理人提交提前竣工建议书，提前竣工建议书应包括实施的方案、缩短的时间、增加的合同价格等内容。发包人接受该提前竣工建议书的，监理人应与发包人和承包人协商采取加快工程进度的措施，并修订施工进度计划，由此增加的费用由发包人承担。承包人认为提前竣工指示无法执行的，应向监理人和发包人提出书面异议，发包人和监理人应在收到异议后 7 天内予以答复。任何情况下，发包人不得压缩合理工期。

发包人要求承包人提前竣工，或承包人提出提前竣工的建议能够给发包人带来效益的，合同当事人可以在专用合同条款中约定提前竣工的奖励，如每提前一天完工奖励 1

万元。

3）竣工验收程序

除专用合同条款另有约定外，承包人申请竣工验收的，应当按照以下程序进行：

①承包人向监理人报送竣工验收申请报告，监理人应在收到竣工验收申请报告后 14 天内完成审查并报送发包人。监理人审查后认为尚不具备验收条件的，应通知承包人在竣工验收前承包人还需完成的工作内容，承包人应在完成监理人通知的全部工作内容后，再次提交竣工验收申请报告。

②监理人审查后认为已具备竣工验收条件的，应将竣工验收申请报告提交发包人，发包人应在收到经监理人审核的竣工验收申请报告后 28 天内审核完毕并组织监理人、承包人、设计人等相关单位完成竣工验收。

③竣工验收合格的，发包人应在验收合格后 14 天内向承包人签发工程接收证书。发包人无正当理由逾期不颁发工程接收证书的，自验收合格后第 15 天起视为已颁发工程接收证书。

④竣工验收不合格的，监理人应按照验收意见发出指示，要求承包人对不合格工程返工、修复或采取其他补救措施，由此增加的费用和（或）延误的工期由承包人承担。承包人在完成不合格工程的返工、修复或采取其他补救措施后，应重新提交竣工验收申请报告，并按本项约定的程序重新进行验收。

⑤工程未经验收或验收不合格，发包人擅自使用的，应在转移占有工程后 7 天内向承包人颁发工程接收证书；发包人无正当理由逾期不颁发工程接收证书的，自转移占有后第 15 天起视为已颁发工程接收证书。

除专用合同条款另有约定外，发包人不按照本项约定组织竣工验收、颁发工程接收证书的，每逾期一天，应以签约合同价为基数，按照中国人民银行发布的同期同类贷款基准利率支付违约金。

4）竣工日期

按照 2013 版施工合同通用合同条款规定，工程经竣工验收合格的，以承包人提交竣工验收申请报告之日为实际竣工日期，并在工程接收证书中载明；因发包人原因，未在监理人收到承包人提交的竣工验收申请报告 42 天内完成验收并签发工程接收证书的，以提交竣工验收申请报告的日期为实际竣工日期；工程未经竣工验收，发包人擅自使用的，以转移占有工程之日为实际竣工日期。

最高人民法院《关于审理建设工程施工合同纠纷案件适用法律问题的解释》第十四条规定：当事人对建设工程实际竣工日期有争议的，建设工程经竣工验收合格的，以竣工验收合格之日为竣工日期，2013 版施工合同通用条款与此规定矛盾，因此在合同签订过程中，为了防止以后发生争议，有必要在专用合同条款部分对竣工日期再次做出明确界定。

5）拒绝接收全部或部分工程

对于竣工验收不合格的工程，承包人完成整改后，应当重新进行竣工验收，经重新组织验收仍不合格的且无法采取措施补救的，则发包人可以拒绝接收不合格工程，因不合格工程导致其他工程不能正常使用的，承包人应采取措施确保相关工程的正常使用，由此增加的费用和（或）延误的工期由承包人承担。

6）移交、接收全部与部分工程

除专用合同条款另有约定外，合同当事人应当在颁发工程接收证书后 7 天内完成工程的移交。

发包人无正当理由不接收工程的，发包人自应当接收工程之日起，承担工程照管、成品保护、保管等与工程有关的各项费用，合同当事人可以在专用合同条款中另行约定发包人逾期接收工程的违约责任。

承包人无正当理由不移交工程的，承包人应承担工程照管、成品保护、保管等与工程有关的各项费用，合同当事人可以在专用合同条款中另行约定承包人无正当理由不移交工程的违约责任。

7）提前交付单位工程

发包人要求在工程竣工前交付单位工程，由此导致承包人费用增加和（或）工期延误的，由发包人承担由此增加的费用和（或）延误的工期，并支付承包人合理的利润。

8）甩项竣工

甩项竣工为工程合同施工内容并未全部完成，但发包人需要使用已完工程，且不影响已完工程具备单位工程使用功能，发包人要求承包人先完成部分工程并进行结算。发包人要求甩项竣工的，合同当事人应当就甩项工作产生的影响进行分析，并就工作范围、工期、造价等协商，签订甩项竣工协议。

9）试车责任

因设计原因导致试车达不到验收要求，发包人应要求设计人修改设计，承包人按修改后的设计重新安装。发包人承担修改设计、拆除及重新安装的全部费用，工期相应顺延。因承包人原因导致试车达不到验收要求，承包人按监理人要求重新安装和试车，并承担重新安装和试车的费用，工期不予顺延。

因工程设备制造原因导致试车达不到验收要求的，由采购该工程设备的合同当事人负责重新购置或修理，承包人负责拆除和重新安装，由此增加的修理、重新购置、拆除及重新安装的费用及延误的工期由采购该工程设备的合同当事人承担。

2. 工程质量

工程质量是指在国家现行的有关法律、法规、技术标准、设计文件和合同中，对工程的安全、适用、经济、环保、美观等特性的综合要求。由于工程质量是综合要求，所以需要做到各个方面工作都不能出现疏忽和差错，否则有可能导致整个工程达不到预期质量目标。工程质量的控制条款可分为工程验收、材料与设备、试验与检验、质量保修四个方面。

（1）工程验收的质量控制条款

1）质量要求

工程质量标准必须符合现行国家有关工程施工质量验收规范和标准的要求，这是国家的强制性规定。如《建设工程施工质量验收统一标准》、《建筑装饰装修工程质量验收规范》，统一了建筑工程质量的验收方法、质量标准和程序，规定了建筑工程各专业工程施工验收规范编制的统一准则和单位工程验收质量标准内容和程序。合同当事人在专用合同条款中约定有关工程质量的特殊标准或要求，如对于省市优质工程、鲁班奖工程的约定等，虽然合同当事人可以在专用合同条款中约定工程质量的特殊标准或要求，但上述约定的标准或要求不应低于国家标准中的强制性标准。

因发包人原因造成工程质量未达到合同约定标准的，由发包人承担由此增加的费用和（或）延误的工期，并支付承包人合理的利润。《最高人民法院关于审理建设工程施工合同纠纷案件适用法律问题的解释》第12条规定，发包人具有下列情形之一，造成建设工程质量缺陷，应当承担过错责任：提供的设计有缺陷；提供或者指定购买的建筑材料、建筑构配件、设备不符合强制性标准；直接指定分包人分包专业工程。承包人有过错的，也应承担相应的过错责任。

因承包人原因造成工程质量未达到合同约定标准的，发包人有权要求承包人返工直至工程质量达到合同约定的标准为止，并由承包人承担由此增加的费用和（或）延误的工期。由于承包人原因造成工程质量未达到合同约定标准的情形主要包括：承包人偷工减料、未按照工程设计图纸或者施工技术标准施工、使用不合格的建筑材料、建筑构配件和设备，承包人不具备相应施工资质，转包、违法分包、挂靠等经营行为不规范，因资金、技术、管理不到位造成工程质量未能达到标准等。

承包人承担工程质量责任期间不仅包括施工期间以及竣工验收前，还应延伸到缺陷责任期和质量保修期，在缺陷责任期和质量保修期内因承包人原因产生的工程质量缺陷修复的费用也应该由承包人承担。

2）质量保证措施

①发包人的质量管理

发包人应按照法律规定及合同约定完成与工程质量有关的各项工作。

②承包人的质量管理

承包人按照合同施工组织设计条款的约定向发包人和监理人提交工程质量保证体系及措施文件，建立完善的质量检查制度，并提交相应的工程质量文件。对于发包人和监理人违反法律规定和合同约定的错误指示，承包人有权拒绝实施，同时承包人可以基于其专业判断提出合理化建议。发包人或监理人拒不改正“错误指示”，影响到后续施工的，承包人有权暂停施工。如果承包人明知发包人或监理人指示错误而不予拒绝的，导致工程质量不符合约定的，承包人应就其不作为承担相应的过错责任。但承包人不能通过滥用此项权利来对抗发包人或监理人的正确指示，如承包人滥用拒绝权影响工程进度和工程正常施工的，承包人应承担违约责任。

承包人应对施工人员进行质量教育和技术培训，定期考核施工人员的劳动技能，严格执行施工规范和操作规程。未经教育培训或者考核不合格的人员，不能上岗作业。从事特种作业的劳动者必须按照《劳动法》和《建筑施工特种作业人员管理规定》经过专门培训并取得特种作业资格。特殊工种的人员一般是指：电工作业人员；金属焊接、切割作业人员；起重机械安装拆卸、司机等作业人员；高处作业吊篮安装拆卸人员；登高架设作业人员；锅炉、压力容器作业（含水质化验）人员；爆破作业人员；矿山通风、排水作业人员；矿山安全检查作业人员；危险物品作业人员等。

承包人应按照法律规定和发包人的要求，对材料、工程设备以及工程的所有部位及其施工工艺进行全过程的质量检查和检验，并作详细记录，编制工程质量报表，报送监理人审查。此外，承包人还应按照法律规定和发包人的要求，进行施工现场取样试验、工程复核测量和设备性能检测，提供试验样品、提交试验报告和测量成果以及其他工作。《建设工程质量管理条例》第31条规定，施工人员对涉及结构安全的试块、试件以及有关材料，应当在建设单位或者工程监理单位监督下现场取样，并送具有相应资质等级的质量检测单位进行检测。

③监理人的质量检查和检验

监理人按照法律规定和发包人授权，对工程的所有部位及其施工工艺、材料和工程设备进行检查和检验。按照《建设工程质量管理条例》第 38 条规定，监理工程师应当按照工程监理规范的要求，采取旁站、巡视和平行检验等形式，对建设工程实施监理。

承包人应为监理人的检查和检验提供方便，包括监理人到施工现场，或制造、加工地点，或合同约定的其他地方进行察看和查阅施工原始记录。监理人为此进行的检查和检验，不免除或减轻承包人按照合同约定应当承担的责任。

监理人的检查和检验不应影响施工正常进行。监理人的检查和检验影响施工正常进行的，且经检查检验不合格的，影响正常施工的费用由承包人承担，工期不予顺延；经检查检验合格的，由此增加的费用和（或）延误的工期由发包人承担。

3）隐蔽工程检查

①承包人自检

承包人应当对工程隐蔽部位进行自检，并经自检确认是否具备覆盖条件。

②检查程序

除专用合同条款另有约定外，工程隐蔽部位经承包人自检确认具备覆盖条件的，承包人应在共同检查前 48 小时书面通知监理人检查，通知中应载明隐蔽检查的内容、时间和地点，并应附有自检记录和必要的检查资料。

监理人应按时到场并对隐蔽工程及其施工工艺、材料和工程设备进行检查。经监理人检查确认质量符合隐蔽要求，并在验收记录上签字后，承包人才能进行覆盖。经监理人检查质量不合格的，承包人应在监理人指示的时间内完成修复，并由监理人重新检查，由此增加的费用和（或）延误的工期由承包人承担。

除专用合同条款另有约定外，监理人不能按时进行检查的，应在检查前 24 小时向承包人提交书面延期要求，但延期不能超过 48 小时，由此导致工期延误的，工期应予以顺延。监理人未按时进行检查，也未提出延期要求的，视为隐蔽工程检查合格，承包人可自行完成覆盖工作，并作相应记录报送监理人，监理人应签字确认。监理人事后对检查记录有疑问的，可按合同中重新检查条款的约定重新检查。

③重新检查

承包人覆盖工程隐蔽部位后，发包人或监理人对质量有疑问的，可要求承包人对已覆盖的部位进行钻孔探测或揭开重新检查，承包人应遵照执行，并在检查后重新覆盖恢复原状。经检查证明工程质量符合合同要求的，由发包人承担由此增加的费用和（或）延误的工期，并支付承包人合理的利润；经检查证明工程质量不符合合同要求的，由此增加的费用和（或）延误的工期由承包人承担。

④承包人私自覆盖

承包人未通知监理人到场检查，私自将工程隐蔽部位覆盖的，监理人有权指示承包人钻孔探测或揭开检查，无论工程隐蔽部位质量是否合格，由此增加的费用和（或）延误的工期均由承包人承担。

4）不合格工程的处理

①因承包人原因造成工程不合格的，发包人有权随时要求承包人采取补救措施，直至达到合同要求的质量标准，由此增加的费用和（或）延误的工期由承包人承担。无法补救的，按照合同中的拒绝接收全部或部分工程条款的约定执行。

②因发包人原因造成工程不合格的，由此增加的费用和（或）延误的工期由发包人承担，并支付承包人合理的利润。

5）质量争议检测

合同当事人对工程质量有争议的，由双方协商确定的工程质量检测机构鉴定，由此产生的费用及因此造成的损失，由责任方承担。合同当事人均有责任的，由双方根据其责任分别承担。双方当事人无法达成一致确定质量检测机构或者双方对于鉴定结果确定责任划分存在分歧时，2013 版施工合同启动了商定或确定机制，即由总监理工程师会同合同当事人尽量协商达成一致，不能达成一致的，按照总监理工程师的确定执行。若对总监理工程师的确定有异议的，则应按照争议解决条款处理。

（2）材料与设备的质量控制条款

1）发包人供应材料与工程设备

发包人自行供应材料、工程设备的，应在签订合同时在专用合同条款的附件《发包人供应材料设备一览表》中明确材料、工程设备的品种、规格、型号、数量、单价、质量等级和送达地点。

承包人应提前 30 天通过监理人以书面形式通知发包人供应材料与工程设备进场。承包人按照合同中施工进度计划的修订条款的约定修订施工进度计划时，需同时提交经修订后的发包人供应材料与工程设备的进场计划。

2）承包人采购材料与工程设备

承包人负责采购材料、工程设备的，应按照设计和有关标准要求采购，并提供产品合格证明及出厂证明，对材料、工程设备质量负责。合同约定由承包人采购的材料、工程设备，发包人不得指定生产厂家或供应商，发包人违反本款约定指定生产厂家或供应商的，承包人有权拒绝，并由发包人承担由此增加的费用和（或）延误的工期。

3）材料与工程设备的接收与拒收

①发包人应按《发包人供应材料设备一览表》约定的内容提供材料和工程设备，并向承包人提供产品合格证明及出厂证明，对其质量负责。发包人应提前 24 小时以书面形式通知承包人、监理人材料和工程设备到货时间，承包人负责材料和工程设备的清点、检验和接收。如承包人未经检验或检验方式方法不符合合同约定或虽经检验存在问题仍然使用的，承包人应对由此造成的质量、安全风险承担相应责任。

发包人提供的材料和工程设备的规格、数量或质量不符合合同约定的，或因发包人原因导致交货日期延误或交货地点变更等情况的，按照合同中发包人违约条款的约定办理。

②承包人采购的材料和工程设备，应保证产品质量合格，承包人应在材料和工程设备到货前 24 小时通知监理人检验。承包人进行永久设备、材料的制造和生产的，应符合相关质量标准，并向监理人提交材料的样本以及有关资料，并应在使用该材料或工程设备之前获得监理人同意。

承包人采购的材料和工程设备不符合设计或有关标准要求时，承包人应在监理人要求的合理期限内将不符合设计或有关标准要求的材料、工程设备运出施工现场，并重新采购符合要求的材料、工程设备，由此增加的费用和（或）延误的工期，由承包人承担。

4）材料与工程设备的保管与使用

①发包人供应材料与工程设备的保管与使用

发包人供应的材料和工程设备，承包人清点后由承包人妥善保管，保管费用由发包人承担，但已标价工程量清单或预算书已经列支或专用合同条款另有约定除外。因承包人原因发生丢失毁损的，由承包人负责赔偿；监理人未通知承包人清点的，承包人不负责材料和工程设备的保管，由此导致丢失毁损的由发包人负责。

发包人供应的材料和工程设备使用前，由承包人负责检验，检验费用由发包人承担，不合格的不得使用。

②承包人采购材料与工程设备的保管与使用

承包人采购的材料和工程设备由承包人妥善保管，保管费用由承包人承担。法律规定材料和工程设备使用前必须进行检验或试验的，承包人应按监理人的要求进行检验或试验，检验或试验费用由承包人承担，不合格的不得使用。

发包人或监理人发现承包人使用不符合设计或有关标准要求的材料和工程设备时，有权要求承包人进行修复、拆除或重新采购，由此增加的费用和（或）延误的工期，由承包人承担。

5）禁止使用不合格的材料和工程设备

①监理人有权拒绝承包人提供的不合格材料或工程设备，并要求承包人立即进行更换。监理人应在更换后再次进行检查和检验，由此增加的费用和（或）延误的工期由承包人承担。

②监理人发现承包人使用了不合格的材料和工程设备，承包人应按照监理人的指示立即改正，并禁止在工程中继续使用不合格的材料和工程设备。

③发包人提供的材料或工程设备不符合合同要求的，承包人有权拒绝，并可要求发包人更换，由此增加的费用和（或）延误的工期由发包人承担，并支付承包人合理的利润。

6）样品

①样品的报送与封存

需要承包人报送样品的材料或工程设备，样品的种类、名称、规格、数量等要求均应在专用合同条款中约定。样品的报送程序如下：

承包人应在计划采购前 28 天向监理人报送样品。承包人报送的样品均应来自供应材料的实际生产地，且提供的样品的规格、数量足以表明材料或工程设备的质量、型号、颜色、表面处理、质地、误差和其他要求的特征。

承包人每次报送样品时应随附申报单，申报单应载明报送样品的相关数据和资料，并标明每件样品对应的图纸号，预留监理人批复意见栏。监理人应在收到承包人报送的样品后 7 天向承包人回复经发包人签认的样品审批意见。

经发包人和监理人审批确认的样品应按约定的方法封样，封存的样品作为检验工程相关部分的标准之一。承包人在施工过程中不得使用与样品不符的材料或工程设备。

发包人和监理人对样品的审批确认仅为确认相关材料或工程设备的特征或用途，不得被理解为对合同的修改或改变，也并不减轻或免除承包人任何的责任和义务。如果封存的样品修改或改变了合同约定，合同当事人应当以书面协议予以确认。

②样品的保管

经批准的样品应由监理人负责封存于现场，承包人应在现场为保存样品提供适当和固定的场所并保持适当和良好的存储环境条件。

7）材料与工程设备的替代

①出现下列情况需要使用替代材料和工程设备的，承包人应按照合同约定的程序执行：

基准日期后生效的法律规定禁止使用的；

发包人要求使用替代品的；

因其他原因必须使用替代品的。

②承包人应在使用替代材料和工程设备 28 天前书面通知监理人，并附下列文件：

被替代的材料和工程设备的名称、数量、规格、型号、品牌、性能、价格及其他相关资料；

替代品的名称、数量、规格、型号、品牌、性能、价格及其他相关资料；

替代品与被替代产品之间的差异以及使用替代品可能对工程产生的影响；

替代品与被替代产品的价格差异；

使用替代品的理由和原因说明；

监理人要求的其他文件。

监理人应在收到通知后 14 天内向承包人发出经发包人签字确认的书面指示；监理人逾期发出书面指示的，视为发包人和监理人同意使用替代品。

③发包人认可使用替代材料和工程设备的，替代材料和工程设备的价格，按照已标价工程量清单或预算书相同项目的价格认定；无相同项目的，参考相似项目价格认定；既无相同项目也无相似项目的，按照合理的成本与利润构成的原则，由合同当事人按照合同中商定或确定条款的约定确定价格。

8）施工设备和临时设施

①承包人提供的施工设备和临时设施

承包人应按合同进度计划的要求，及时配置施工设备和修建临时设施。进入施工场地的承包人设备需经监理人核查后才能投入使用。承包人更换合同约定的承包人设备的，应报监理人批准。

除专用合同条款另有约定外，承包人应自行承担修建临时设施的费用，需要临时占地的，应由发包人办理申请手续并承担相应费用。

②发包人提供的施工设备和临时设施

发包人提供的施工设备和临时设施在专用合同条款中约定。

③要求承包人增加或更换施工设备

承包人使用的施工设备不能满足合同进度计划和（或）质量要求时，监理人有权要求承包人增加或更换施工设备，承包人应及时增加或更换，由此增加的费用和（或）延误的工期由承包人承担。

9）材料与设备专用要求

承包人运入施工现场的材料、工程设备、施工设备以及在施工场地建设的临时设施，包括备品备件、安装工具与材料，必须专用于工程。未经发包人批准，承包人不得运出施工现场或挪用；经发包人批准，承包人可以根据施工进度计划撤走闲置的施工设备和其他物品。

（3）试验与检验的质量控制条款

1）试验设备与试验人员

①承包人根据合同约定或监理人指示进行的现场材料试验，应由承包人提供试验场所、试验人员、试验设备以及其他必要的试验条件。监理人在必要时可以使用承包人提供的试验场所、试验设备以及其他试验条件，进行以工程质量检查为目的的材料复核试验，承包人应予以协助。

②承包人应按专用合同条款的约定提供试验设备、取样装置、试验场所和试验条件，并向监理人提交相应进场计划表。

承包人配置的试验设备要符合相应试验规程的要求并经过具有资质的检测单位检测，且在正式使用该试验设备前，需要经过监理人与承包人共同校定。

③承包人应向监理人提交试验人员的名单及其岗位、资格等证明资料，试验人员必须能够熟练进行相应的检测试验，承包人对试验人员的试验程序和试验结果的正确性负责。

2）取样

试验属于自检性质的，承包人可以单独取样。试验属于监理人抽检性质的，可由监理人取样，也可由承包人的试验人员在监理人的监督下取样。按照《房屋建筑工程和市政基础设施工程实行见证取样和送检的规定》第8条规定，在施工过程中，见证人员应按照见证取样和送检计划，对施工现场的取样和送检进行见证，取样人员应在试样或其包装上做出标识、封志。标识和封志应标明工程名称、取样部位、取样日期、样品名称和样品数量，并由见证人员和取样人员签字。见证人员应制作见证记录，并将见证记录归入施工技术档案。见证人员和取样人员应对试样的代表性和真实性负责。见证取样检测的检测报告中应注明见证人单位及姓名。

3）材料、工程设备和工程的试验和检验

①承包人应按合同约定进行材料、工程设备和工程的试验和检验，并为监理人对上述材料、工程设备和工程的质量检查提供必要的试验资料和原始记录。按合同约定应由监理人与承包人共同进行试验和检验的，由承包人负责提供必要的试验资料和原始记录。

②试验属于自检性质的，承包人可以单独进行试验。试验属于监理人抽检性质的，监理人可以单独进行试验，也可由承包人与监理人共同进行。承包人对由监理人单独进行的试验结果有异议的，可以申请重新共同进行试验。约定共同进行试验的，监理人未按照约定参加试验的，承包人可自行试验，并将试验结果报送监理人，监理人应承认该试验结果。

③监理人对承包人的试验和检验结果有异议的，或为查清承包人试验和检验成果的可靠性，要求承包人重新试验和检验的，可由监理人与承包人共同进行。重新试验和检验的结果证明该项材料、工程设备或工程的质量不符合合同要求的，由此增加的费用和（或）延误的工期由承包人承担；重新试验和检验结果证明该项材料、工程设备和工程符合合同要求的，由此增加的费用和（或）延误的工期由发包人承担。

4）现场工艺试验

承包人应按合同约定或监理人指示进行现场工艺试验。对大型的现场工艺试验，监理人认为必要时，承包人应根据监理人提出的工艺试验要求，编制工艺试验措施计划，报送监理人审查。

（4）工程保修的质量控制条款

1）工程保修的原则

在工程移交发包人后，因承包人原因产生的质量缺陷，承包人应承担质量缺陷责任和保修义务。缺陷责任期届满，承包人仍应按合同约定的工程各部位保修年限承担保修义务。

2）缺陷责任期

①缺陷责任期是指承包人按照合同约定承担缺陷修复义务，且发包人预留质量保证金的期限，自工程实际竣工日期起计算。合同当事人应在专用合同条款约定缺陷责任期的具体期限，但该期限最长不超过 24 个月。

单位工程先于全部工程进行验收，经验收合格并交付使用的，该单位工程缺陷责任期自单位工程验收合格之日起算。因发包人原因导致工程无法按合同约定期限进行竣工验收的，缺陷责任期自承包人提交竣工验收申请报告之日起开始计算；发包人未经竣工验收擅自使用工程的，缺陷责任期自工程转移占有之日起开始计算。

②工程竣工验收合格后，因承包人原因导致的缺陷或损坏致使工程或某项主要设备不能按原定目的使用的，则发包人有权要求承包人延长缺陷责任期，并应在原缺陷责任期届满前发出延长通知，但缺陷责任期最长不能超过 24 个月。

③任何一项缺陷或损坏修复后，经检查证明其影响了工程或工程设备的使用性能，承包人应重新进行合同约定的试验和试运行，试验和试运行的全部费用应由责任方承担。

④除专用合同条款另有约定外，承包人应于缺陷责任期届满后 7 天内向发包人发出缺陷责任期届满通知，发包人应在收到缺陷责任期满通知后 14 天内核实承包人是否履行缺陷修复义务，承包人未能履行缺陷修复义务的，发包人有权扣除相应金额的维修费用。发包人应在收到缺陷责任期届满通知后 14 天内，向承包人颁发缺陷责任期终止证书。

3）保修

①保修责任

工程保修期从工程竣工验收合格之日起算，具体分部分项工程的保修期由合同当事人在专用合同条款中约定，但不得低于法定最低保修年限。在工程保修期内，承包人应当根据有关法律规定以及合同约定承担保修责任。发包人未经竣工验收擅自使用工程的，保修期自转移占有之日起算。《建设工程质量管理条例》第 40 条规定，在正常使用条件下，建设工程的最低保修期限为：

A. 基础设施工程、房屋建筑的地基基础工程和主体结构工程，为设计文件规定的该工程的合理使用年限；

B. 屋面防水工程、有防水要求的卫生间、房间和外墙面的防渗漏，为 5 年；

C. 供热与供冷系统，为 2 个采暖期、供冷期；

D. 电气管线、给水排水管道、设备安装和装修工程，为 2 年；

E. 其他项目的保修期限由发包方与承包方约定。

②修复费用

保修期内，修复的费用按照以下约定处理：

A. 保修期内，因承包人原因造成工程的缺陷、损坏，承包人应负责修复，并承担修复的费用以及因工程的缺陷、损坏造成的人身伤害和财产损失；

B. 保修期内，因发包人使用不当造成工程的缺陷、损坏，可以委托承包人修复，但发包人应承担修复的费用，并支付承包人合理利润；

C. 因其他原因造成工程的缺陷、损坏，可以委托承包人修复，发包人应承担修复的费用，并支付承包人合理的利润，因工程的缺陷、损坏造成的人身伤害和财产损失由责任方承担。

③修复通知

在保修期内，发包人在使用过程中，发现已接收的工程存在缺陷或损坏的，应书面通知承包人予以修复，但情况紧急必须立即修复缺陷或损坏的，发包人可以口头通知承包人并在口头通知后48小时内书面确认，承包人应在专用合同条款约定的合理期限内到达工程现场并修复缺陷或损坏。

④未能修复

因承包人原因造成工程的缺陷或损坏，承包人拒绝维修或未能在合理期限内修复缺陷或损坏，且经发包人书面催告后仍未修复的，发包人有权自行修复或委托第三方修复，所需费用由承包人承担。但修复范围超出缺陷或损坏范围的，超出范围部分的修复费用由发包人承担。

⑤承包人出入权

在保修期内，为了修复缺陷或损坏，承包人有权出入工程现场，除情况紧急必须立即修复缺陷或损坏外，承包人应提前24小时通知发包人进场修复的时间。承包人进入工程现场前应获得发包人同意，且不应影响发包人正常的生产经营，并应遵守发包人有关保安和保密等规定。

3. 施工安全与环境保护

（1）安全文明施工

1）安全生产要求

合同履行期间，合同当事人均应当遵守国家和工程所在地有关安全生产的要求，合同当事人有特别要求的，应在专用合同条款中明确施工项目安全生产标准化达标目标及相应事项。承包人有权拒绝发包人及监理人强令承包人违章作业、冒险施工的任何指示。

在施工过程中，如遇到突发的地质变动、事先未知的地下施工障碍等影响施工安全的紧急情况，承包人应及时报告监理人和发包人，发包人应当及时下令停工并报政府有关行政管理部门采取应急措施。因安全生产需要暂停施工的，按照合同中暂停施工条款的约定执行。

2）安全生产保证措施

承包人应当按照有关规定编制安全技术措施或者专项施工方案，建立安全生产责任制度、治安保卫制度及安全生产教育培训制度。承包人应履行的安全保证义务有，开工前做好安全技术交底工作，施工过程中做好各项安全防护措施。施工项目经理应当取得相应执业资格证书，并对建设工程项目的安全施工负责，落实安全生产责任制度、安全生产规章制度和操作规程，确保安全生产措施费用的专款专用，并根据工程的特点组织制定专项安全施工措施，消除安全事故隐患，及时如实报告生产安全事故。

承包人应按安全生产法律规定及合同约定履行安全职责，如实编制工程安全生产的有关记录，有义务接受发包人、监理人和政府管理部门对其安全技术措施或者专项施工方案是否符合工程建设强制性标准的监督检查。经检查发现安全生产隐患的，承包人应按照发包人、监理人或政府主管部门的要求进行整改并承担整改费用。如果承包人拒绝整改，发包人可以要求承包人暂停施工，由此造成的费用增加和工期延误由承包人承担。

3）特别安全生产事项

承包人应按照法律规定进行施工，开工前做好安全技术交底工作，施工过程中做好各项安全防护措施。承包人为实施合同而雇用的特殊工种的人员应受过专门的培训并已取得政府有关管理机构颁发的上岗证书。按照《建设工程安全生产管理条例规定》，垂直运输机械作业人员、安装拆卸工、爆破作业人员、起重信号工、登高架设作业人员等特种作业人员，必须按照国家有关规定经过专门的安全作业培训，并取得特种作业操作资格证书后，方可上岗作业。

承包人在动力设备、输电线路、地下管道、密封防震车间、易燃易爆地段以及临街交通要道附近施工时，施工开始前应向发包人和监理人提出安全防护措施，经发包人认可后实施。实施爆破作业，在放射、毒害性环境中施工（含储存、运输、使用）及使用毒害性、腐蚀性物品施工时，承包人应在施工前7天以书面通知发包人和监理人，并报送相应的安全防护措施，经发包人认可后实施。

需单独编制危险性较大分部分项专项工程施工方案的，及要求进行专家论证的超过一定规模的危险性较大的分部分项工程，承包人应及时编制和组织论证，不需专家论证的专项方案，经施工单位审核合格后报监理单位，由项目总监理工程师审核签字。

4）治安保卫

除专用合同条款另有约定外，发包人应与当地公安部门协商，在现场建立治安管理机构或联防组织，统一管理施工场地的治安保卫事项，履行合同工程的治安保卫职责。

发包人和承包人除应协助现场治安管理机构或联防组织维护施工场地的社会治安外，还应做好包括生活区在内的各自管辖区的治安保卫工作。

除专用合同条款另有约定外，发包人和承包人应在工程开工后7天内共同编制施工场地治安管理计划，并制定应对突发治安事件的紧急预案。在工程施工过程中，发生暴乱、爆炸等恐怖事件，以及群殴、械斗等群体性突发治安事件的，发包人和承包人应立即向当地政府报告。发包人和承包人应积极协助当地有关部门采取措施平息事态，防止事态扩大，尽量避免人员伤亡和财产损失。

5）文明施工

承包人在工程施工期间，应当采取措施保持施工现场平整，物料堆放整齐。工程所在地有关政府行政管理部门有特殊要求的，例如福建省、河北省和海南省均出台了《建设工程安全文明工地标准》，应按照当地要求执行。合同当事人对文明施工有其他要求的，可以在专用合同条款中明确。

在工程移交之前，承包人应当从施工现场清除承包人的全部工程设备、多余材料、垃圾和各种临时工程，并保持施工现场清洁整齐。经发包人书面同意，承包人可在发包人指定的地点保留承包人履行保修期内的各项义务所需要的材料、施工设备和临时工程。

6）安全文明施工费

安全文明施工费由发包人承担，发包人不得以任何形式扣减该部分费用；对于经过招标投标程序的，投标人不得在安全施工措施费方面予以竞争；因基准日期后合同所适用的法律或政府有关规定发生变化，增加的安全文明施工费由发包人承担。

承包人经发包人同意采取合同约定以外的安全措施所产生的费用，由发包人承担。未经发包人同意的，如果该措施避免了发包人的损失，则发包人在避免损失的额度内承担该措施费。如果该措施避免了承包人的损失，由承包人承担该措施费。

除专用合同条款另有约定外，发包人应在开工后 28 天内预付安全文明施工费总额的 50%，其余部分与进度款同期支付。发包人逾期支付安全文明施工费超过 7 天的，承包人有权向发包人发出要求预付的催告通知，发包人收到通知后 7 天内仍未支付的，承包人有权暂停施工，并按合同中发包人违约的情形条款约定的执行。

承包人对安全文明施工费应专款专用，承包人应在财务账目中单独列项备查，不得挪用，否则发包人有权责令其限期改正；逾期未改正的，可以责令其暂停施工，由此增加的费用和（或）延误的工期由承包人承担。

7）紧急情况处理

在工程实施期间或缺陷责任期内发生危及工程安全的事件，监理人通知承包人进行抢救，承包人声明无能力或不愿立即执行的，发包人有权雇佣其他人员进行抢救。此类抢救按合同约定属于承包人义务的，由此增加的费用和（或）延误的工期由承包人承担。

8）事故处理

工程施工过程中发生事故的，承包人应立即通知监理人，监理人应立即通知发包人。发包人和承包人应立即组织人员和设备进行紧急抢救和抢修，减少人员伤亡和财产损失，防止事故扩大，并保护事故现场。需要移动现场物品时，应作出标记和书面记录，妥善保管有关证据。发包人和承包人应按国家有关规定，及时如实地向有关部门报告事故发生的情况，以及正在采取的紧急措施等。

9）安全生产责任

①发包人的安全责任

发包人应负责赔偿以下各种情况造成的损失：

A. 工程或工程的任何部分对土地的占用所造成的第三者财产损失；

B. 由于发包人原因在施工场地及其毗邻地带造成的第三者人身伤亡和财产损失；

C. 由于发包人原因对承包人、监理人造成的人员人身伤亡和财产损失；

D. 由于发包人原因造成的发包人自身人员的人身伤害以及财产损失。

②承包人的安全责任

由于承包人原因在施工场地内及其毗邻地带造成的发包人、监理人以及第三者人员伤亡和财产损失，由承包人负责赔偿。

（2）职业健康

1）劳动保护

承包人应按照法律规定保障劳动者的休息时间，并支付合理的报酬和费用。承包人应依法为所雇用的人员办理必要的证件、许可、保险和注册等，承包人应督促其分包人为分包人所雇用的人员办理必要的证件、许可、保险和注册等。根据《中华人民共和国社会保险法》和《工伤保险条例》的规定，如果用人单位未给劳动者缴纳工伤保险，劳动者发生工伤时，由用人单位承担本应由工伤保险基金负担的工伤保险待遇。

承包人应按照法律规定保障现场施工人员的劳动安全，提供劳动保护，并应按国家有关劳动保护的规定，采取有效的防止粉尘、降低噪声、控制有害气体和保障高温、高寒、高空作业安全等劳动保护措施。承包人雇佣人员在施工中受到伤害的，承包人应立即采取有效措施进行抢救和治疗。

承包人应按法律规定安排工作时间，保证其雇佣人员享有休息和休假的权利。《中华人民共和国劳动法》第 38 条规定，用人单位应当保证劳动者每周至少休息一日。因工程施工的特殊需要占用休假日或延长工作时间的，应不超过法律规定的限度，并按法律规定给予补休或付酬。《中华人民共和国劳动法》第 41 条规定，用人单位由于生产经营需要，经与工会和劳动者协商后可以延长工作时间，一般每日不得超过一小时；因特殊原因需要延长工作时间的，在保障劳动者身体健康的条件下延长工作时间每日不得超过三小时，但是每月不得超过三十六小时。

2）生活条件

承包人应为雇用的人员提供必要的膳宿条件和生活环境；承包人应采取有效措施预防传染病，保证施工人员的健康，并定期对施工现场、施工人员生活基地和工程进行防疫和卫生的专业检查和处理，在远离城镇的施工场地，还应配备必要的伤病防治和急救的医务人员与医疗设施。

3）环境保护

承包人应在施工组织设计中列明环境保护的具体措施。在合同履行期间，承包人应采取合理措施保护施工现场环境。对施工作业过程中可能引起的大气、水、噪音以及固体废物污染采取具体可行的防范措施。

承包人应当承担因其原因引起的环境污染侵权损害赔偿责任，因上述环境污染引起纠纷而导致暂停施工的，由此增加的费用和（或）延误的工期由承包人承担。

4. 工程价款

（1）价格调整

1）市场价格波动引起的调整

除专用合同条款另有约定外，市场价格波动超过合同当事人约定的范围，合同价格应当调整。合同当事人可以在专用合同条款中约定选择以下一种方式对合同价格进行调整：

第 1 种方式：采用价格指数进行价格调整

①价格调整公式

因人工、材料和设备等价格波动影响合同价格时，根据专用合同条款中约定的数据，按以下公式计算差额并调整合同价格：

$$\Delta P = P_0\left[A + \left(B_1 \times \frac{F_{t1}}{F_{01}} + B_2 \times \frac{F_{t2}}{F_{02}} + B_3 \times \frac{F_{t3}}{F_{03}} + \cdots\cdots + B_n \times \frac{F_{tn}}{F_{0n}}\right) - 1\right] \quad (4\text{-}1)$$

式中　ΔP——需调整的价格差额；

P_0——约定的付款证书中承包人应得到的已完成工程量的金额，此项金额应不包括价格调整、不计质量保证金的扣留和支付、预付款的支付和扣回，约定的变更及其他金额已按现行价格计价的，也不计在内；

A——定值权重（即不调部分的权重）；

B_1、B_2、B_3……B_n——各可调因子的变值权重（即可调部分的权重），为各可调因子在签约合同价中所占的比例；

F_{t1}、F_{t2}、F_{t3}……F_{tn}——各可调因子的现行价格指数，指约定的付款证书相关周期最后一天的前 42 天的各可调因子的价格指数；

F_{01}、F_{02}、F_{03}……F_{0n}——各可调因子的基本价格指数，指基准日期的各可调因子的价格指数。

以上价格调整公式中的各可调因子、定值和变值权重，以及基本价格指数及其来源在投标函附录价格指数和权重表中约定，非招标订立的合同，由合同当事人在专用合同条款中约定。价格指数应首先采用工程造价管理机构发布的价格指数，无前述价格指数时，可采用工程造价管理机构发布的价格代替。

②暂时确定调整差额

在计算调整差额时无现行价格指数的，合同当事人同意暂用前次价格指数计算。实际价格指数有调整的，合同当事人进行相应调整。

③权重的调整

因变更导致合同约定的权重不合理时，按照合同中商定或确定条款约定执行。

④因承包人原因工期延误后的价格调整

因承包人原因未按期竣工的，对合同约定的竣工日期后继续施工的工程，在使用价格调整公式时，应采用计划竣工日期与实际竣工日期的两个价格指数中较低的一个作为现行价格指数。

第 2 种方式：采用造价信息进行价格调整

合同履行期间，因人工、材料、工程设备和机械台班价格波动影响合同价格时，人工、机械使用费按照国家或省、自治区、直辖市建设行政管理部门、行业建设管理部门或其授权的工程造价管理机构发布的人工、机械使用费系数进行调整；需要进行价格调整的材料，其单价和采购数量应由发包人审批，发包人确认需调整的材料单价及数量，作为调整合同价格的依据。

①人工单价发生变化且符合省级或行业建设主管部门发布的人工费调整规定，合同当事人应按省级或行业建设主管部门或其授权的工程造价管理机构发布的人工费等文件调整合同价格，但承包人对人工费或人工单价的报价高于发布价格的除外。

②材料、工程设备价格变化的价款调整按照发包人提供的基准价格，按以下风险范围规定执行：

A. 承包人在已标价工程量清单或预算书中载明材料单价低于基准价格的，除专用合同条款另有约定外，合同履行期间材料单价涨幅以基准价格为基础超过 5%时，或材料单价跌幅以在已标价工程量清单或预算书中载明材料单价为基础超过 5%时，其超过部分据实调整。

B. 承包人在已标价工程量清单或预算书中载明材料单价高于基准价格的：除专用合同条款另有约定外，合同履行期间材料单价跌幅以基准价格为基础超过 5%时，材料单价涨幅以在已标价工程量清单或预算书中载明材料单价为基础超过 5%时，其超过部分据实调整。

C. 承包人在已标价工程量清单或预算书中载明材料单价等于基准价格的，除专用合同条款另有约定外，合同履行期间材料单价涨跌幅以基准价格为基础超过±5%时，其超过部分据实调整。

D. 承包人应在采购材料前将采购数量和新的材料单价报发包人核对，发包人确认用于工程时，发包人应确认采购材料的数量和单价。发包人在收到承包人报送的确认资料后 5 天内不予答复的视为认可，作为调整合同价格的依据。未经发包人事先核对，承包人自行采购材料的，发包人有权不予调整合同价格。发包人同意的，可以调整合同价格。

前述基准价格是指由发包人在招标文件或专用合同条款中给定的材料、工程设备的价格，该价格原则上应当按照省级或行业建设主管部门或其授权的工程造价管理机构发布的信息价编制。

③施工机械台班单价或施工机械使用费发生变化超过省级或行业建设主管部门或其授权的工程造价管理机构规定的范围时，按规定调整合同价格。

第 3 种方式：专用合同条款约定的其他方式

因法律变化引起的调整，基准日期后，法律变化导致承包人在合同履行过程中所需要的费用发生除合同中市场价格波动引起的调整条款约定以外的增加时，由发包人承担由此增加的费用；减少时，应从合同价格中予以扣减。基准日期后，因法律变化造成工期延误时，工期应予以顺延。

因法律变化引起的合同价格和工期调整，合同当事人无法达成一致的，由总监理工程师按合同中商定或确定条款约定处理。因承包人原因造成工期延误，在工期延误期间出现法律变化的，由此增加的费用和（或）延误的工期由承包人承担。

（2）预付款

1）预付款的支付

FIDIC 合同条件认为工程预付款从性质上是发包人提供给承包人启动工作的无息贷款。《标准施工招标文件》明确预付款是用于承包人为合同工程施工购置材料、工程设备、施工设备、修建临时设施以及组织施工队伍进场。《建设工程结算暂行办法》中规定在合同条款中发承包双方应就预付工程款的数额、支付时限和抵扣方式进行约定。在此强调了工程预付款的抵扣，也就是发包人支付给承包人的预付款仅仅是提供给承包人的无息借款。

预付款的支付按照专用合同条款约定执行，但至迟应在开工通知载明的开工日期 7 天前支付。按照《建设工程价款结算暂行办法》第 12 条规定，包工包料工程的预付款按合同约定拨付，原则上预付比例不低于合同金额的 10%，不高于合同金额的 30%，对重大工程项目，按年度工程计划逐年预付。预付款应当用于材料、工程设备、施工设备的采购及修建临时工程、组织施工队伍进场等。预付款的支付方式有一次支付和多次支付。具体比例依据工程项目的特点进行约定。不同的项目规模预付款的支付方式存在差异。在《水利水电工程施工合同和招标文件示范文本》中约定工程预付款的总金额应不低于合同价格的 10%，分两次支付给承包人。第一次预付款的金额应不低于工程预付款总金额的 40%。两次支付的时间分别是签订协议书后 21 天内和承包人主要设备进入工地后。在《公路标准施工招标文件》也有类似的预付款支付方式。在公路工程中承包人签订合同协议并提交预付款保函后，可以得到 70%的预付款，在承包人主要设备进场后，再支付另外 30%。在《房屋建筑及市政工程标准施工招标文件中》分别约定分部分项工程部分的预付款额度和措施项目部分预付款额度。在《建设工程结算暂行办法》中同样提到了采用工程量清单计价方式的，可以分别约定实体性消耗和非实体消耗的预付款比例。

《建设工程工程量清单计价规范》GB 50500—2013 对于预付款支付程序的规定较为详细，据此绘制预付款支付流程如图 4-2 所示。

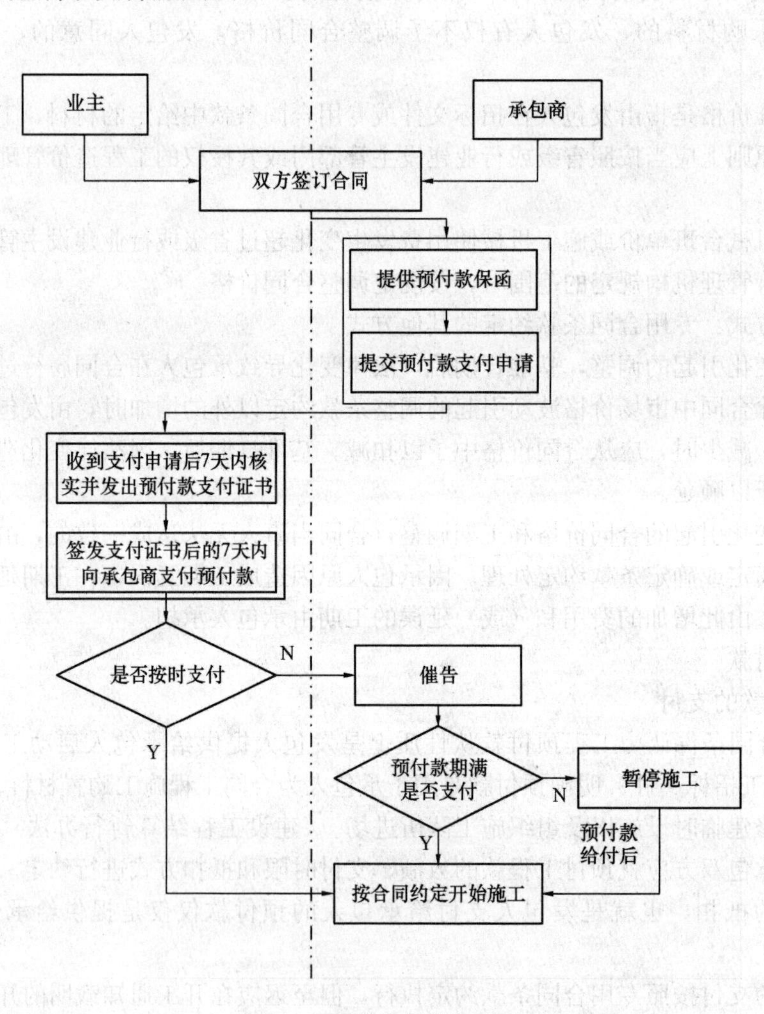

图 4-2　预付款支付流程图

2）预付款扣回

由于工程预付款属于预支性质，因此在工程实施后随着工程所需材料储备的逐步减少，应以抵充工程款的方式，在承包人应得的工程进度款中陆续扣回。

工程预付款扣回的时间称为起扣点，起扣点的计算方法有两种。

①按公式计算起扣点

这种方法是以未完工程所需材料的价值等于预付备料款时起扣，并从每次结算的工程款中按材料比重抵扣工程价款，竣工前全部扣清。

$$工程预付款起扣点 = 合同总价 - \frac{工程预付款}{主要材料所占比重} \tag{4-2}$$

【例 4-3】　某工程合同价总额 500 万元，工程预付款 150 万元，主要材料、构件所占合同价总额比重 60%，计算其起扣点。

解答：该工程预付款起扣点 $=500-\frac{150}{60\%}=250$（万元）

②在合同中规定起扣点

在合同中规定起扣点是指在施工合同中，由承、发包双方协商约定一个工程预付款的起扣点，当承包商完成工程款金额累计达到合同总价一定比例（即双方合同约定的数额）后，由发包方从每次应付给承包商的工程款中扣回工程预付款，在合同规定的完工期前将预付款扣完。如：自承包人所获得工程进度款累计达到合同价的 20%的当月开始起扣。

《建设工程工程量清单计价规范》GB 50500—2013 对于工程预付款的扣回程序有较为详细的规定，据此绘制的预付款扣回流程如图 4-3 所示。

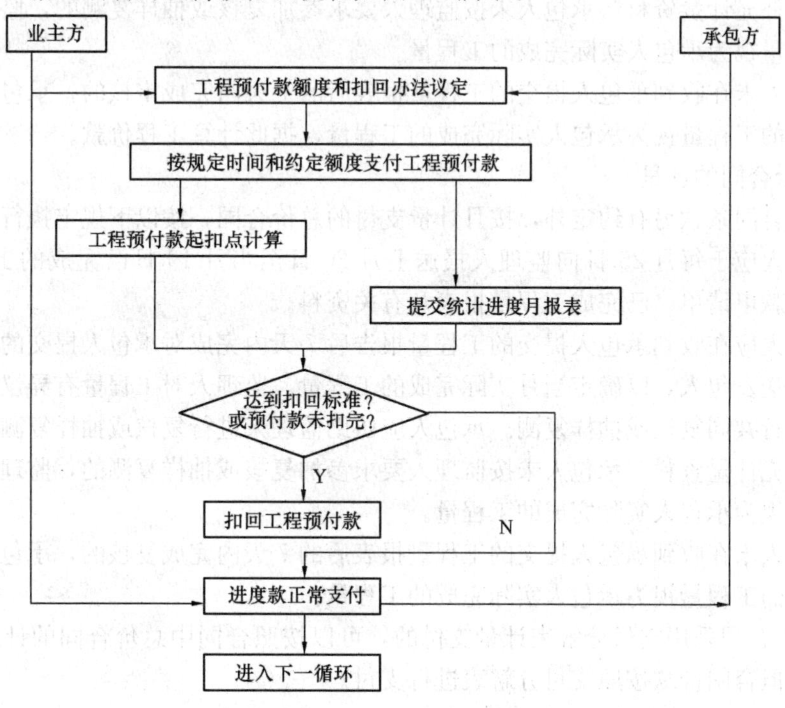

图 4-3　预付款扣回流程图

3）预付款担保

发包人要求承包人提供预付款担保的，承包人应在发包人支付预付款 7 天前提供预付款担保，专用合同条款另有约定除外。预付款担保可采用银行保函、担保公司担保等形式，具体由合同当事人在专用合同条款中约定。在预付款完全扣回之前，承包人应保证预付款担保持续有效。

发包人在工程款中逐期扣回预付款后，预付款担保额度应相应减少，但剩余的预付款担保金额不得低于未被扣回的预付款金额。

（3）计量

1）计量原则

工程量计量按照合同约定的工程量计算规则、图纸及变更指示等进行计量。工程量计算规则应以相关的国家标准、行业标准等为依据，由合同当事人在专用合同条款中约定。

2）计量周期

除专用合同条款另有约定外，工程量的计量按月进行。

3）单价合同的计量

除专用合同条款另有约定外，单价合同的计量按以下规定执行：

①承包人应于每月 25 日向监理人报送上月 20 日至当月 19 日已完成的工程量报告，并附进度付款申请单、已完成工程量报表和有关资料。

②监理人应在收到承包人提交的工程量报告后 7 天内完成对承包人提交的工程量报表的审核并报送发包人，以确定当月实际完成的工程量。监理人对工程量有异议的，有权要求承包人进行共同复核或抽样复测。承包人应协助监理人进行复核或抽样复测，并按监理人要求提供补充计量资料。承包人未按监理人要求参加复核或抽样复测的，监理人复核或修正的工程量视为承包人实际完成的工程量。

③监理人未在收到承包人提交的工程量报表后的 7 天内完成审核的，承包人报送的工程量报告中的工程量视为承包人实际完成的工程量，据此计算工程价款。

4）总价合同的计量

除专用合同条款另有约定外，按月计量支付的总价合同，按以下规定执行：

①承包人应于每月 25 日向监理人报送上月 20 日至当月 19 日已完成的工程量报告，并附进度付款申请单、已完成工程量报表和有关资料。

②监理人应在收到承包人提交的工程量报告后 7 天内完成对承包人提交的工程量报表的审核并报送发包人，以确定当月实际完成的工程量。监理人对工程量有异议的，有权要求承包人进行共同复核或抽样复测。承包人应协助监理人进行复核或抽样复测并按监理人要求提供补充计量资料。承包人未按监理人要求参加复核或抽样复测的，监理人审核或修正的工程量视为承包人实际完成的工程量。

③监理人未在收到承包人提交的工程量报表后的 7 天内完成复核的，承包人提交的工程量报告中的工程量视为承包人实际完成的工程量。

5）总价合同采用支付分解表计量支付的，可以按照合同中总价合同的计量条款约定进行计量，但合同价款按照支付分解表进行支付。

6）其他价格形式合同的计量

合同当事人可在专用合同条款中约定其他价格形式合同的计量方式和程序。

（4）工程进度款支付

1）付款周期

除专用合同条款另有约定外，付款周期应按照合同中计量周期条款的约定与计量周期保持一致。

2）工程进度付款申请表的编制（见表 4-1）

工程款支付申请（核准）表 **表4-1**

工程名称： 标段： 编号：

致：________________（发包人全称）

我方于________至________期间已完成了________工作，根据施工合同的约定，现申请支付本期的工程款额为（大写）________（小写________），请予核准。

序号	名称	金额（元）	备注
1	累计已完成的工程价款		
2	累计已实际支付的工程价款		
3	本周期已完成的工程价款		
4	本周期完成的计日工金额		
5	本周期应增加和扣减的变更金额		
6	本周期应增加和扣减的索赔金额		
7	本周期应抵扣的预付款		
8	本周期应扣减的质保金		
9	本周期应增加或扣减的其他金额		
10	本周期实际应支付的工程价款		

承包人（章）
承包人代表________
日　　期________

复核意见：
□与实际施工不相符，修改意见见附件；
□与实际施工情况相符，具体金额由造价工程师复核。

监理工程师________
日　　期________

复核意见：
你方提出的支付申请经复核，本期间已完成工程款为（大写）______元，（小写______），本期间应支付金额为（大写）______元，（小写______）。

造价工程师________
日　　期________

审核意见：
□不同意
□同意，支付时间为本表签发后的15天内。

发包人（章）
发包人代表________
日　　期________

注：1. 在选择栏中的“□”内作标识“√”；
2. 本表一式四份，由承包人在收到发包人（监理人）的口头或书面通知后填写，发包人、监理人、造价咨询人、承包人各存一份。

3）进度付款申请单的提交

①单价合同进度付款申请单的提交

单价合同的进度付款申请单，按照合同中单价合同的计量条款约定的时间按月向监理人提交，并附上已完成工程量报表和有关资料。单价合同中的总价项目按月进行支付分解，并汇总列入当期进度付款申请单。

②总价合同进度付款申请单的提交

总价合同按月计量支付的，承包人按照合同中总价合同的计量条款约定的时间按月向监理人提交进度付款申请单，并附上已完成工程量报表和有关资料。

总价合同按支付分解表支付的，承包人应按照合同中支付分解表条款及进度付款申请单的编制条款的约定向监理人提交进度付款申请单。

③其他价格形式合同的进度付款申请单的提交

合同当事人可在专用合同条款中约定其他价格形式合同的进度付款申请单的编制和提交程序。

4）进度款审核和支付

①除专用合同条款另有约定外，监理人应在收到承包人进度付款申请单以及相关资料后 7 天内完成审查并报送发包人，发包人应在收到后 7 天内完成审批并签发进度款支付证书。发包人逾期未完成审查且未提出异议的，视为已签发进度款支付证书。

发包人和监理人对承包人的进度付款申请单有异议的，有权要求承包人修正和提供补充资料，承包人应提交修正后的进度付款申请单。监理人应在收到承包人修正后的进度付款申请单及相关资料后 7 天内完成审查并报送发包人，发包人应在收到监理人报送的进度付款申请单及相关资料后 7 天内，向承包人签发无异议部分的临时进度款支付证书。存在争议的部分，按照合同争议解决条款的约定处理。

②除专用合同条款另有约定外，发包人应在进度款支付证书或临时进度款支付证书签发后 14 天内完成支付，发包人逾期支付进度款的，应按照中国人民银行发布的同期同类贷款基准利率支付违约金。

③发包人签发进度款支付证书或临时进度款支付证书，不表明发包人已同意、批准或接受了承包人完成的相应部分的工作。

5）进度付款的修正

在对已签发的进度款支付证书进行阶段汇总和复核中发现错误、遗漏或重复的，发包人和承包人均有权提出修正申请。经发包人和承包人同意的修正，应在下期进度付款中支付或扣除。

6）支付分解表

①支付分解表的编制要求

A. 支付分解表中所列的每期付款金额，应为合同中进度付款申请单的编制条款中第（1）目的估算金额；

B. 实际进度与施工进度计划不一致的，合同当事人可按照合同中商定或确定条款约定修改支付分解表；

C. 不采用支付分解表的，承包人应向发包人和监理人提交按季度编制的支付估算分解表，用于支付参考。

②总价合同支付分解表的编制与审批

除专用合同条款另有约定外，承包人应根据合同施工进度计划条款约定的施工进度计划、签约合同价和工程量等因素对总价合同按月进行分解，编制支付分解表。承包人应当在收到监理人和发包人批准的施工进度计划后7天内，将支付分解表及编制支付分解表的支持性资料报送监理人。

监理人应在收到支付分解表后7天内完成审核并报送发包人。发包人应在收到经监理人审核的支付分解表后7天内完成审批，经发包人批准的支付分解表为有约束力的支付分解表。

发包人逾期未完成支付分解表审查的，也未及时要求承包人进行修正和提供补充资料的，则承包人提交的支付分解表视为已经获得发包人批准。

③单价合同的总价项目支付分解表的编制与审批

除专用合同条款另有约定外，单价合同的总价项目，由承包人根据施工进度计划和总价项目的总价构成、费用性质、计划发生时间和相应工程量等因素按月进行分解，形成支付分解表，其编制与审批参照总价合同支付分解表的编制与审批执行。

7）工程进度款结算方式

①按月结算

按月结算的作法有两种：一是每个月发包方在旬末或月中预支部分进度款给承包商，到月底与承包商结算本月实际完成的工程进度款，等项目竣工后双方进行全部工程款的清算；二是发包方不给承包商预支款，每个月的月底直接与承包商结算本月实际完成的工程进度款，等项目竣工后双方进行全部工程款的清算。按月结算方式目前在我国工程建设中采用的较为广泛。

②竣工后一次结算

若建设项目或单项工程的全部建筑安装工程建设期在12个月以内，或工程承包合同价在100万元以下，一般实行工程进度款每月月中预支、竣工后一次结算。即合同完成后承包商与发包方进行合同价款的结算，确认的工程价款即为承、发包双方结算的总工程款。

③分段结算

对于当年开工、当年不能竣工的单项工程或单位工程，承包商与发包方可以按照工程形象进度，划分出不同的阶段进行结算。对工程分阶段的标准，双方可以采用各地区或行业的规定，也可以自行约定。

④目标结算方式

在工程合同中，将承包工程的内容分解成不同控制面或验收单元（如可约定标高±0.000)，当承包商完成单元工程内容并经监理工程师验收合格后，发包方支付单元工程内容的工程款。采用目标结算方式时，双方往往在合同中对控制面的设定有明确的描述。承包商要想获得工程款，必须按照合同约定的质量标准完成控制面工程内容，要想尽快获得工程款，承包商必须充分发挥自己的组织实施能力，在保证质量前提下，加快施工进度。

⑤双方约定的其他结算方式。

（5）质量保修金

经合同当事人协商一致扣留质量保证金的，应在专用合同条款中予以明确。

1）承包人提供质量保证金的方式

①质量保证金保函。

②相应比例的工程款。

③双方约定的其他方式。

除专用合同条款另有约定外，质量保证金原则上采用上述第 1 种方式。

2）质量保证金的扣留

①在支付工程进度款时逐次扣留，在此情形下，质量保证金的计算基数不包括预付款的支付、扣回以及价格调整的金额。

②工程竣工结算时一次性扣留质量保证金。

③双方约定的其他扣留方式。

除专用合同条款另有约定外，质量保证金的扣留原则上采用上述第 1 种方式。

发包人累计扣留的质量保证金不得超过结算合同价格的 5%，如承包人在发包人签发竣工付款证书后 28 天内提交质量保证金保函，发包人应同时退还扣留的作为质量保证金的工程价款。

3）质量保证金的退还

2013 版施工合同规定，发包人应按合同最终结清条款的约定退还质量保证金。国内对于质量保证金返还的规定有《建设工程质量保证金管理暂行办法》、《标准施工招标文件》、《建设工程工程量清单计价规范》等。其规定质量保证金均是一次性返还，其返还的前提是缺陷责任期满。《建设工程工程量清单计价规范》规定在合同约定的缺陷责任期终止后的 14 天内，发包人应将剩余的质量保证金返还给承包人，剩余的质量保证金的返还，并不能免除承包人按照合同约定应承担的质量保修责任和应履行的质量保修义务。

（6）支付账户

发包人应将合同价款支付至合同协议书中约定的承包人账户。

【例 4-4】 某工程项目难度较大，技术含量较高，经有关招投标主管部门批准采用邀请招标方式招标。发包人于 2011 年 8 月 20 日向符合资质要求的 A、B、C 三家承包人发出投标邀请书，A、B、C 三家承包商均按招标文件的要求提交了投标文件，最终确定 B 承包人中标，于 2011 年 9 月 30 日正式签订了工程承包合同。该合同采用单价合同，合同总价为 6240 万元，工期 12 个月，竣工日期 2012 年 12 月 30 日，合同规定：

（1）工程预付款为合同总价的 25%。

（2）工程预付款从未施工工程所需的主要材料及构配件价值相当于工程预付款时起扣，每月以抵充工程款的方式陆续收回。主要材料及构配件比重按 60%考虑。

（3）进度款支付至合同金额的 85%时暂停支付，余款待工程结算完扣减工程质量保修金后一起支付。

（4）材料和设备均由承包人负责采购。

（5）经业主工程师代表签认的承包人完成的建安工作量（第 1 月至第 12 月）按照合同单价计算的金额见表 4-2。

工程量表　　**表4-2**

施工月份	第1月至第7月	第8月	第9月	第10月	第11月	第12月
实际完成建安工作量（万元）	3000	420	510	770	750	790
实际完成建安工作量累计（万元）	3000	3420	3930	4700	5450	6240

（6）人工费、材料费价格发生变化可进行调整，可调部分占总价款的比重，基准期、竣工当期价格指数见表4-3。

费用比重及价格指数　　**表4-3**

可调整项目	人工	材料1	材料2	材料3	材料4
费用比重（%）	20	12	8	21	14
基期价格指数	100	120	115	108	115
当期价格指数	105	127	105	120	129

（7）工程质量保修金为合同结算价格的5%，结算完成后一次扣留。

问题：

（1）本工程预付款是多少万元？

（2）工程预付款应从哪个月开始起扣？

（3）第1月至第7月份合计以及第8、9、10、11、12月，业主工程师代表应签发的工程款各是多少万元？

（4）计算人工费、材料费调整后的竣工结算价款是多少万元？

（5）本工程的质量保修金是多少万元？

（6）结算完成时，承包人还可获得多少万元工程款？

分析：

（1）工程预付款金额＝6240×25%＝1560万元。

（2）工程款付款的起扣点：6240－1560÷60%＝3640万元，从表4-2可见第9月累计完成工程量为3930万元＞3640万元，因此工程预付款应从第9月开始起扣。

（3）第1至7月工程师合计应签发的工程款为3000万元。

第8月工程师应签发的工程款为420万元。

第9月应扣的工程预付款为：（3930－3640）×60%＝174万元。

第9月应签发的工程款为：510－174＝336万元。

第10月应扣工程预付款为：770×60%＝462万元。

第10月应签发的工程款为：770－462＝308万元。

第11月应扣工程预付款为：750×60%＝450万元。

进度款支付至合同金额85%，暂停支付工程款，即6240×85%＝5304万元。

第11月应签发的工程款为：5304－3000－420－510－770－450＝154万元。

第12月应签发的工程款为：0元。

（4）调整后的竣工结算价款为：

6240×（25%＋20%×105/100＋12%×127/120＋8%×105/115＋21%×120/108＋

14%×129/115）=6554.62万元。

（5）质量保修金为：6554.62×5%=327.73万元。

（6）结算完成时，承包人还可获得：6554.62×（1−5%）−5304=922.89万元。

4.2.2 发包人的责任与权利

1. 工程监理

（1）监理人的一般规定

工程实行监理的，发包人和承包人应在专用合同条款中明确监理人的监理内容及监理权限等事项。监理人应当根据发包人授权及法律规定，代表发包人对工程施工相关事项进行检查、查验、审核、验收，并签发相关指示，但监理人无权修改合同，且无权减轻或免除合同约定的承包人的任何责任与义务。

除专用合同条款另有约定外，监理人在施工现场的办公场所、生活场所由承包人提供，所发生的费用由发包人承担。

（2）监理人员

发包人授予监理人对工程实施监理的权利，由监理人派驻施工现场的监理人员行使，监理人员包括总监理工程师及监理工程师。监理人应将授权的总监理工程师和监理工程师的姓名及授权范围以书面形式提前通知承包人。更换总监理工程师的，监理人应提前7天书面通知承包人；更换其他监理人员，监理人应提前48小时书面通知承包人。

（3）监理人的指示

监理人应按照发包人的授权发出监理指示。监理人的指示应采用书面形式，并经其授权的监理人员签字。紧急情况下，为了保证施工人员的安全或避免工程受损，监理人员可以口头形式发出指示，该指示与书面形式的指示具有同等法律效力，但必须在发出口头指示后24小时内补发书面监理指示，补发的书面监理指示应与口头指示一致。

监理人发出的指示应送达承包人项目经理或经项目经理授权接收的人员。因监理人未能按合同约定发出指示、指示延误或发出了错误指示而导致承包人费用增加和（或）工期延误的，由发包人承担赔偿责任。除专用合同条款另有约定外，总监理工程师不应将合同中商定或确定条款的约定应由总监理工程师作出确定的权力授权或委托给其他监理人员。

承包人对监理人发出的指示有疑问的，向监理人提出书面异议，监理人应在48小时内对该指示予以确认、更改或撤销，监理人逾期未回复的，承包人有权拒绝执行上述指示。监理人对承包人的任何工作、工程或其采用的材料和工程设备未在约定的或合理期限内提出意见的，视为批准，但不免除或减轻承包人对该工作、工程、材料、工程设备等应承担的责任和义务。

（4）商定或确定

合同当事人进行商定或确定时，总监理工程师应当会同合同当事人尽量通过协商达成一致，不能达成一致的，由总监理工程师按照合同约定审慎做出公正的确定。

总监理工程师应将确定以书面形式通知发包人和承包人，并附详细依据。合同当事人对总监理工程师的确定没有异议的，按照总监理工程师的确定执行。任何一方合同当事人有异议，按照合同中争议解决条款约定处理。争议解决前，合同当事人暂按总监理工程师的确定执行；争议解决后，争议解决的结果与总监理工程师的确定不一致的，按照争议解决的结果执行，由此造成的损失由责任人承担。

2. 工程验收

(1) 竣工验收条件

工程具备以下条件的，承包人可以申请竣工验收：

1) 除发包人同意的甩项工作和缺陷修补工作外，合同范围内的全部工程以及有关工作，包括合同要求的试验、试运行以及检验均已完成，并符合合同要求；

2) 已按合同约定编制了甩项工作和缺陷修补工作清单以及相应的施工计划；

3) 已按合同约定的内容和份数备齐竣工资料。

(2) 分部分项工程验收

分部分项工程质量应符合国家有关工程施工验收规范、标准及合同约定，承包人应按照施工组织设计的要求完成分部分项工程施工。

除专用合同条款另有约定外，分部分项工程经承包人自检合格并具备验收条件的，承包人应提前 48 小时通知监理人进行验收。监理人不能按时进行验收的，应在验收前 24 小时向承包人提交书面延期要求，但延期不能超过 48 小时。监理人未按时进行验收，也未提出延期要求的，承包人有权自行验收，监理人应认可验收结果。分部分项工程未经验收的，不得进入下一道工序施工。

分部分项工程的验收资料应当作为竣工资料的组成部分。

(3) 工程试车

1) 试车程序

工程需要试车的，除专用合同条款另有约定外，试车内容应与承包人承包范围相一致，试车费用由承包人承担。工程试车应按如下程序进行：

①具备单机无负荷试车条件，承包人组织试车，并在试车前 48 小时书面通知监理人，通知中应载明试车内容、时间、地点。承包人准备试车记录，发包人根据承包人要求为试车提供必要条件。试车合格的，监理人在试车记录上签字。监理人在试车合格后不在试车记录上签字，自试车结束满 24 小时后视为监理人已经认可试车记录，承包人可继续施工或办理竣工验收手续。

监理人不能按时参加试车，应在试车前 24 小时以书面形式向承包人提出延期要求，但延期不能超过 48 小时，由此导致工期延误的，工期应予以顺延。监理人未能在前述期限内提出延期要求，又不参加试车的，视为认可试车记录。

②具备无负荷联动试车条件，发包人组织试车，并在试车前 48 小时以书面形式通知承包人。通知中应载明试车内容、时间、地点和对承包人的要求，承包人按要求做好准备工作。试车合格，合同当事人在试车记录上签字。承包人无正当理由不参加试车的，视为认可试车记录。

2) 试车中的责任

因设计原因导致试车达不到验收要求，发包人应要求设计人修改设计，承包人按修改后的设计重新安装。发包人承担修改设计、拆除及重新安装的全部费用，工期相应顺延。因承包人原因导致试车达不到验收要求，承包人按监理人要求重新安装和试车，并承担重新安装和试车的费用，工期不予顺延。

因工程设备制造原因导致试车达不到验收要求的，由采购该工程设备的合同当事人负责重新购置或修理，承包人负责拆除和重新安装，由此增加的修理、重新购置、拆除及重新安装的费用及延误的工期由采购该工程设备的合同当事人承担。

3）投料试车

如需进行投料试车的，发包人应在工程竣工验收后组织投料试车。发包人要求在工程竣工验收前进行或需要承包人配合时，应征得承包人同意，并在专用合同条款中约定有关事项。投料试车合格的，费用由发包人承担；因承包人原因造成投料试车不合格的，承包人应按照发包人要求进行整改，由此产生的整改费用由承包人承担；非因承包人原因导致投料试车不合格的，如发包人要求承包人进行整改的，由此产生的费用由发包人承担。

（4）提前交付单位工程的验收

发包人需要在工程竣工前使用单位工程的，或承包人提出提前交付已经竣工的单位工程且经发包人同意的，可进行单位工程验收，验收的程序按照合同中竣工验收条款的约定进行。

验收合格后，由监理人向承包人出具经发包人签认的单位工程接收证书。已签发单位工程接收证书的单位工程由发包人负责照管。单位工程的验收成果和结论作为整体工程竣工验收申请报告的附件。

（5）施工期运行

施工期运行是指合同工程尚未全部竣工，其中某项或某几项单位工程或工程设备安装已竣工，根据专用合同条款约定，需要投入施工期运行的，经发包人按合同中提前交付单位工程的验收条款的约定验收合格，证明能确保安全后，才能在施工期投入运行。

在施工期运行中发现工程或工程设备损坏或存在缺陷的，由承包人按合同中缺陷责任期条款约定进行修复。

（6）竣工退场

1）竣工退场

颁发工程接收证书后，承包人应按以下要求对施工现场进行清理：

A. 施工现场内残留的垃圾已全部清除出场；

B. 临时工程已拆除，场地已进行清理、平整或复原；

C. 按合同约定应撤离的人员、承包人施工设备和剩余的材料，包括废弃的施工设备和材料，已按计划撤离施工现场；

D. 施工现场周边及其附近道路、河道的施工堆积物，已全部清理；

E. 施工现场其他场地清理工作已全部完成。

施工现场的竣工退场费用由承包人承担。承包人应在专用合同条款约定的期限内完成竣工退场，逾期未完成的，发包人有权出售或另行处理承包人遗留的物品，由此支出的费用由承包人承担，发包人出售承包人遗留物品所得款项在扣除必要费用后应返还承包人。

2）地表还原

承包人应按发包人要求恢复临时占地及清理场地，承包人未按发包人的要求恢复临时占地，或者场地清理未达到合同约定要求的，发包人有权委托其他人恢复或清理，所发生的费用由承包人承担。

3. 工程结算

《建设项目竣工结算编审规程》中规定：竣工结算是指承包人按照合同约定的内容完成全部工作，经发包人或有关机构验收合格后，发、承包双方依据约定的合同价款的确定和调整以及索赔等事项，最终计算和确定竣工项目工程价款的文件。

（1）竣工结算申请

除专用合同条款另有约定外，承包人应在工程竣工验收合格后28天内向发包人和监理人提交竣工结算申请单，并提交完整的结算资料，有关竣工结算申请单的资料清单和份数等要求由合同当事人在专用合同条款中约定。

除专用合同条款另有约定外，竣工结算申请单应包括以下内容：

1）竣工结算合同价格；

2）发包人已支付承包人的款项；

3）应扣留的质量保证金；

4）发包人应支付承包人的合同价款。

（2）竣工结算审核

除专用合同条款另有约定外，监理人应在收到竣工结算申请单后14天内完成核查并报送发包人。发包人应在收到监理人提交的经审核的竣工结算申请单后14天内完成审核，并由监理人向承包人签发经发包人签认的竣工付款证书。监理人或发包人对竣工结算申请单有异议的，有权要求承包人进行修正和提供补充资料，承包人应提交修正后的竣工结算申请单。发包人在收到承包人提交竣工结算申请书后28天未完成审核且未提出异议的，视为发包人认可承包人提交的竣工结算申请单，并自发包人收到承包人提交的竣工结算申请单后第29天起视为已签发竣工付款证书。

除专用合同条款另有约定外，发包人应在签发竣工付款证书后的14天内，完成对承包人的竣工付款。发包人逾期支付的，按照中国人民银行发布的同期同类贷款基准利率支付违约金；逾期支付超过56天的，按照中国人民银行发布的同期同类贷款基准利率的两倍支付违约金。

承包人对发包人签认的竣工付款证书有异议的，对于有异议部分应在收到发包人签认的竣工付款证书后7天内提出异议，并由合同当事人按照专用合同条款的约定进行复核，或按照合同中争议解决条款约定处理。对于无异议部分，发包人应签发临时竣工付款证书，并按约定完成付款；承包人逾期未提出异议的，视为认可发包人的审核结果。

除专用合同条款另有约定外，合同价款应支付至承包人的账户。

（3）甩项竣工协议

发包人要求甩项竣工的，合同当事人应签订甩项竣工协议。在甩项竣工协议中应明确，合同当事人按照竣工结算申请条款及竣工结算审核条款的约定，对已完合格工程进行结算，并支付相应合同价款。

（4）最终结清

1）最终结清申请单

① 除专用合同条款另有约定外，承包人应在缺陷责任期终止证书颁发后7天内，按专用合同条款约定的份数向发包人提交最终结清申请单，并提供相关证明材料。

除专用合同条款另有约定外，最终结清申请单应列明质量保证金、应扣除的质量保证金、缺陷责任期内发生的增减费用。

② 发包人对最终结清申请单内容有异议的，有权要求承包人进行修正和提供补充资料，承包人应向发包人提交修正后的最终结清申请单。

2）最终结清证书和支付

① 除专用合同条款另有约定外，发包人应在收到承包人提交的最终结清申请单后 14 天内完成审批并向承包人颁发最终结清证书。发包人逾期未完成审核，又未提出修改意见的，视为发包人同意承包人提交的最终结清申请单，且自发包人收到承包人提交的最终结清申请单后 15 天起视为已颁发最终结清证书。

② 除专用合同条款另有约定外，发包人应在颁发最终结清证书后 7 天内完成支付。发包人逾期支付的，按照中国人民银行发布的同期同类贷款基准利率支付违约金；逾期支付超过 56 天的，按照中国人民银行发布的同期同类贷款基准利率的两倍支付违约金。

③ 承包人对发包人颁发的最终结清证书有异议的，按合同中争议解决条款的约定办理。

2013 清单计价规范规定，发包人应在签发最终结清支付证书后的 14 天内，按照最终结清支付证书列明的金额向承包人支付最终结清款。

4.3 施工合同履行中的争议与解决

建设工程在履行过程中，出现与合同不一致的情况或合同未明确的情况有很多，如对合同条款的理解偏差，合同条款约定的不明确，而这些情况往往会导致发包人与承包人发生纠纷，出现合同争议。

4.3.1 争议产生的原因

1. 合同条款存在缺陷

施工合同条款存在缺陷，合同条款填写不全，约定不明确，是造成施工合同纠纷最常见的原因。2013 版施工合同虽较前几款施工合同有了很大改进，通用合同条款比较齐全，但内容也只作了原则性确定，仍需在专用合同条款加以具体明确约定。例如，采用 2013 版施工合同签订时，对于承包人提供质量保证金的方式，在专用合同条款部分提供了 3 种方式，包括：质量保证金保函、一定百分比的工程款、其他方式。

发包人和承包人在签订合同时，在专用条款处不仅要选择质量保证金的提供方式，也要注明具体金额，否则容易引起合同纠纷。因为如果不约定清楚，可能在合同履行过程中，合同当事人不仅对质量保证金的提供方式存在异议，还会对金额存在异议，虽然在通用合同条款部分约定了发包人累计扣留的质量保证金不得超过结算合同价格的 5%，但一个工程 5%内可以浮动的金额也非常巨大，容易产生纠纷。

2. 合同文件之间出现矛盾

由于组成合同的文件非常多，每个合同文件内部还有很多子文件，包括合同协议书、合同条款、工程量清单、图纸等。如一个工程项目的图纸可能就包括建筑、结构、给水排水、电气照明、智能化、通风空调等多个专业，可能出现各个专业内部图纸矛盾，各个专业图纸之间矛盾，工程量清单特征描述与图纸不符等矛盾。

【例 4-5】 某工程为一综合办公楼工程，地上 31 层，地下 2 层，框架剪力墙结构。2006 年 4 月建设单位（发包人）与施工单位（承包人）签订了施工合同。该工程发包人委托了造价咨询公司编制工程量清单和标底，在编制工程量清单时，因为编制清单的技术人员经验较少，在描述人防工程的防护密闭门特征时，将其描述为无框。承包人进场后，提交工程联系单，要求尽快提供门框，否则影响工程，如果不能提供，由施工单位提供，则发包人应对门框另外补差价，不然将不予提供门框。

2006 年 6 月，建设单位与施工单位就防护密闭门价格发生了争议。发包人意见：一是作为一个有经验的承包商，应该知道现有工程量清单规范中，描述的人防防护密闭门特征中，包含门框。二是施工单位的报价比标底还高，说明投标报价中已经包含该门框价格。承包人意见：一是我方是按照建设单位提供的清单报价的，清单中描述为无框，我公司可以认为建设单位另外从其他供应商处购买门框。二是我方报价中不含门框的价格，如果需要我方提供门框，则应另外约定门框的价格。三是如我方提供门框，则应按照投标报价无框密闭门折算成有框重新计价，并补齐差价结算。

分析：

首先一切处理争议的出发点都应是争议双方的合同、招投标文件、工程量清单及其他往来函件。

此争议的产生是因为发包人提供的工程量清单与图纸不相符，有漏洞给承包人利用。在投标时，承包人只能按照发包人提供的工程量清单报价，但施工时需按照图纸施工。承包人所提出的重新计价要求是合理合法的，如果发包人一直坚持不调整价格，不利于工程的继续施工。

考虑到承包人的投标报价已经不低，并包含一定的利润，如果再按照投标报价基础上，增加门框价格，显然不合理，发包人也不可能承担。为了工程的继续实施，双方经第三方调解，各退一步，发包人按照门框重量，单价按照钢材价格，计算门框价格增加给承包人，承包人予以接受。

（1）合同类型选择不当

2013 版施工合同中可供选择的合同类型有总价合同、单价合同及其他合同形式。订立合同时，要根据工程规模的大小、造价的高低、工期的长短以及技术的繁杂程度等因素，选择适当的合同类型。对于工程规模大、造价高、工期长、技术难度复杂的项目，就不宜选用总价合同。采用 2013 版施工合同签订单价合同时，单价合同的含义是单价相对固定，仅在约定的范围内单价不作调整，合同当事人应在专用合同条款中约定综合单价包含的风险范围和风险费用的计算方法，并约定风险范围以外的合同价格的调整方法，其中因市场价格波动引起的调整按合同中市场价格波动引起的调整条款约定执行。对于一些工程规模不大、造价低、工期短、技术不复杂的项目，优先选用总价合同。但为防止以后在履行中出现合同纠纷，在合同专用条款部分，合同当事人仍需约定总价包含的风险范围和计算方法。

在实际合同履行过程中，因为合同方式选择不当、条款约定不明确，发生很多纠纷。如在 2006 年、2007 年国内钢材价格大幅上涨情况下，很多承包商亏损严重，甚至出现工程无法继续的情况。当初在签合同时，很多发包人和承包人采用了固定总价合同或固定单价合同，此固定总价合同或固定单价合同为所谓的“总价包死价”或“单价包死价”，不作调整，合同中未约定发包人和承包人在固定单价的风险承担范围，所有的风险全部转嫁给了承包人，从而产生纠纷。因此，在签订合同时，合同当事人要兼顾合同类型的选择，要把专用条款约定的具体明确，对于通用合同条款未约定的，或者约定不明确的合同条款要仔细推敲，在专用合同条款部分，认真约定具体内容。对于通用合同条款或者专用合同条款中未涉及的内容，当事人经协商后应在补充条款中加以明确。

【例 4-6】 2005 年某项目一期工程承包人在投标时采用了固定单价合同，工程所有钢筋的平均投标综合单价约 3600 元/t，但到 2006、2007 年工程大面积施工时，钢筋的价格已经涨到 4400 元/t，整个工程在钢筋这一项上亏损近 300 万元，导致工程一段时间停工。承包人要求发包人按照市场价调整合同价格，该要求被发包人拒绝。此外，发包人还对承包人提出延误工期的索赔，导致承包人产生对立情绪，与发包人关系紧张。

分析：

此案例中发包人在实际操作层面陷入两难境地：若按公平原则调整钢筋价差，则可能留下负面影响，即在后期工程的招标中让其他投标人认为投标时可以先向发包人报低价；若不调整钢筋价差，则本工程后续工作的顺利开展受影响。但本案发包人采取了反制措施，对承包人提出延误工期索赔，也就是通常所说的反索赔，导致发、承包双方关系对立，合同执行情况恶化，双方利益受损。

在钢筋价格大幅度上涨的情况下，发包人应考虑市场实际情况与承包人进行协商，签订补充合同，对合同履行期间材料单价涨幅以基准价格为基础超过 5%时，超过部分进行调整，材料价格的调整根据整个施工期间价格波动的平均值进行调整，从而对发承包双方公平，使工程能够顺利进行。

发包人在以后的各期工程中采用固定单价合同时，可将钢材单独拿出，即钢材的价格波动风险由发包人承担；或者采用可调价格合同，材料价格的调整根据整个施工期间价格波动的平均值进行。

(2) 违约责任承担方式不具体

2013 版施工合同通用合同条款明确了违约责任，但仍有很多需要合同当事人在专用条款部分明确的具体承担方式。如 2013 版施工合同对于承包人完成竣工退场的期限在通用合同条款部分做了说明：承包人应在专用合同条款约定的期限内完成竣工退场，逾期未完成竣工退场的，发包人有权出售或另行处理承包人遗留的物品，由此支出的费用由承包人承担。这需要合同当事人在专用合同条款部分约定承包人完成竣工退场的期限，但对于承包人超过期限未退场是否承担延误违约金及违约金如何计算并无规定。如果合同当事人在专用合同条款或补充条款中不加以约定，容易在合同履行过程中出现纠纷。

(3) 无效合同

建设工程中出现的无效合同主要有：承包人未取得建筑施工企业资质或者超越资质等级承揽工程的；没有资质的实际施工人借用有资质施工企业名义的；建设工程必须进行招标而未招标或者中标无效的。这些无效合同在履行过程中容易出现严重纠纷，在签订合同前，要避免无效合同的出现，严把承包人的资格审查关。

(4) 合同当事人理解偏差

按照 2013 版施工合同通用合同条款规定，工程经竣工验收合格的，以承包人提交竣工验收申请报告之日为实际竣工日期。而某些地方，如深圳施工合同文件对实际竣工日期的规定是指承包人完成工程施工并通过竣工验收的日期。最高人民法院《关于审理建设工程施工合同纠纷案件适用法律问题的解释》第十四条规定：当事人对建设工程实际竣工日期有争议的，建设工程经竣工验收合格的，以竣工验收合格之日为竣工日期。此处 2013 版施工合同通用条款与深圳施工合同文件及最高人民法院的解释存在矛盾，合同当事人因为立场不同，对于竣工日期的理解不一致。因此在合同签订过程中，为了防止以后发生争议，有必要在专用合同条款部分对竣工日期再次做出明确界定，是以最高人民法院解释为准还是以通用合同条款规定的实际竣工日期为准。

3. 争议解决的方式

（1）和解

1）概念

和解是指当事人在自愿互谅的基础上，就已经发生的争议进行协商并达成协议，自行解决争议的一种方式。合同当事人可以就争议自行和解，自行和解达成协议的经双方签字并盖章后作为合同补充文件，双方均应遵照执行。

2）仲裁和诉讼后的和解

当事人申请仲裁后也可以自行和解，达成和解协议的，可以请求仲裁庭根据和解协议作出裁决书，也可以撤回仲裁申请。当事人达成和解协议，撤回仲裁申请后反悔的，可以根据仲裁协议申请仲裁。

当事人在诉讼中和解的，应由原告申请撤诉，经法院裁定撤诉后结束诉讼。

3）执行中的和解

在执行中，双方当事人在自愿协商的基础上，达成的和解协议，产生结束执行程序的效力。如果一方当事人不履行和解协议或者反悔的，对方当事人只可以申请法院按照原生效法律文书强制执行。

（2）调解

1）概念

调解是指第三人（即调解人）应纠纷当事人的请求，依法或依合同约定，对双方当事人进行说服，居中调停，使其在互相谅解、互相让步的基础上解决其纠纷的一种途径。

2）形式

① 民间调解

民间调解即在当事人以外的第三人或组织的主持下，通过相互谅解，使纠纷得到解决的方式。

② 行政调解

行政调解是指在有关行政机关的主持下，依据相关法律、行政法规、规章及政策，处理纠纷的方式。

③ 法院调解

法院调解，是指在法院的主持下，在双方当事人自愿的基础上，以制作调解书的形式解决纠纷的方式。

④ 仲裁调解

仲裁庭在作出裁决前进行调解的解决纠纷的方式。当事人自愿调解的，仲裁庭应当调解。仲裁的调解达成协议，仲裁庭应当制作调解书或者根据协议的结果制作裁决书。

3）效力

合同当事人可以就争议请求建设行政主管部门、行业协会或其他第三方进行调解，调解达成协议的，经双方签字并盖章后作为合同补充文件，双方均应遵照执行。

调解的效力如下：

① 民间调解达成的协议不具有强制约束力；

② 行政调解达成的协议也不具有强制约束力；

③ 法院制作的调解书经双方当事人签收后，即具有法律效力；

④ 仲裁庭制作的调解书与裁决书具有同等法律效力，调解书经当事人签收后即发生法律效力。

（3）争议评审

争议评审本质是非诉讼性质的调解方式，因争议评审解决机制由第三方全过程参与，能够有效地解决传统争议解决方式的专业性不足和效率低下的问题，确保项目的经济效益和社会效益。如果合同当事人希望采取“争议评审”方式解决纠纷，必须在专用合同条款中进行约定，如果当事人没有约定，则不适用争议评审方式。

1）争议评审小组的确定

合同当事人可以共同选择一名或三名争议评审员，组成争议评审小组。除专用合同条款另有约定外，合同当事人应当自合同签订后28天内，或者争议发生后14天内，选定争议评审员。

选择一名争议评审员的，由合同当事人共同确定；选择三名争议评审员的，各自选定一名，第三名成员为首席争议评审员，由合同当事人共同确定或由合同当事人委托已选定的争议评审员共同确定，或由专用合同条款约定的评审机构指定第三名首席争议评审员。合同当事人在合同签订后或者争议发生后，可以先对评审员的范围作出约定，保证争议评审员的专业性。

除专用合同条款另有约定外，评审员报酬由发包人和承包人各承担一半。

2）争议评审小组的决定

合同当事人可在任何时间将与合同有关的任何争议共同提请争议评审小组进行评审。争议评审小组应秉持客观、公正原则，充分听取合同当事人的意见，依据相关法律、规范、标准、案例经验及商业惯例等，自收到争议评审申请报告后14天内作出书面决定，并说明理由。如果合同当事人认为有关问题比较复杂，需要较多时间的，合同当事人可以在专用合同条款中对事项另行约定。

3）争议评审小组决定的效力

争议评审小组作出的书面决定经合同当事人签字确认后，对双方具有约束力，双方应遵照执行。

任何一方当事人不接受争议评审小组决定或不履行争议评审小组决定的，应及时反馈自己的意见，双方可选择采用其他争议解决方式。

（4）仲裁

因施工合同及合同有关事项产生的争议，合同当事人可以在专用合同条款中约定以仲裁方式解决争议。

1）仲裁及仲裁协议的概念

仲裁指发生争议的当事人（申请人与被申请人），根据其达成的仲裁协议，自愿将该争议提交中立的第三者（仲裁机构）进行裁判的争议解决的方式。仲裁协议是指当事人自愿将他们之间已经发生或者可能发生的争议提交仲裁解决的协议。

2）仲裁协议的内容

① 请求仲裁的意思表示

这是仲裁协议的首要内容，因为当事人以仲裁方式解决纠纷的意愿正是通过请求仲裁的意思表示体现出来的。

② 仲裁事项和范围

仲裁事项是当事人提交仲裁的具体争议事项。仲裁庭只能在仲裁协议确定的仲裁事项的范围内进行仲裁，超出这一范围进行仲裁所作的裁决，经一方当事人申请，法院可以不予执行或者撤销。

③ 选定仲裁委员会

仲裁委员会是受理仲裁案件的机构，由于仲裁没有法定管辖的规定，因此仲裁委员会是由当事人自主选定的。如果当事人在仲裁协议中不选定仲裁委员会，仲裁就无法进行。

3）仲裁协议法律效力表现

① 对双方当事人的法律效力

仲裁协议是双方当事人就纠纷解决方式达成一致的意思表示。发生纠纷后，当事人只能通过向仲裁协议中所确定的仲裁机构申请仲裁的方式解决纠纷，而丧失了就该纠纷提起诉讼的权利。如果一方当事人违背仲裁协议就该争议起诉的，另一方当事人有权要求法院停止诉讼，法院也应当驳回当事人的起诉。

② 对法院的法律效力

有效的仲裁协议可以排除法院对订立于仲裁协议中的争议事项的司法管辖权，这是仲裁协议法律效力的重要体现。

③ 对仲裁机构的效力

仲裁协议是仲裁委员会受理仲裁案件的依据。没有仲裁协议就没有仲裁机构对案件的管辖权。同时，仲裁机构的管辖权又受到仲裁协议的严格限制。仲裁庭只能对当事人在仲裁协议中约定的争议事项进行仲裁，而对仲裁协议约定范围之外的其他争议无权仲裁。

4）仲裁协议效力的确认

当事人对仲裁协议效力有异议的，应当在仲裁庭首次开庭前提出。当事人既可以请求仲裁委员会作出裁决，也可以请求法院裁定。一方请求仲裁委员会作出裁决，另一方请求法院作出裁定的，由法院裁定。

当事人协议选择国内的仲裁机构仲裁后，一方对仲裁协议的效力有异议请求法院裁定的，由该仲裁委员会所在地的中级法院管辖。当事人对仲裁委员会没有约定或者约定不明的，由被告所在地的中级法院管辖。

当事人对仲裁协议的效力有异议，一方申请仲裁机构确认协议有效，另一方请求法院确认仲裁协议无效，如果仲裁机构先于法院接受申请并已作出决定，法院不予受理；如果仲裁机构接受申请后尚未作出决定的，法院应予受理，同时通知仲裁机构中止仲裁。

4. 诉讼

因施工合同及合同有关事项产生的争议，合同当事人可以在专用合同条款中约定以向有管辖权的法院起诉的方式解决争议。

（1）诉讼的概念

诉讼是指国家司法机关依照法定程序，解决纠纷、处理案件的专门活动。因施工合同及合同有关事项产生的争议所引起的诉讼，属于民事诉讼。民事诉讼是以司法方式解决平等主体之间的纠纷，是由法院代表国家行使审判权解决民事争议的方式。民事诉讼是解决民事纠纷的最终方式，只要没有仲裁协议的民事纠纷最终都是可以通过民事诉讼解决的。

（2）诉讼的适用

仲裁和诉讼是相互排斥的，合同当事人只能选择其中任一种方式，而且必须明确，无论约定仲裁还是诉讼，必须符合《仲裁法》和《民事诉讼法》的约定。合同当事人双方可以约定当有争议需要起诉的具体法院的名称，并应明确清楚，但此处具体约定的管辖法院，应符合《民事诉讼法》的约定，即只能约定原告住所地、被告住所地、合同履行地、合同签订地、标的物所在地的法院管辖，同时不得违反级别管辖的规定，特别是各省市法院对一审法院管辖权的规定不同，故合同当事人在合同中约定具体的管辖法院时，应该了解工程所在地或即将约定的所在地高院关于级别管辖的规定。

4.3.2 争议解决方式比较

1. 时间比较

（1）和解所需时间

和解是双方当事人互相协商达成一致解决争议的一种方式。作为争议事件的当事人对情况已经详细了解且选择和解方式，说明双方都旨在友好解决问题，易于协商达成一致，这一方式解决争议的时间取决于双方的态度和目的等因素，可以很短。

（2）调解所需时间

调解是在第三方的主持下协调双方当事人的利益，促使他们相互谅解、协商进而达成一致以解决纠纷的方式。第三方需花费时间调查了解争议情况，且调解人并不一定是建设工程领域专业人士，因此可能还需要对涉及的建设工程专业问题进行学习或咨询，耗费时间一般多于和解方式。但调解并没有固定的程序要求，比仲裁或诉讼方式简便快捷。

（3）争议评审所需时间

对于争议评审而言，其争议评审小组成员属于当事人以外的第三方，与和解方式相比，需要核实情况、综合各方意见与答辩再予以决断，一般情况下时间花费将超过和解方式。与调解相比，争议评审小组成员自建设工程项目开始就持续跟进项目，减少了对建设工程合同争议始末的初步调查了解时间，且成员均具有建设工程背景，可以节省临时学习或咨询工程专业知识的时间，从这方面来说比调解方式耗时少；但另一方面，争议评审有一定的程序要求，而调解程序无硬性要求，两者在程序上花费的时间难以比较。与仲裁或诉讼方式相比，争议评审方式解决争议的流程简单，少于一般的仲裁或诉讼程序，时间优势显而易见，自收到争议评审申请报告后 14 天内作出书面决定，或在双方约定的期限内作出具有约束力的处理方案。因此与仲裁或诉讼方式相比，争议评审所需时间较少，具有明显的效率优势。

（4）仲裁所需时间

仲裁是由仲裁机构作出对争议各方均有约束力的裁决的一种争议解决方式。仲裁有特定的程序，要经过仲裁申请、受理、组庭、开庭和裁决阶段。根据仲裁规则的不同，对受理时间、提交答辩期限、裁决期限等有不同的要求。如北京、天津、成都、广州等地规定：仲裁应当在仲裁庭组成后四个月内作出裁决，案件复杂或有特殊情况需要延长的，经申请批准，可适当延长，相比前述方式，仲裁的程序较为复杂，耗费时间较长。

（5）诉讼所需时间

诉讼是法院根据当事人的请求，审理并作出对当事人均有约束力的裁决的争议解决方式。诉讼具有高度的程序性和制度化，极为严谨，比仲裁的程序更加复杂。根据相关规定，适用普通程序审理的第一审民事案件，期限为六个月，有特殊情况需要延长的，经本院院长批准，可以延长六个月，还需延长的，报请上一级法院批准，可以再延长三个月。由此可见诉讼方式的裁决限制期限要长于仲裁，如考虑近年法院受理案件数呈持续上升态势，加之司法资源有限等因素，还会导致案件处理的时间更长。

2. 费用比较

（1）和解收费

和解是争议当事人自己协商以解决争议，不涉及第三方机构或个人的参与，因此不存在另外几种方式所涉及的向第三方支付报酬或费用的问题，和解发生的花费极小。

（2）调解收费

法院调解和仲裁调解包含在审判和仲裁过程中，以调解方式结案，减半交纳案件受理费。行政调解指各类行政机关在行政管理活动中依法组织的调解，严禁收费。人民调解是由人民调解委员会组织的调解，也不收费。一般民间专业调解机构收费依据地区及案件的差别而异，但相对其他方式费用较低，例如青岛某调解机构调解立案费在300元至600元之间。

（3）争议评审收费

不管是2013版施工合同还是国内有关争议评审规则，对于争议评审费用，除非当事人另有约定，一般由发包人和承包人各承担一半。

对于争议评审的报酬和费用的计算方式与标准，2013版施工合同未作具体规定。国内的很多评审规则没有规定具体的报酬计算方式和标准，只是简单说明包括哪些费用组成。如中国国际经济贸易仲裁委员会的《建设工程争议评审规则（试行）》对于报酬与费用规定了评审专家担任评审组成员的所有报酬和因履行评审专家职责而发生的所有交通、食宿等实际费用，应当由各方当事人平均分担，评审专家应当避免不必要的费用支出。但具体报酬如何计算没有规定。

有些地方虽然规定了收费标准，但各地的收费标准和收费方式的差距也比较大，国内对建设工程争议评审的收费没有统一标准。如《北京仲裁委员会建设工程争议评审收费办法》规定：如果当事人要求本会指定评审专家，每人次费用为5000元（指人民币，下同）。当事人与评审专家约定通过本会向评审专家支付报酬的，本会因此所应负担的任何税费均应由当事人承担，在报酬加税费的基础上，本会还将额外收取10%的管理费。前述税费和管理费由当事人在向本会缴纳评审专家报酬时一并缴纳。当事人租用本会场地或设施的，按照本办法所附《北京仲裁委员会会议室收费标准》另行收取。

《温州市建设工程争议评审收费推荐标准（试行）》规定，因申请建设工程争议评审解决争议产生的评审专家评审收费可采用以下方式和标准：

1）按月计算。每月3000元至10000元，工期长的，可采用评审专家与各方当事人每年签订协议的形式进行调整。

2）按工作日支付。每人次费用为500元至2000元。

3）按件计算。每人次费用为3000元至10000元。

4）首席评审员或独任评审员在上述收费基础上乘以系数1.1。

评审收费需要当事人与评审专家约定通过造价协会向评审专家支付报酬的，造价协会因此所应负担的任何税费及管理费均应由当事人承担。由当事人在向本会缴纳评审专家报酬时一并缴纳。评审过程中发生的实际费用（包括鉴定费、造价预算费、差旅费等）应由当事人分担并直接支付。

（4）仲裁收费

仲裁所需费用包括仲裁受理费与处理费。其中受理费用于给付仲裁员报酬、维持仲裁委员会正常运转的必要开支收取标准：争议金额1000元以下收取40至100元；1000元至5万元收取4%至5%；5万至10万元收取3%至4%；10万至20万元收取2%至3%等。仲裁案件处理费包括：仲裁员、证人等因办理仲裁案件出差、开庭或出庭而支出的食宿费、交通费及其他合理费用等。各地对于处理费的收取标准有一定差异，但费率基本相同，存在的差别也多在1个百分点以内。以北京地区为例争议金额20万元以下收取5000元处理费，20万至50万元部分收取2%，50万至100万部分收取1%等。除以上费用外，采用仲裁方式很可能需要聘请律师，律师费用也是不容忽视的重要部分。

（5）诉讼收费

采用诉讼方式，当事人应当向人民法院交纳的费用包括：案件受理费、申请费、证人、鉴定人等在人民法院指定日期出庭发生的交通费、住宿费、生活费和误工补贴。其中案件受理费缴纳标准为争议金额不超过一万元的收取50元，1万元至10万元收取2.5%，10万元至20万元收取2%，20万至50万收取1.5%等。另外若存在申请费，如财产保全或申请执行，大约各占1%。除此外还有调查取证费用、证人出庭费用、交通费、鉴定费、通知发生的费用等都需要当事人支付。采用诉讼方式一般也会聘请律师，律师费用根据地区、案件难度、争议金额等的不同经协商确定。根据上海、广东、重庆的政府指导价，律师费的费率为争议标的额的0.5%至8%不等，且允许浮动。

3. 专业性比较

和解仅限于合同争议当事人的参与，当事人本身就是建设工程项目的直接或间接参与者，可以认为其具有建设工程专业背景。

调解方式中对介入合同争议解决的第三方人员没有硬性要求，可选择面较广，能否兼顾建设工程合同争议解决的专业性并不确定。

仲裁方式中对仲裁人员有明确条件限制，对仲裁员的任职资格仅仅强调了法律方面，对其专业素质与能力尚没有明确的规定。

诉讼方式中的审判人员具有深厚的法律知识，但并不一定具备建设工程领域的专业背景。

争议评审小组成员是双方针对特定建设工程项目和建设工程合同争议解决所选择的专业人士，与前面四种方式相比，在兼顾建设工程合同争议解决的专业能力方面具有显著的优势。

4. 约束力比较

不同争议解决方式所形成的解决结果也各不相同。

和解或一般调解方式所形成的解决结果仅为一种建议性解决方案，不具有约束力。

法院调解和仲裁调解是特殊的调解，调解结果如果要取得确定力和强制执行力则必须和审判权或仲裁权相结合，以法院调解书或仲裁调解书的形式表现出来。

争议评审小组作出的书面决定经合同当事人签字确认后，对双方具有约束力。

仲裁或诉讼方式解决争议的结果是仲裁裁决或法院判决，具有法律约束力和强制力，若一方不履行，另一方可直接申请法院强制执行。

5. 双方合同关系影响比较

和解是争议当事人在没有外界介入的情况下达成一致，对双方基于合同的合作关系影响极小甚至没有影响。

调解则是有第三方介入，双方借助第三方在其中调停，对双方关系的影响程度稍逊于和解方式，但仍是一种和谐的争议解决方式，有利于当事人维持友好合作关系。

采用仲裁或诉讼方式是请求仲裁机构或法院对争议作出裁决，争议双方处于对立位置，具有极强的对抗性，对双方基于合同的合作关系消极影响极大且难以消除。

争议评审方式与调解相似，从某种意义上说是一种特殊的调解方式。由争议当事人以外的第三方介入，在平等友好的前提下，按照一定程序进行，最终形成合意的争议解决方案。这一方式的侧重点在于实现双方共赢，关注工程进展，使工程建设处于有效的控制与管理状态，是一种有利于当事人维持友好合作关系的争议解决方式。在对建设工程合同双方关系的影响方面，争议评审方式优势很明显，相比仲裁和诉讼的对抗性，争议评审方式要温和得多，对双方基于合同的合作关系影响较小。

4.3.3　争议解决条款效力

1. 争议解决方式的选择

对于建设工程施工合同引起的任何纠纷，经过对五种解决方式的比较，时间性和经济性较好的方式是和解和调解。因施工合同引起任何争议，发、承包双方可自行和解或提交当地调解中心。和解或调解成功的，发、承包双方应签订书面和解协议，并可将该和解协议提交仲裁委员会，请求依照仲裁规则并根据该和解协议的内容作出裁决书。仲裁裁决为终局的，对双方均有约束力。一方当事人不愿调解或调解不成的，双方可按专用条款中约定的方式申请仲裁或提起诉讼。

在专业性方面比较好的方式是争议评审方式，承、发包人在合同专用条款对此种方式的选择应作具体规定。如在和解、调解方式无用的情况下，优先选用此种方式，争议评审小组作出的书面决定经合同当事人签字确认后，对双方具有约束力。

在和解、调解、争议评审小组对争议无法解决的情况下，才会选择仲裁和诉讼，一般而言，选择仲裁较好。

2. 继续履行合同

发生争议后，除非出现下列情况的，双方都应继续履行合同，保持施工连续，保护好已完工程：

（1）单方违约导致合同确已无法履行，双方协议停止施工；

（2）调解要求停止施工，且为双方接受；

（3）仲裁机构要求停止施工；

（4）法院要求停止施工。

3. 条款效力

合同有关争议解决的条款独立存在，合同的变更、解除、终止、无效或者被撤销均不影响其效力。

4.4 施工合同案例分析

4.4.1 案例1（教学楼施工合同案例）

背景资料

某建筑公司与某学校签订一教学楼施工合同，合同明确施工单位要保质保量保工期完成学校的教学楼施工任务。工程竣工后，承包方向学校提交了竣工报告。学校为了不影响学生上课，还没组织验收就直接投入了使用。使用过程中，校方发现了教学楼存在的质量问题，要求施工单位修理。施工单位认为工程未经验收，学校提前使用出现质量问题，施工单位不应再承担责任。

问题

1. 本案中的法律关系要素是什么？

2. 如何分析该工程质量问题的责任及责任的承担方式？

知识点

1. 施工合同的订立

2. 施工合同争议的解决

案例剖析

问题1

本案中的法律关系主体是某建筑公司和某学校；客体是施工的教学楼；内容是主体双方各自应当享有的权利和应当承担的义务，具体而言是某学校按照合同的约定承担按时、足额支付工程款的义务，在按合同约定支付工程款后，该学校就有权要求建筑公司按时交付质量合格的教学楼。建筑公司的权利是获取学校的工程款，在享有该项权利后，就应当承担义务，即按时交付质量合格的教学楼给学校，并承担保修义务。

问题2

校方在未组织竣工验收的情况下教学楼就直接投入使用，违反了工程竣工验收方面的有关法律法规。所以，一般质量问题应由校方承担，但是若涉及结构等方面的质量问题，则应按照造成质量缺陷的原因分解责任。因为承包方已向学校提交竣工报告，说明施工单位的自行验收已经通过，学校教学楼仅供学校日常教学使用，不存在不当使用问题，而该教学楼的质量缺陷是客观存在的，承包方应该承担维修义务，至于产生的费用应由有关责任方承担，协商不成，可请求仲裁或诉讼。

4.4.2 案例2（工程承包合同案例）

背景资料

某工程项目发包人（甲方）在2013年6月通过公开招标确定了承包人（乙方）。甲乙双方采用《建设工程施工合同（示范文本）》GF—2013—0201签订了施工总承包合同。

合同约定：

1. 计划开工日期为2013年8月1日，计划竣工日期为2013年12月31日，工期总日历天数150天；

2. 签约合同价为660万元人民币；

3. 预付款为签约合同价的20%，主要材料与构件费占签约合同价的比重按60%考虑，工程实施后，预付款从未施工工程尚需的主要材料及构件的价值相当于预付款数额时起扣，从每次工程进度款中按材料比重扣回；

4. 当市场价格波动时，采用价格指数进行价格调整；

5. 工程进度款按月支付，工程保修金为合同结算价的 5%，在竣工结算时一次性扣除。

签订合同后发生事件：

1. 该工程于 2013 年 8 月 1 日开工，2013 年 12 月 31 日竣工；

2. 工程各月实际完成的产值情况如表 4-4 所示：

工程各月实际完成产值　　　　**表 4-4**

月　份	8	9	10	11	12
完成产值（万元）	60	110	160	220	110

3. 工程竣工时市场价格出现了较大波动，工程人工费、材料费构成比例以及有关造价指数如表 4-5 所示：

人工费、材料费构成比例以及有关指数　　　　**表 4-5**

项目	人工费	钢筋	水泥	集料	砌块	砂	木材	不调值费用
比例	45%	11%	11%	5%	6%	3%	4%	15%
2013 年 6 月指数	100	100.8	102.0	93.6	100.2	95.4	93.4	
2013 年 12 月指数	110.1	98.0	112.9	95.9	98.9	91.1	117.9	

4. 该工程在保修期间内发生屋面漏水，甲方多次催促乙方修理，但乙方一再拖延，最后甲方只得另请其他单位修理，发生修理费 15000 元。

问题

1. 该工程是否按期竣工？

2. 工程价款结算的方式有哪几种？竣工结算的前提是什么？

3. 该工程的预付款为多少？预付款起扣点为多少？

4. 该工程 8 月至 11 月每月应拨付的工程款为多少？

5. 该工程的竣工结算造价为多少？

6. 工程保修金为多少？

7. 12 月底办理竣工结算时甲方应支付的结算款为多少？

8. 保修期间屋面漏水发生的 15000 元修理费如何处理？

知识点

1. 合同工期计算

2. 工程价款的结算方法、竣工结算的原则与方法

3. 预付工程款的概念、计算与起扣

4. 工程变更价款的处理原则

5. 工程保修的处理原则

案例剖析

问题 1

该工程未按期完工，按照 2013 版施工合同规定，工期总日历天数与计划开竣工日期计算的工期天数不一致的，以工期总日历天数为准。则此处应认为合同工期是 150 天，按

期竣工的日期应是2013年12月28日。

问题2

1. 工程价款结算的方法主要有：

(1) 按月结算。即实行旬末或月中预支，月终结算，竣工后清算。

(2) 竣工后一次结算。即实行每月月中预支、竣工后一次结算。这种方法主要适用于工期短、造价低的小型工程项目。

(3) 分段结算。即按照形象工程进度，划分不同阶段进行结算。该方法用于当年不能竣工的单项或单位工程。

(4) 目标结款方式。即在工程合同中，将承包工程分解成不同的控制界面，以业主验收控制界面作为支付工程价款的前提条件。

(5) 结算双方约定的其他结算方式。

2. 工程竣工结算的前提条件是：承包商按照合同规定内容全部完成所承包的工程，并符合合同要求，经验收质量合格。

问题3

$$预付款=660\times20\%=132万元$$

$$预付款起扣点=签约合同价格-\frac{预付款}{主要材料所占比重}=660-\frac{132}{60\%}=440万元$$

问题4

8月：应拨付工程款60万元，累计拨付工程款60万元。

9月：应拨付工程款110万元，累计拨付工程款170万元。

10月：应拨付工程款160万元，累计拨付工程款330万元。

11月的工程款为220万元，累计拨付工程款550万元。550万元已经大于预付款起扣点440万元，因此在11月份应该开始扣回预付款。按照合同约定：预付款从每次进度款中按材料比重扣回。则11月份应扣回的工程款为：

$$(本月应拨付的工程款+以前累计已拨付的工程款-预付款起扣点)\times60\%$$
$$=(220+330-440)\times60\%=66万元$$

所以11月应拨付的工程款为：220－66＝154万元

累计拨付工程款484万元。

问题5

该工程的竣工结算造价即为实际结算款。

$$实际结算款=660\times\left(0.15+0.45\times\frac{110.1}{100}+0.11\times\frac{98}{100.08}+0.11\times\frac{112.9}{102.0}+0.05\times\frac{95.9}{93.6}+0.06\times\frac{98.9}{100.2}+0.03\times\frac{91.1}{95.4}+0.04\times\frac{117.9}{93.4}\right)$$
$$=660\times1.064=702.24万元$$

问题6

$$工程保修金=702.24\times5\%=35.112万元$$

问题7

12月底办理竣工结算时，按合同约定：工程保修金为工程造价的5%，在竣工结算月一次扣留。因此12月甲方应支付的结算款为：

工程结算造价－已拨付的工程款－工程保修金－预付款

＝702.24－484－35.112－132＝51.128万元

问题8

保修期间出现的质量问题应由施工单位负责修理。在本案例中的屋面漏水属于工程质量问题，由乙方负责修理，但乙方没有履行保修义务，因此发生的15000元维修费应从乙方的保修金中扣除。

练　习　题

单项选择题

1. 按照《建设工程安全生产管理条例》规定，对于涉及(　　)工程的专项施工方案，施工单位依法应当组织专家进行论证、审查。

A. 地下暗挖　　B. 降水　　C. 脚手架　　D. 起重吊装

2. 根据《建设工程安全生产管理条例》，建设单位不得压缩(　　)工期。

A. 定额　　B. 标准　　C. 法定　　D. 合同

3. 按照《建设工程施工合同（示范文本）》GF—2013—0201规定，工期自(　　)起计算。

A. 合同计划开工日期

B. 监理人发出的开工通知中载明的开工日期

C. 承包人实际开工日期

D. 计划开工日期7天前

4. 按照《建设工程施工合同（示范文本）》GF—2013—0201规定，下列有关承包人提交详细施工组织设计的期限，说法错误的是(　　)。

A. 按照发承包双方应明确约定的期限

B. 在合同签订后14天内

C. 承包人开工前7天

D. 至迟不得晚于开工通知载明的开工日期前7天

5. 施工过程中对施工现场内水准点等测量标志物的保护工作由(　　)负责。

A. 发包人　　B. 监理人　　C. 承包人　　D. 设计人

6. 暂停施工期间，(　　)应负责妥善照管工程并提供安全保障，由此增加的费用由(　　)承担。

A. 承包人、承包人　　B. 承包人、发包人

C. 发包人、责任方　　D. 承包人、责任方

7. 提前竣工建议书不包括(　　)。

A. 修订的施工进度计划　　B. 缩短的时间

C. 实施的方案　　D. 增加的合同价格

8. 竣工验收合格的，发包人应在验收合格后(　　)天内向承包人签发工程接收证书。

A. 7　　B. 14　　C. 28　　D. 56

9. 下列有关竣工验收内容说法，错误的是(　　)。

A. 对于竣工验收不合格的工程，承包人完成整改后，应当重新进行竣工验收

B. 除专用合同条款另有约定外，合同当事人应当在颁发工程接收证书后 7 天内完成工程的移交

C. 因工程设备制造原因导致试车达不到验收要求的，由设备供应商负责拆除

D. 发包人要求甩项竣工的，合同当事人应当就甩项工作产生的影响进行分析，并就工作范围、工期、造价等协商，签订甩项竣工协议

10. 竣工验收报告审核完毕后，(　　)组织验收。

A. 发包人　　B. 承包人的项目负责人

C. 监理人　　D. 承包人的技术负责人

11. 下列有关工程质量内容，说法错误的是(　　)。

A. 合同当事人在专用合同条款中约定工程质量标准不应低于国家标准中的强制性标准

B. 发包人提供的设计有缺陷的，应当承担过错责任

C. 承包人承担工程质量责任期间从施工期至竣工验收合格之日止

D. 承包人应对施工人员进行质量教育和技术培训，未经教育培训或者考核不合格的人员，不能上岗作业

12. 下列有关隐蔽工程内容，说法错误的是(　　)。

A. 承包人应当对工程隐蔽部位进行自检

B. 监理人应按时到场并对隐蔽工程及其施工工艺、材料和工程设备进行检查

C. 除专用合同条款另有约定外，监理人不能按时进行检查的，应在检查前 24 小时向承包人提交书面延期要求

D. 承包人未通知监理人到场检查，私自将工程隐蔽部位覆盖的，监理人要求承包人钻孔探测或揭开检查，经检查质量合格的，由发包人承担由此增加的费用和(或) 延误的工期

13. 有关取样的内容，正确的是(　　)。

A. 承包人不能单独取样

B. 承包人在施工过程中不得使用与样品不符的材料或工程设备

C. 在施工过程中，对施工现场的取样和送检，见证人员应在试样或其包装上做出标识、封志

D. 经批准的样品应由承包人负责封存于现场

14. 按照《建设工程质量管理条例》规定，供热与供冷系统的最低保修期限是(　　)。

A. 设计文件规定的该工程的合理使用年限

B. 2 个采暖期、供冷期

C. 2 年

D. 5 年

15. 下列有关施工安全与环境保护内容，说法错误的是(　　)。

A. 承包人有权拒绝发包人及监理人强令承包人违章作业、冒险施工的任何指示

B. 经检查发现安全生产隐患的，承包人应按照发包人、监理人或政府主管部门的要求进行整改并承担整改费用

C. 投标人可在安全施工措施费方面予以竞争

D. 工程施工过程中发生事故的，承包人应立即通知监理人，监理人应立即通知发包人

16. 按照《建设工程价款结算暂行办法》规定，包工包料工程的预付款按合同约定拨付，原则上预付比例不低于合同金额的(　　)%。

A. 5　　B. 10　　C. 20　　D. 30

17. 下列有关监理人指示，说法错误的是(　　)。

A. 监理人的指示应采用书面形式

B. 紧急情况下，监理人员可以口头形式发出指示，但必须在发出口头指示后24小时内补发书面监理指示，补发的书面监理指示应与口头指示一致

C. 因监理人未能按合同约定发出指示、指示延误或发出了错误指示而导致承包人费用增加和（或）工期延误的，由发包人承担赔偿责任

D. 监理人对承包人的任何工作、工程或其采用的材料和工程设备未在约定的或合理期限内提出意见的，视为拒绝

18. 施工合同的争议解决应该首选(　　)方式。

A. 和解　　B. 调解　　C. 仲裁　　D. 诉讼

19. 下列有关调解的内容，说法错误的是(　　)。

A. 民间调解达成的协议不具有强制约束力

B. 行政调解达成的协议具有强制约束力

C. 仲裁调解是仲裁庭在作出裁决前进行调解的解决纠纷的方式

D. 调解书与裁决书具有同等法律效力，调解书经当事人签收后即发生法律效力

20. 建设工程合同纠纷由(　　)的仲裁委员会仲裁。

A. 工程所在地　　B. 仲裁申请人所在地

C. 纠纷发生地　　D. 双方协商选定

21. 甲与乙签订施工合同，合同约定"本合同发生争议由仲裁委员会裁决"，后双方对仲裁委员会的选择未达成一致意见，则该仲裁协议(　　)。

A. 无效　　B. 有效　　C. 效力待定　　D. 可撤销

22. 甲、乙两公司欲签订一份仲裁协议，仲裁协议的内容可以不包括(　　)。

A. 选定的仲裁委员会　　B. 仲裁事项

C. 双方不到法院起诉的承诺　　D. 请求仲裁的意思表示

23. 施工合同中，通常基于工程的性质和承包工程量等因素约定工程预付款，其目的是(　　)。

A. 担保发包人能够按期支付工程进度款

B. 发包人帮助承包人解决工程施工前期资金紧张的困难

C. 表明发包人与承包人合作的诚意

D. 防止承包人擅自变更、终止施工合同

24. 按照《建设工程施工合同（示范文本）》GF—2013—0201通用合同条款规定，工程施工完毕，经验收检验后确认达到竣工标准，应以(　　)日确认为承包人的竣工日。

A. 承包人自检合格

B. 承包人递交竣工验收报告

C. 竣工检验开始

D. 竣工检验完毕，有关各方在竣工检验报告签字

25. 工程质量保修期限，应(　　)的时间确定。

A. 按当事人双方具体约定　　B. 按法规规定标准

C. 由双方约定且不低于法定标准　　D. 参照行业通常习惯

26. 施工过程中，因承包人的原因施工进度滞后于计划进度，承包人按照工程师的要求修改了进度计划并提出了相应措施，经工程师确认后执行。但执行中由于措施有问题导致损失，此损失应由(　　)负责。

A. 承包人　　B. 发包人　　C. 监理人　　D. 设计人

27. 下列有关暂停施工说法不正确的是(　　)。

A. 承包人应按监理人要求停止施工

B. 承包人实施监理人处理意见后，可以自行复工

C. 监理人未能在规定时间内作出答复，由发包人承担违约责任

D. 监理人发现施工可能危及人身安全，应停止施工

28.《建设工程施工合同（示范文本）》GF—2013—020 中设立的争议评审小组，其成员是由(　　)的人员组成。

A. 仲裁委员会指定　　B. 政府管理机构指定

C. 发包人与承包人协商选定　　D. 行业协会指定

29. 按照《建设工程施工合同（示范文本）》GF—2013—0201 规定，施工中发包人供应的材料由承包人负责检查试验后用于工程，但随后又发现材料有质量问题，此时应由(　　)。

A. 发包人追加合同价款，相应顺延工期

B. 发包人追加合同价款，工期不予顺延

C. 承包人承担发生的费用，相应顺延工期

D. 承包人承担发生的费用，工期不予顺延

30. 按照 2013 版《建设工程施工合同（示范文本）》GF—2013—0201 中，施工合同文件的组成包括①合同协议书②专用合同条款③通用合同条款④已报价工程量清单⑤中标通知书⑥投标函及其附录等。其通用合同条款规定合同文件解释的优先顺序是(　　)。

A. ①②③④⑤⑥　　B. ②①⑥③④⑤

C. ①⑤⑥②③④　　D. ⑥①⑤②③④

31. (　　)是 2013 版《建设工程施工合同（示范文本）》GF—2013—0201 总纲性的文件。

A. 合同协议书　　B. 通用合同条款

C. 专用合同条款　　D. 工程质量保修书

32. 2013 版《建设工程施工合同（示范文本）》GF—2013—0201 中(　　)是固定格式，不需要合同双方协商。

A. 合同协议书　　B. 通用合同条款

C. 专用合同条款　　D. 工程质量保修书

33. 对于单价合同计价方式，确定结算工程款的依据是(　　)。

A. 实际工程量和实际单价　　B. 合同工程量和合同单价

C. 实际工程量和合同单价　　D. 合同工程量和实际单价

34. 发包人和承包人都不存在工程方面的风险的合同是(　　)。

A. 单价合同　　B. 固定总价合同

C. 变动总价合同　　D. 成本加酬金合同

35. 固定单价合同适用于(　　)的项目。

A. 工期长、工程量变化幅度很大　　B. 工期长、工程量变化幅度不太大

C. 工期短、工程量变化幅度不太大　　D. 工期短、工程量变化幅度很大

36. 下列关于总价合同特点的表述不正确的是(　　)。

A. 发包人可以在报价竞争状态下确定项目的总造价

B. 承包人将承担较多的风险

C. 评标时易于迅速确定最低报价的投标人

D. 在施工进度上不能调动承包人的积极性

37. 关于固定总价合同适用性，下列说法不正确的是(　　)。

A. 工程量小、工期短，施工过程中环境因素变化小，工程条件稳定并合理

B. 工程设计详细，图纸完整、清楚，工程任务和范围明确

C. 工程结构和技术简单，风险小

D. 合同条件中有对承包人单方面保护的条款

38. 发包人承担全部工程量和价格风险的合同是(　　)。

A. 变动总价合同　　B. 成本加酬金合同

C. 固定总价合同　　D. 变动单价合同

39. 下列关于成本加酬金合同的说法，正确的是(　　)。

A. 采用该计价方式对发包人的投资控制不利

B. 成本加酬金合同不适用抢险、救灾工程

C. 成本加酬金合同不易用于项目管理合同

D. 对承包人来说，成本加酬金合同比固定总价合同的风险高，利润无保证

40. 下列有关发包人合同审查内容，说法错误的是(　　)。

A. 施工企业的名称应与营业执照、资质证书上的名称一致

B. 明确施工质量应符合国家颁发的质量标准

C. 施工合同解决争议的仲裁条款中，仲裁地点应尽量选择承包人所在地

D. 施工合同的标的必须具体

多项选择题

1. 下列有关《建设工程施工合同（示范文本）》GF—2013—0201合同工期内容说法正确的是(　　)。

A. 施工合同工期是指合同协议书中规定的建设工程从实际开工日期起到实际竣工日期所经历的总日历天数

B. 工期总日历天数与根据计划开竣工日期计算的工期天数不一致的，以计划开竣工日期计算的工期为准

C. 施工合同工期是指合同协议书中规定的建设工程从计划开工日期起到计划竣工日期所经历的总日历天数

D. 工期总日历天数与根据计划开竣工日期计算的工期天数不一致的，以工期总日历天数为准

E. 工期总日历天数与根据实际开竣工日期计算的工期天数不一致的，以工期总日历天数为准

2. 根据《建设工程安全生产管理条例》，施工单位应组织专家对(　　)的专项施工方案进行论证、审查。

A. 深基坑工程　　B. 地下暗挖工程

C. 脚手架工程　　D. 设备安装工程

E. 高大模板工程

3. 下列有关《建设工程施工合同（示范文本）》GF—2013—0201 中测量放线内容，说法正确的是(　　)。

A. 除专用合同条款另有约定外，发包人应在至迟不得晚于开工通知载明的开工日期前 7 天通过监理人向承包人提供测量基准点、基准线和水准点及其书面资料

B. 发包人应对其提供的测量基准点、基准线和水准点及其书面资料的真实性、准确性和完整性负责

C. 对于发包人提供的测量基准点、基准线和水准点存在错误，承包人不承担责任

D. 承包人不能矫正工程的位置、标高、尺寸或准线中出现的差错

E. 承包人发现发包人提供的测量基准点、基准线和水准点及其书面资料存在错误或疏漏的，应及时通知监理人

4. 当不利物质条件或异常恶劣的气候条件发生时，承包人具有(　　)义务。

A. 采取合理措施继续施工　　B. 履行减损义务

C. 及时通知监理人和发包人　　D. 采取合理措施停止施工

E. 获取因采取合理措施而增加的费用

5. 下列有关竣工验收程序内容说法正确的是(　　)。

A. 承包人向监理人报送竣工验收申请报告，监理人应在收到竣工验收申请报告后 14 天内完成审查并报送发包人

B. 发包人无正当理由逾期不颁发工程接收证书的，自验收合格后第 15 天起视为已颁发工程接收证书

C. 工程未经验收或验收不合格，发包人擅自使用的，应在转移占有工程后 14 天内向承包人颁发工程接收证书

D. 监理人审查竣工验收申请报告后认为已具备竣工验收条件的，应将竣工验收申请报告提交发包人

E. 承包人在完成不合格工程的返工、修复或采取其他补救措施后，应重新提交竣工验收申请报告

6. 下列有关缺陷责任期的说法，正确的是(　　)。

A. 缺陷责任期是指承包人按照合同约定承担缺陷修复义务，且发包人预留质量保证金的期限，自工程计划竣工日期起计算

B. 合同当事人应在专用合同条款中约定缺陷责任期的具体期限，但该期限最长不超过24个月

C. 单位工程先于全部工程进行验收，经验收合格并交付使用的，该单位工程缺陷责任期自单位工程验收合格之日起算

D. 发包人未经竣工验收擅自使用工程的，缺陷责任期自工程转移占有之日起开始计算

E. 除专用合同条款另有约定外，承包人应于缺陷责任期届满后14天内向发包人发出缺陷责任期届满通知

7. 按照《建设工程质量管理条例》规定，下列有关建设工程的最低保修期限，说法正确的是(　　)。

A. 基础设施工程、房屋建筑的地基基础工程和主体结构工程，为50年

B. 屋面防水工程，为5年

C. 供热与供冷系统，为2个采暖期、供冷期

D. 电气管线、给水排水管道、设备安装和装修工程，为2年

E. 外墙面的防渗漏，为2年

8. 下列有关工程价款内容说法正确的是(　　)。

A. 因承包人原因未按期竣工的，对合同约定的竣工日期后继续施工的工程，在使用价格调整公式时，应采用计划竣工日期与实际竣工日期的两个价格指数中较高的一个作为现行价格指数

B. 除专用合同条款另有约定外，合同履行期间材料单价涨幅以基准价格为基础超过5%时，其超过部分据实调整

C. 工程量计量按照合同约定的工程量计算规则、图纸及变更指示等进行计量

D. 在对已签发的进度款支付证书进行阶段汇总和复核中发现错误、遗漏或重复的，发包人和承包人均有权提出修正申请

E. 发包人累计扣留的质量保证金不得超过结算合同价格的5%

9. 除专用合同条款另有约定外，最终结清申请单应列明(　　)。

A. 质量保证金　　　　B. 应扣除的质量保证金

C. 缺陷责任期内发生的增减费用　　　　D. 预付款

E. 施工期内发生的增减费用

10. 按照《建设工程施工合同（示范文本）》GF—2013—0201规定，下列有关争议评审的内容，说法正确的是(　　)。

A. 争议评审小组解决纠纷的周期较仲裁周期短

B. 争议评审小组作出的书面决定具有强制性

C. 争议评审小组作出的书面决定经合同当事人签字确认后，对双方具有约束力

D. 除专用合同条款另有约定外，评审员报酬由发包人和承包人各承担一半

E. 争议评审小组成员必须是3人以上单数

11. 调解的形式包括(　　)。

A. 民间调解　　　　B. 法院调解

C. 行政调解　　　　D. 仲裁调解

E. 自行调解

12. 仲裁协议中必不可少的内容有(　　)。

A. 仲裁事项　　B. 仲裁委员会名称

C. 服从仲裁的意思表示　　D. 请求仲裁的意思表示

E. 自觉履行仲裁裁决的意思表示

13. 下列关于仲裁与诉讼特点的表述正确的有(　　)。

A. 仲裁的程序相对灵活，诉讼的程序较严格

B. 仲裁以不公开审理为原则，诉讼则以不公开审理为例外

C. 仲裁实行一裁终局制，诉讼实行两审终审制

D. 仲裁机构和管辖法院均由双方协商确定

E. 仲裁和诉讼是两种独立的争议解决方式

14. 下列关于竣工验收提法错误的有(　　)。

A. 对符合竣工验收条件的工程，由发包人组织验收

B. 竣工验收后承包人与发包人签订工程质量保修书

C. 工程严禁任何部分甩项竣工

D. 工程需要修改后通过竣工验收的实际竣工之日，为承包人修改后再次验收通过日

E. 竣工验收合格的工程移交发包人使用

15.《建设工程施工合同（示范文本）》GF—2013—0201 规定，可以顺延工期的条件有(　　)。

A. 发包人发出的工程变更

B. 非承包人原因停电

C. 承包人无故拒绝复工

D. 发包人不能按合同约定日期支付预付款，使工程不能正常进行

E. 监理人未按合同约定及时发出指示

16. 某设备安装工程，由于设计原因试车达不到合同约定的验收要求，则发包人的责任是(　　)。

A. 要求设计单位修改设计　　B. 承担设备拆除的费用

C. 负责设备重新安装　　D. 承担重新安装的费用

E. 重新组织单机无负荷试车

17. 设备安装工程的竣工验收阶段，下列有关组织试车的论述中，正确的有(　　)。

A. 单机无负荷试车由发包人组织　　B. 单机无负荷试车由承包人组织

C. 联动无负荷试车由发包人组织　　D. 联动无负荷试车由承包人组织

E. 竣工后的试车由承包人组织

案例分析题

背景资料：

某难度大、技术含量较高工程项目，经有关招投标主管部门批准采用邀请招标方式招标。发包人于 2011 年 8 月 20 日向符合资质要求的 A、B、C 三家承包人发出投标邀请书，A、B、C 三家承包商均按招标文件的要求提交了投标文件，最终确定 B 承包人中标，于 2011 年 9 月 30 日正式签订了工程承包合同。该合同采用单价合同，合同总价为 6240 万

元，工期12个月，竣工日期2012年10月30日，承包合同另外规定：

（1）工程预付款为合同总价的25%；

（2）工程预付款从未施工工程所需的主要材料及构配件价值相当于工程预付款时起扣，每月以抵充工程款的方式陆续收回。主要材料及构配件比重按60%考虑；

（3）进度款支付至合同金额的85%，暂停支付工程款，余款待工程结算完扣减工程质量保修金后一起支付；

（4）材料和设备均由B承包人负责采购；

（5）经业主工程师代表签认的B承包人完成的建安工作量（第1月至第12月）按照合同单价计算的产值金额见表4-6。

工程各月实际完成产值 **表4-6**

施工月份	第1月至第7月	第8月	第9月	第10月	第11月	第12月
实际完成建安工作量（万元）	3000	420	510	770	750	790
实际完成建安工作量累计（万元）	3000	3420	3930	4700	5450	6240

（6）本工程合同中约定可针对人工费、材料费价格变化对竣工结算价进行调整。可调整各部分费用占总价款的百分比、基准期、竣工当期价格指数见表4-7。

人工费、材料费构成比例以及有关指数 **表4-7**

可调整项目	人工	材料1	材料2	材料3	材料4
费用比重（%）	20	12	8	21	14
基期价格指数	100	120	115	108	115
当期价格指数	105	127	105	120	129

（7）工程质量保修金为合同结算价格的5%，2013年4月工程结算完成后，一次扣留。

问题：

（1）本工程预付款是多少万元？

（2）工程预付款应从哪个月开始起扣？

（3）第1月至第7月份合计以及第8、9、10、11、12月，业主工程师代表应签发的工程款各是多少万元？

（4）列式计算人工费、材料费调整后的竣工结算价款是多少万元？

（5）本工程的质量保修金是多少万元？

（6）结算完成时，承包人还可获得多少万元工程款？

（7）该合同采用单价合同是否合适，为什么？

第5章 工程变更与索赔

教学目的：引导学生掌握工程施工期间变更与索赔产生的原因与后果，指导学生正确对待和处理工程变更与索赔事件。

知 识 点：变更的原因及范围、变更程序、变更估价、索赔的起因及分类、索赔处理、工期索赔的计算、费用索赔的计算。

学习提示：通过案例掌握变更估价的原则、工期索赔的计算、费用索赔的计算。

5.1 工 程 变 更

根据《建设工程工程量清单计价规范》GB－50500－2013关于工程变更的定义，变更指“合同工程实施过程中由发包人提出或由承包人提出经发包人批准的合同工程任何一项工作的增、减、取消或施工工艺、顺序、时间的改变；设计图纸的修改；施工条件的改变；招标工程量清单的错漏从而引起合同条件的改变或工程量的增减变化”。

施工合同中出现的变更事项有可能来自设计变化，也有可能来自于实际履行，亦即导致在国内工程合同履行实践中确实存在“变更单、洽商单、签证单（表）、工作联系单”等多种形式的文件，表5-1为现场签证表，表5-2为工作联系单。由两个表单对比可以看出，其填写内容和审核、批准的流程基本一致。一般是由施工单位提出，经过设计人、监理人、发包人的审核后执行，这些内容和审核、批准程序可归结为变更的范畴，因此变更涵盖了洽商和签证的内容。

现场签证表 **表5-1**

工程名称： 标段： 编号：

<table>
<tr><td>施工部位</td><td></td><td>日期</td><td></td></tr>
<tr><td colspan="4">致：________（发包人全称）
根据____（指令人姓名）___年___月___日的口头指令或你方______（或监理人）___年___月___日的书面通知，我方要求完成此项工作应支付价款金额为（大写）______（小写______），请予核准。
附：1. 签证事由及原因
2. 附图及计算式

承包人（章）
承包人代表______
日 期______</td></tr>
</table>

续表

<table>
<tr><td>施工部位</td><td></td><td>日期</td><td></td></tr>
<tr><td colspan="2">复核意见：
你方提出的此项签证申请经复核：
□不同意此项签证，具体意见见附件
□同意此项签证，签证金额的计算，由造价工程师复核

监理工程师________
日　　期________</td><td colspan="2">复核意见：
□此项签证按承包人中标的计日工单价计算，金额为（大写）________元，（小写）________元
□此项签证因无计日工单价，金额为（大写）____元，（小写）________元

造价工程师________
日　　期________</td></tr>
<tr><td colspan="4">审核意见：
□不同意此项签证
□同意此项签证，价款与本期进度款同期支付。

发包人（章）
发包人代表________
日　　期________</td></tr>
</table>

注：1. 在选择栏中的“□”内作标识“✓”；

2. 本表一式四份，由承包人在收到发包人（监理人）的口头或书面通知后填写，发包人、监理人、造价咨询人、承包人各存一份。

工作联系单　　　　　　　　　　　　**表5-2**

工程名称：　　　　　　　　　　标段：　　　　　　　　　　编号：

<table>
<tr><td>联　系　内　容</td></tr>
<tr><td>

发包人（章）
发包人代表________
日　　期________</td></tr>
<tr><td>设计人意见：

发包人（章）
发包人代表________
日　　期________</td></tr>
</table>

续表

联　系　内　容
监理人意见：   监理人（章） 日　　期＿＿＿＿
发包人意见：   发包人（章） 日　　期＿＿＿＿

5.1.1　变更起因及范围

1. 变更起因

建设项目合同在履行过程中，经常会发生很多变更。而引起这些变更的原因很多，其中主要包括：

（1）有关法律、法规和技术规范的变化。如国家节能要求、环境保护要求、城市规划变动等引起建设工程相应设计和施工规范的变动。举例，如 2012 年 10 月 1 日开始实施《民用建筑供暖通风与空气调节设计规范》GB 50736—2012，原规范废止，按照原规范设计施工的工程有可能就不能满足现行要求，需修改设计。

（2）发包人要求。发包人对在建工程项目的质量、进度、投资等方面有新的要求，如提高工程质量、提前竣工或是削减项目投资规模等造成建设项目变更。

（3）设计不满足要求。由于设计人员在设计过程中的疏忽、大意等原因造成的设计不合理、错误，不满足《工程建设强制性条文》或与现场不符无法施工，导致图纸修改。

（4）监理人的建议。监理人对项目实施过程中的技术、经济事项提出的合理化建议。

（5）承包人的建议。承包人在项目实施过程中，针对设计缺陷或不够完善的内容提出的合理化建议。

（6）使用方要求。如房地产开发项目中，房地产商通过了解客户需求，为满足部分客户的个性化定制要求而调整了原有装修标准。

（7）工程环境的变化。如公路施工中，当现场条件与地质勘察结果不一致，导致路基无法满足设计承载能力要求时，需采取换土措施。

（8）其他原因。如监理人未经发包人授权而发出指令导致工程量变化，发包人与承包人为创“鲁班奖”而共同提高工程质量引起的变更等。

2. 变更的范围

按照 2013 版施工合同规定，除发包人与承包人合同条款另有约定外，合同履行过程中发生以下情形的，应按照示范文本约定进行变更：

(1) 增加或减少合同中任何工作，或追加额外的工作；

(2) 取消合同中任何工作，但转由他人实施的工作除外；

(3) 改变合同中任何工作的质量标准或其他特性；

(4) 改变工程的基线、标高、位置和尺寸；

(5) 改变工程的时间安排或实施顺序。

5.1.2 变更确认

1. 变更权

(1) 发包人和监理人均可以提出变更。变更指示均通过监理人发出，监理人发出变更指示前应征得发包人同意。承包人收到经发包人签认的变更指示后方可实施变更。未经许可，承包人不得擅自对工程的任何部分进行变更。

(2) 涉及设计变更的，应由设计人提供变更后的图纸和说明。如变更超过原设计标准或批准的建设规模时，发包人应及时办理规划、设计变更等审批手续。发包人擅自进行对原设计文件的修改，影响到质量安全等方面的，根据《建筑法》第 54 条规定，设计单位和施工企业应当予以拒绝。

2. 变更程序

(1) 发包人提出变更

发包人提出变更的，应通过监理人向承包人发出变更指示，变更指示应说明计划变更的工程范围和变更的内容，如涉及设计变更要由设计单位做变更设计图纸。

(2) 监理人提出变更

监理人提出变更建议的，需向发包人以书面形式提出变更计划，说明计划变更工程范围和变更的内容、理由，以及实施该变更对合同价格和工期的影响。发包人同意变更的，由监理人向承包人发出变更指示。发包人不同意变更的，监理人无权擅自发出变更指示。

(3) 承包人提出变更

承包人认为需要变更的，应按程序提出变更申请，经监理工程师批准后执行。具体的申请审批程序如下：

1) 承包人申请

先由承包人提出申请变更报告，包括变更理由、方案、工程量、变更单价和总费用等，报监理人。

2) 监理人审核

监理人接到承包人变更申请后，应按图纸、规范等审查其提出的变更方案是否合理，并尽可能要求承包人提出两种以上技术方案，以便对比选优。对变更涉及的工程量，应要求其提供计算资料（如图纸及计算公式等），监理工程师负责工程量的核实、签认，造价工程师负责核对、核定单价和总费用并签署意见，报总监理工程师审核、签字。

3) 发包人审批

总监理工程师审核、签字后，报发包人审批。

4) 签发“工程变更令”

发包人批准后，由总监理工程师签发“工程变更令”，承包人执行，监理人监督。

(4) 变更执行

对于发包人或监理人提出的变更，承包人在收到总监理工程师下达的变更指示后认为不能执行的，应立即提出不能执行的理由；认为可以执行的，应书面说明实施该变更对合同价格和工期的影响，并提出变更估价和工期调整方案。

5.1.3 变更的处理

1. 工期调整

因变更引起工期变化的，合同当事人任何一方均可要求调整合同工期。工期调整可参考工程所在地的工期定额标准确定增减工期天数。如深圳市可参考《深圳市建设工程施工工期标准（2006）》、北京市可参考《北京市建设工程工期定额（2010）》。

2. 变更估价

(1) 变更估价程序

1) 承包人在收到变更指示后14天内，向监理人提交变更估价申请。

2) 监理人在收到承包人提交的变更估价申请后7天内审查完毕并报送发包人，监理人对变更估价申请有异议，可通知承包人修改后重新提交。发包人在承包人提交变更估价申请后14天内审批完毕。发包人逾期未完成审批或未提出异议的，视为认可承包人提交的变更估价申请。

3) 因变更引起的价格调整应计入最近一期的进度款中支付。

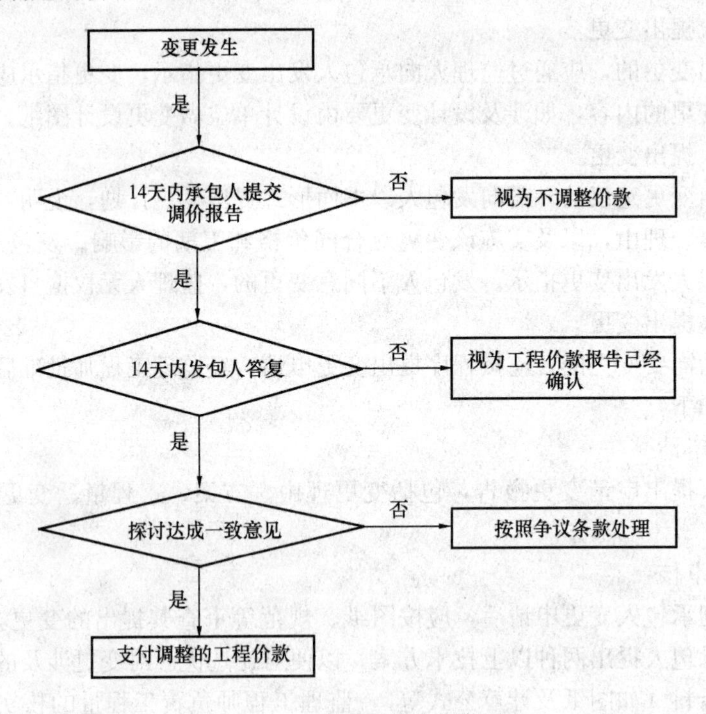

图5-1 工程变更估价程序图

(2) 变更估价原则

除发包人和承包人合同条款另有约定外，变更估价应按照以下方式处理：

1) 已标价工程量清单或预算书有相同项目的，按照相同项目单价认定；

2）已标价工程量清单或预算书中无相同项目，但有类似项目的，参照类似项目的单价认定；

3）变更导致实际完成的工程量与已标价工程量清单或预算书中列明的该项目工程量的变化幅度超过15%的，由合同当事人商量确定变更工作的单价。按照2013版清单规范的规定，变更工作单价的调整原则为：当工程量增加15%以上时，其增加部分的工程量的综合单价应予调低；当工程量减少15%以上时，减少后剩余部分的工程量的综合单价应予调高。可按下列公式调整结算分部分项工程费：

① 当 $Q_1>1.15Q_0$ 时，$S=1.15Q_0\times P_0+(Q_1-1.15Q_0)\times P_1$ (5-1)

② 当 $Q_1<0.85Q_0$ 时，$S=Q_1\times P_1$ (5-2)

式中 S——调整后的某一分部分项工程费结算价；

Q_1——最终完成的工程量；

Q_0——招标工程量清单中列出的工程量；

P_1——按照最终完成工程量重新调整后的综合单价；

P_0——承包人在工程量清单中填报的综合单价。

如果工程量变化引起相关措施项目发生相应变化，如按系数或单一总价方式计价的，工程量增加的措施项目费调增，工程量减少的措施项目费调减。

4）已标价工程量清单或预算书中无相同项目及类似项目单价的，按照合理的成本与利润构成的原则，由合同当事人商定确定变更工作的单价。按照2013版清单规范的规定，变更工作单价的调整原则为：由承包人根据变更工程资料、计量规则和计价办法、工程造价管理机构发布的信息价格和承包人报价浮动率提出变更工程项目的单价，报发包人确认后调整。承包人报价浮动率 L 可按下列公式计算：

招标工程： $$L=\left(1-\frac{中标价}{招标控制价}\right)\times 100\%$$ (5-3)

非招标工程： $$L=\left(1-\frac{报价值}{施工图预算}\right)\times 100\%$$ (5-4)

5）已标价工程量清单中没有适用也没有类似于变更工程项目，且工程造价管理机构发布的信息价格缺价的，由承包人根据变更工程资料、计量规则、计价办法和通过市场调查等取得有合法依据的市场价格提出变更工程项目的单价，报发包人确认后调整。

6）工程变更引起施工方案改变，并使措施项目发生变化的，承包人提出调整措施项目费的，应事先将拟实施的方案提交发包人确认，并详细说明与原方案措施项目相比的变化情况。拟实施的方案经发、承包双方确认后执行。该情况下，应按照下列规定调整措施项目费：

① 安全文明施工费，按照实际发生变化的措施项目调整；

② 采用单价计算的措施项目费，按照实际发生变化的措施项目确定单价；

③ 按总价（或系数）计算的措施项目费，按照实际发生变化的措施项目调整，但应考虑承包人报价浮动因素，即调整金额按照实际调整金额乘以规定的承包人报价浮动率计算；

④ 如果承包人未事先将拟实施的方案提交给发包人确认，则视为工程变更不引起措施项目费的调整或承包人放弃调整措施项目费的权利。

7）如果工程变更项目出现承包人在工程量清单中填报的综合单价与发包人招标控制价或施工图预算相应清单项目的综合单价偏差超过15%，则工程变更项目的综合单价可由发、承包双方按照下列规定调整：

① 当$P_0<P_1\times(1-L)\times(1-15\%)$时，该类项目的综合单价按照$P_1\times(1-L)\times(1-15\%)$调整；

② 当$P_0>P_1\times(1+15\%)$时，该类项目的综合单价按照$P_1\times(1+15\%)$调整。

式中 P_0——承包人在工程量清单中填报的综合单价

P_1——发包人招标控制价或施工预算相应清单项目的综合单价

L——承包人报价浮动率

8）如果发包人提出的工程变更，因为非承包人原因删减了合同中的某项原定工作或工程，致使承包人发生的费用或（和）得到的收益不能被包括在其他已支付或应支付的项目中，也未被包含在任何替代的工作或工程中，则承包人有权提出并得到合理的利润补偿。此处合理的利润是指社会平均水平的利润，即当地定额规定的利润取费水平，但也要结合合同订立时当事人双方确认的利润取费比例和建筑市场的收益惯例水平来进行确定。

9）合同履行期间，出现实际施工设计图纸（含设计变更）与招标工程量清单任一项目的特征描述不符，且该变化引起该项目的工程造价增减变化的，应按照实际施工的项目特征重新确定相应工程量清单项目的综合单价，计算调整的合同价款。

10）招标工程量清单中出现缺项，造成新增工程量清单项目的，按照1）至6）的方法调整合同价款。

11）合同履行期间，出现工程造价管理机构发布的人工、材料、工程设备和施工机械台班单价或价格与合同工程基准日期相应单价或价格比较出现涨落，应按照合同工程发生的人工数量和合同履行期与基准日期人工单价对比的价差的乘积计算，或按照人工费调整系数计算调整人工费。承包人采购材料、工程设备的，应在合同中约定可调材料、工程设备价格变化的范围或幅度，如没有约定，则材料、工程设备单价变化超过5%，施工机械台班单价变化超过10%，则超过部分的价格应予调整。该情况下，应按照价格系数调整法或价格差额调整法计算调整的材料设备费和施工机械费。

因发包人原因导致工期延误的，则计划进度日期后续工程的价格或单价，采用计划进度日期与实际进度日期两者的较高者；因承包人原因导致工期延误的，则计划进度日期后续工程的价格或单价，采用计划进度日期与实际进度日期两者的较低者。

承包人在采购材料和工程设备前，应向发包人提交一份能阐明采购材料、工程设备数量和新单价的书面报告。发包人应在收到承包人书面报告后的3个工作日内核实，并确认用于合同工程后对承包人采购材料、工程设备的数量和新单价予以确定。发包人对此未确定也未提出修改意见的，视为承包人提交的书面报告已被发包人认可，作为调整合同价款的依据。承包人未经发包人确定即自行采购材料和工程设备，再向发包人提出调整合同价款的，如发包人不同意，则合同价款不予调整。

【例5-1】 某堤防工程泥结石路面原设计为厚20cm，其单价为24元/m²。现进行设计变更为厚22cm。那么变更后的路面单价是多少？

分析： 由于施工工艺、材料、施工条件均未发生变化，只改变了泥结石路面的厚度，所以只将泥结石路面的单价按比例进行调整即可。根据2013版施工合同以及2013版清单规范的规定，已标价工程量清单或预算书中无相同项目，但有类似项目的，参照类似项目的单价认定。

按上述原则可求出变更后路面的单价为：$24\times\frac{22}{20}=26.4$ 元/m^2。

【例 5-2】 某建筑物施工过程中，其结构所使用的混凝土标号发生改变，由原来的 C15 混凝土变为 C20 混凝土，如何确定变更后的综合单价？

分析：本例中所使用的混凝土材质发生了变化，但是其人、材、机消耗量并没有发生变化，故此项变更可采用局部调整的方法调整相应混凝土材料的价格即可，即在原综合单价中换出 C15 混凝土的单价，换入 C20 混凝土的单价。

则变更后的综合单价＝原综合单价＋（C20 混凝土单价－C15 混凝土单价）×清单中材料消耗量。

5.2　工　程　索　赔

5.2.1　工程索赔概述

1. 索赔的概念

索赔即索取赔偿，是施工合同履行过程中的常见现象，是合同和法律赋予合同双方的基本权利。索赔同各合同条件中双方的合同责任一样，构成严密的合同制约关系。承包人可以提出索赔，发包人也可以向承包人提出索赔。国际通行称承包人向发包人提出的施工索赔为“索赔”（Claims），发包人向承包人提出的索赔为“反索赔”（Counter Claim）。

按照《建设工程工程量清单计价规范》GB 50500—2013 的定义，施工索赔是指在工程合同履行过程中，合同当事人一方因非己方的原因而遭受损失，按合同约定或法规规定应由对方承担责任，从而向对方提出补偿的要求。

【例 5-3】 伟业诚信房地产开发公司通过施工招标，委托本市第一建筑安装公司承担南园国际住宅小区一期工程的施工工作，并与第一建筑安装公司签订了《南园国际住宅小区一期工程施工合同》。

在南园国际住宅小区一期工程施工中，若伟业诚信房地产开发公司没有按照合同约定在规定时间将施工所需水、电、电信线路从施工场地外部接至合同约定地点，导致第一建筑安装公司进入现场的施工人员与机械窝工和施工进度的拖延，这时第一建筑安装公司就可向伟业诚信房地产开发公司提出支付窝工费和顺延工期的要求，这就是工程索赔。

2. 索赔的起因

在工程建设中，由于项目的建设周期长，资金流量大，因而涉及索赔的金额也大，引起索赔的原因多种多样。

（1）工程项目的特殊性

工程项目普遍具有规模大、结构复杂、技术性强、投资多、建设周期长的特点，这些特点导致项目在实施中存在许多不确定性，这些不确定性对于工程项目的影响，承、发包双方在签订合同前不可能都预见到。对于发包人，因其对工程要求的改变（如改变拟建工程的功能、形状、质量标准等）会导致工程变更，因管理上的疏忽或未能正确履行合同责任会导致工期和成本发生变化从而被承包人索赔。对于承包人，因内部管理不到位、施工前期对工程情况了解少、流动资金短缺等原因会导致工程质量不过关、工期拖延从而被发包人反索赔。

(2) 工程项目内外部环境的复杂性

工程本身和工程的环境有许多不确定性，它们在工程实施中会有很大变化。最常见的有：地质条件的变化、建筑和建材市场的变化、货币贬值、城建和环保部门对工程的要求或干涉、自然条件的变化等，这些变化形成了施工期间的内、外部干扰，直接影响了工期和成本。

(3) 参建单位的多元性

一个工程的参建单位一般会有发包人、总包人、分包人、监理人、设计人，各方关系错综复杂，互相联系又互相影响，而各方的技术和经济责任界面常常很难分清。在实际工作中，管理上的失误是不可避免的，但一方失误不仅会造成自己的损失，而且会殃及其他合作者，影响整个工程的实施，从而导致索赔。

(4) 工程合同的缺陷性

现代工程越来越大，对应的建设工程合同条件也越来越复杂，合同中难免有考虑不周的条款、缺陷和不足之处。如合同条款措辞不当、说明不清、合同文件前后矛盾，图纸、技术文件错误或不满足规范要求等。这会导致在合同实施中双方对责任、义务和权利的争执，而这些都与工期、成本相关联。

(5) 合同理解的偏差性

由于双方对合同理解的差异造成了工程实施中行为的失调、管理的失误；由于合同文件复杂、数量多、分析困难和双方的立场、角度不同，会造成对合同权利和义务的范围、界限的划定理解不一致，从而导致合同争执。

3. 索赔的分类

(1) 按索赔事件的性质分类

1) 工程量变化的索赔。承包人对因变更引起的工程量增加提出的索赔要求。

2) 不可预见的自然条件或人为障碍的索赔。如施工期间承包人在现场遇到的地质条件与发包人提供的资料不同，出现了有经验的承包人无法预见的自然条件或人为障碍引起的索赔。

3) 加速施工的索赔。发包人为了提前竣工要求承包人加速施工引起的索赔。

4) 工程延期索赔。由于非承包人原因使工程拖期，承包人为了完成合同规定的工程花费了较原来计划更长的时间和更多的开支，承包人对此提出的索赔。

5) 工程变更索赔。由于发包人或监理工程师指令增加、减少或删除部分工程的实施计划、变更施工次序等，造成工期延长和费用增加，承包人对此提出的索赔。

6) 合同文件错误索赔。由于合同文件错误、遗漏、含糊不清导致的索赔。

7) 暂停施工或终止合同索赔。由于客观原因或违约而发生暂停施工或终止合同导致的索赔。

8) 发包人违约索赔。由于发包人违约而导致承包人的索赔。

9) 发包人风险索赔。由于施工中发生了应由发包人承担的风险而导致承包人的索赔。

10) 不可抗力索赔。由于战争、叛乱、罢工、放射性污染、自然灾害等原因导致的索赔。

11）承包人违约索赔。由于承包人违约而导致发包人的索赔。

12）缺陷责任索赔。由于承包人施工质量没有达到合同规定的标准，发包人提出的索赔。

13）其他索赔。如汇率变化、物价上涨、法令变更、发包人拖付款等引起的索赔。

（2）按索赔的目的分类

1）工期索赔。承包人向发包人要求延长工期，推迟竣工日期。

2）费用索赔。承包人向发包人要求补偿费用损失，调整合同价格。

（3）按索赔有关当事人分类

1）承包人与发包人之间的索赔。

2）承包人与分包人之间的索赔。

3）承包人或发包人与供货人之间的索赔。

4）承包人或发包人与保险人之间的索赔。

（4）按索赔的合同依据分类

1）合同内索赔。指承包人所提出的索赔要求在合同文件中有明确的文字依据，属于合同规定的应给予承包人补偿的干扰事件，承包人可以据此提出索赔要求，并取得工期和费用补偿，这是最常见的索赔。

2）合同外索赔。指工程实施中发生的干扰事件的性质已经超出合同范围，在合同中找不出具体的依据，一般需根据适用于合同关系的法律来解决索赔问题。例如工程施工中发生重大的民事侵权行为造成承包人损失。

3）特殊的经济索赔（道义索赔）。承包人索赔没有合同理由，例如对干扰事件发包人没有违约，或发包人不应承担责任。可能是由于承包人失误（如报价失误、环境调查失误等），或发生承包人应负责的风险，造成承包人重大的损失。这将极大地影响承包人的财务能力、履约积极性、履约能力，甚至危及承包企业的生存。承包人提出要求，希望发包人从道义或从工程整体利益的角度给予一定的补偿。

（5）按索赔处理的方式分类

1）单项索赔。单项索赔是针对某一干扰事件提出的，索赔的处理是在合同实施过程中干扰事件发生时或发生后立即进行。单项索赔由合同管理人员处理，并在合同规定的索赔有效期内向发包人提交索赔意向书和索赔报告。

2）综合索赔。又叫总索赔，是指在工程竣工前，承包人将工程实施过程中未解决的单项索赔集中起来，提出一份综合的索赔报告。合同双方一般在工程结算前后或工程交付前后进行谈判，以一揽子方案解决前期所有的这些单项索赔问题。

4. 索赔的特征

（1）双向性

索赔是双向的，承包人可以向发包人索赔，同样发包人也可以向承包人索赔。

（2）动态性

索赔事件是在一定的时间和空间环境下发生的，在不同的时段和空间，索赔结果有可能完全不一样。例如，同一套施工图纸在不同地方施工，由于各地规范的不一样，以及规范实施时间的不一样，可能导致图纸变更的程度也不一样，从而索赔结果也不一样。

（3）模糊性

索赔因为工程本身的复杂性、自然状态发生的不确定性、对合同条款理解的差异、发包人和承包人对事件的主观认识的不确定性，使得索赔具有模糊性的特点，同一事件索赔的结果有可能出现较大偏差。

(4) 目的性

索赔活动本身具有明确的目的性，即为了获取利益。承包人的索赔是为了获取工期或者费用补偿，发包人的索赔处理或反索赔是为了尽量减少索赔事件所造成的损失。

(5) 结构性

在索赔过程中，有很多参建人参与，至少是合同双方，有时还包括合同的其他关系人，如监理人、设计人、其他承包人等。对于一项索赔，其涉及的关系方是确定的，每一方虽然有很多人参与，但往往只体现一个意志，所以可以看作局势中的一方，索赔决策过程是一个发展变化的谈判过程。

(6) 有效性

索赔是一种未经对方确认的单方行为，承包人索赔是否有效和成功，必须通过发包人的确认，有时甚至需要通过争议解决的办法，如协商、调解、仲裁或诉讼。

5.2.2 工程索赔处理

1. 承包人索赔

(1) 承包人索赔内容

1) 因合同文件引起的索赔：

有关合同文件的组成问题引起的索赔；

关于合同文件有效性引起的索赔；

因图纸或工程量表中的错误引起的索赔。

2) 有关工程施工的索赔：

地质条件变化引起的索赔；

工程中人为障碍引起的索赔；

增减工程量的索赔；

各种额外的试验和检查费用的偿付；

工程质量要求的变更引起的索赔；

指定分包商违约或延误造成的索赔；

其他有关施工的索赔。

3) 关于价款方面的索赔：

关于价格调整的索赔；

关于货币贬值和严重经济失调导致的索赔；

拖延支付工程款的索赔。

4) 关于工期的索赔：

关于延长工期的索赔；

由于延误产生损失的索赔；

赶工费用的索赔。

5) 特殊风险和人力不可抗拒灾害的索赔：

特殊风险的索赔，一般指战争、敌对行动、入侵行为、核污染及冲击波破坏、叛乱、革命、暴动、军事政变或篡权、内战等；

人力不可抗拒灾害的索赔，主要是指自然灾害，由这类灾害造成的损失应向承保的保险公司索赔，在许多合同中承包人以发包人和承包人共同的名义投保工程一切险，这种索赔可同发包人一起进行。

6）工程暂停、终止合同的索赔：

施工过程中，发包人和监理人有权下令暂停全部或任何部分工程，只要这种暂停命令并非承包人违约或其他意外风险造成的，承包人不仅可以得到要求工期延长的权利，而且可以就其停工损失获得合理的额外费用补偿。

终止合同和暂停工程的意义是不同的。有些是由于意外风险造成的损害十分严重因而终止合同，也有些是由"错误"引起的合同终止，例如发包人认为承包人不能履约而终止合同，甚至从工地驱逐该承包人。

7）财务费用补偿的索赔：

财务费用的损失要求补偿，是指因各种原因使承包人财务开支增大而导致的贷款利息等财务费用。

（2）承包人的索赔程序

根据2013版施工合同规定，承包人认为有权得到追加付款和（或）延长工期的，应按以下程序向发包人提出索赔：

1）承包人应在知道或应当知道索赔事件发生后28天内，向监理人递交索赔意向通知书，并说明发生索赔事件的事由；承包人未在前述28天内发出索赔意向通知书的，丧失要求追加付款和（或）延长工期的权利。

2）承包人应在发出索赔意向通知书后28天内，向监理人正式递交索赔报告。索赔报告应详细说明索赔理由以及要求追加的付款金额和（或）延长的工期，并附必要的记录和证明材料。

3）索赔事件具有持续影响的，承包人应按合理时间间隔继续递交延续索赔通知，说明持续影响的实际情况和记录，列出累计的追加付款金额和（或）工期延长天数。

4）在索赔事件影响结束后28天内，承包人应向监理人递交最终索赔报告，说明最终要求索赔的追加付款金额和（或）延长的工期，并附必要的记录和证明材料。

上述承包人认为有权得到追加付款和（或）延长工期的事件，可以是发包人的违约行为，如发包人未能按合同约定提供施工条件、未及时交付图纸、基础资料、施工现场等；也可以是不可归责于承包人的原因，如在施工过程中遭遇异常恶劣的气候条件、不利物质条件、化石文物等。

承包人应注意索赔意向通知书和索赔报告的内容区别。一般而言，索赔意向通知书仅需载明索赔事件的大致情况、有可能造成的后果及承包人索赔的意思表示即可，无需准确的数据和翔实的证明资料；而索赔报告除了详细说明索赔事件的发生过程和实际造成的影响外，还应详细列明承包人索赔的具体项目及依据，如索赔事件给承包人造成的损失总额、构成明细、计算依据以及相应的证明资料，必要时还应附具影音资料。

（3）对承包人索赔的处理

1）监理人应在收到索赔报告后14天内完成审查并报送发包人。监理人对索赔报告存在异议的，有权要求承包人提交全部原始记录副本。

2）发包人应在监理人收到索赔报告或有关索赔的进一步证明材料后的28天内，由监理人向承包人出具经发包人签认的索赔处理结果。发包人逾期答复的，则视为认可承包人的索赔要求。

3）承包人接受索赔处理结果的，索赔款项在当期进度款中进行支付；承包人不接受索赔处理结果的，按照2013版施工合同第20条争议解决条款规定处理。

4）若承包人的费用索赔与工期索赔要求相关联时，发包人应综合作出费用赔偿和工程延期的决定。

5）发承包双方在按合同约定办理了竣工结算后，应被认为承包人已无权再提出竣工结算前所发生的任何索赔。承包人在提交的最终结清申请中，只限于提出竣工结算后的索赔，提出索赔的期限自发、承包双方最终结清时终止。

（4）承包人可获得赔偿方式

1）延长工期；

2）要求发包人支付实际发生的额外费用；

3）要求发包人支付合理的预期利润；

4）要求发包人按合同的约定支付违约金。

2. 发包人索赔

（1）发包人索赔内容

1）费用和利润

承包人未按合同要求实施工程，发生下列损害发包人权益或违约的情况时，发包人可索赔费用和（或）利润：

工程进度太慢，要求承包人赶工时，可索赔监理人和发包人的加班费；

合同工期已到而工程仍未完工，可索赔误期损害赔偿费；

质量不满足合同要求，如不按照工程师的指示拆除不合格工程和材料，不进行返工或不按照工程师的指示在缺陷责任期内修复缺陷，则发包人可找另一家公司完成此类工作，并向承包人索赔成本及利润；

质量不满足合同要求，工程被拒绝接收，在承包人自费修复后，发包人可索赔重新检验费；

未按合同要求办理保险，发包人可前去办理并扣除或索赔相应的费用；

由于合同变更或其他原因造成工程施工的性质、范围或进度计划等方面发生变化，承包人未按合同要求去及时办理保险，由此造成的损失或损害可向承包人索赔；

未按合同要求采取合理措施，造成运输道路、桥梁等的破坏；

未按合同条件要求向分包商付款或无故不向分包商付款；

严重违背合同（如工程进度一拖再拖，质量经常不合格等），发包人和监理人一再警告而没有明显改进。

2）工期

当承包人的工程质量不能满足要求，即某项缺陷或损害使工程、区段或某项主要生产设备不能按原定目的使用时，发包人有权延长工程或某一区段的缺陷修复期限。

（2）发包人的索赔程序

根据2013版施工合同规定，发包人认为有权得到赔付金额和（或）延长缺陷责任期的，应按以下程序向承包人提出索赔：

1）监理人向承包人发出通知并附有详细的证明。

2）发包人应在知道或应当知道索赔事件发生后28天内通过监理人向承包人提出索赔意向通知书，发包人未在前述28天内发出索赔意向通知书的，丧失要求赔付金额和（或）延长缺陷责任期的权利。

3）发包人应在发出索赔意向通知书后28天内，通过监理人向承包人正式递交索赔报告。

（3）对发包人索赔的处理

1）承包人收到发包人提交的索赔报告后，应及时审查索赔报告的内容、查验发包人证明材料。

2）承包人应在收到索赔报告或有关索赔的进一步证明材料后28天内，将索赔处理结果答复发包人。如果承包人未在上述期限内作出答复的，则视为对发包人索赔要求的认可。

3）承包人接受索赔处理结果的，发包人可从应支付给承包人的合同价款中扣除赔付的金额或延长缺陷责任期。发包人不接受索赔处理结果的，按2013版施工合同争议解决条款约定处理。

4）承包人应付给发包人的索赔金额可从拟支付给承包人的合同价款中扣除，或由承包人以其他方式支付给发包人。

（4）提出索赔的期限

1）承包人按2013版施工合同竣工结算审核条款约定接收竣工付款证书后，应被视为已无权再提出在工程接收证书颁发前所发生的任何索赔。

2）承包人按2013版施工合同最终结清条款提交的最终结清申请单中，只限于提出工程接收证书颁发后发生的索赔。提出索赔的期限自接受最终结清证书时终止。

（5）发包人可获得赔偿方式

发包人要求赔偿时，可以选择以下一项或几项方式获得赔偿：

1）延长质量缺陷修复期限。

2）要求承包人支付实际发生的额外费用。

3）要求承包人按合同的约定支付违约金。

5.2.3 工期索赔

1. 工期索赔目的

在工程施工中，常常会发生一些未能预见的单项或多项干扰事件使施工不能顺利进行，预定的施工计划受到干扰，实际完成日期迟于计划规定的完成日期，从而可能导致整个合同工期的延长，也就是工期延误。

工期延误形式上是时间损失，实质上会造成经济损失。工期延误对合同双方一般都会造成损失。对发包人来说，因工程不能及时交付使用、投入生产，不能按计划实现投资目的，失去盈利机会，并增加各种管理费和可能的银行利息等开支；对于承包人来说，因工期延长增加支付现场工人工资、机械停置费用、工地管理费、其他附加费用支出等，最终还可能要支付合同规定的误期违约金。所以，承、发包双方对于非自身原因造成的工期延误，经常会向对方提出工期索赔。

工期索赔分为承包人对发包人的工期索赔和发包人对承包人的工期索赔。

承包人对发包人的工期索赔是指承包人依据合同，对由于非自身的原因而导致的工期延误向发包人提出的工期顺延要求。承包人进行工期索赔的目的通常有两个：一是免去或推卸自己对已经产生的工期延长的合同责任，使自己不支付或尽可能少支付工期延长的违约金；二是进行因工期延长而造成的费用损失的索赔。

发包人对承包人的工期索赔是指发包人依据合同，对于因承包人原因未按照合同约定按期完成工程所提出的赔偿要求。发包人工期索赔的目的也是两个：一是尽量延长质量缺陷修复期限，使工程在尽量长的时间内得到维护保养；二是进行因工期延长而造成的费用损失的索赔。

2. 工期索赔依据、证据

1）各种合同文件，包括施工合同协议书及其附件、中标通知书、投标书、标准和技术规范、图纸、工程量清单、工程报价单或者预算书、有关技术资料和要求、施工过程中的补充协议等。

2）合同约定或双方认可的施工总规划，承包人在投标阶段提交的施工进度计划。

3）合同签订后承包人提交的经过双方认可的详细进度计划和实际施工进度记录，包括总进度计划、开工后监理工程师批准的详细进度计划、每月进度修改计划、实际施工进度记录、月进度报表等。对索赔有重大影响的不仅是工程的施工顺序、各工序的持续时间，还包括劳动力、管理人员、施工机械设备、现场设施的安排计划和实际情况，材料的采购订货、运输、使用计划和实际情况等。

4）合同双方认可的对工期的修改文件，包括工程中各种往来函件、通知、答复及工程各项会议纪要等。

5）施工现场的工程文件，如施工记录、施工备忘录、施工日报、工长或检查员的工作日记、监理工程师填写的施工记录和各种签证等。它们应能全面反映工程施工中的各种情况，如劳动力数量与分布、设备数量与使用情况、进度、质量、特殊情况及处理。各种工程统计资料，如周报、旬报、月报。这些报表通常包括本期中以及至本期末的工程实际和计划进度对比、实际和计划成本对比和质量分析报告、合同履行情况评价等。

6）气象资料，指合同生效后与工程相关的温度、风力、雨量等气象资料。如发包人和承包人在施工合同中约定 8 小时内降雨量超过 100mm 为不可抗力，则承包人应及时提请监理人和发包人确认。

7）影响工期的干扰事件记录，如工程现场水、电、道路等开通、封闭的记录，停水、停电等各种干扰事件的时间和影响记录等。

8）工程有关照片和录像，包括反映工程进度、隐蔽工程覆盖前后、发包人责任造成返工和工程损坏的照片和录像资料等。资料上应注明日期、相应的比照物等。

9）发包人或者工程师发布的各种书面指令和确认书，以及承包人的要求、请求、通知书等。

10）受干扰后的实际工程进度等。

11）建筑材料和设备的采购、订货、运输、进场、使用方面的记录、凭证和报表等。

12）国家法律、法令、政策文件，包括工期定额标准、人工消耗量标准等。

3. 干扰事件对工期索赔的影响分析

(1) 承包人单方原因造成的工期延误

由于承包人原因引起的延误一般是由于其计划不周密、组织不力、指挥不当等管理不善原因所造成，包括：

1) 施工组织不当，出现窝工或停工待料等现象；

2) 质量不符合合同要求而造成返工；

3) 资源配置不足；

4) 开工延误；

5) 劳动生产率低；

6) 分包人或供货人延误等。

由于承包人责任的拖延，工期不能顺延，也不能要求费用索赔。

(2) 发包人原因造成的工期延误

2013 版施工合同规定，在合同履行过程中，因下列情况导致工期延误的，由发包人承担由此延误的工期：

1) 发包人未能按合同约定提供图纸或所提供图纸不符合合同约定的；

2) 发包人未能按合同约定提供施工现场、施工条件、基础资料、许可、批准等开工条件的；

3) 发包人提供的测量基准点、基准线和水准点及其书面资料存在错误或疏漏的；

4) 发包人未能在计划开工日期之日起 7 天内同意下达开工通知的；

5) 发包人未能按合同约定日期支付工程预付款、进度款或竣工结算款的；

6) 监理人未按合同约定发出指示、批准等文件的；

7) 专用合同条款中约定的其他情形。

此外，如专用合同条款未约定，下列原因引起的工期延误责任，也应由发包人承担：

1) 发包人未能及时提供合同规定的材料或设备；

2) 发包人自行发包的工程未能及时完工或其他承包人违约导致的工程延误；

3) 发包人或监理人拖延关键线路上工序的验收时间导致下道工序施工延误；

4) 发包人或监理人发布暂停施工指令导致延误；

5) 发包人或监理人设计变更导致工程延误或工程量增加；

6) 发包人或监理人提供的数据错误导致的延误；

7) 发包人要求在工程竣工前交付单位工程；

8) 因发包人原因引起的暂停施工。

(3) 不可抗力原因造成的工期延误

因不可抗力影响承包人履行合同约定的义务，已经引起或将引起工期延误的，发包人应当顺延工期。由于不可抗力事件造成的工程中断，工期索赔可按工程停工到重新开工时间段计算，其中包括不可抗力的持续时间和恢复生产所需的必要时间（如清理场地、重新安装和检修施工机械设备等工作），恢复生产所需的必要时间以监理人签证为准。

(4) 并列责任/事件的认定

1) 连带相关责任/事件

有些违约或事件的发生是相互连带的，具有一定的因果关系，这样的违约或事件的损失可归因于先期发生的事由。

2）非连带相关责任/事件

有些违约或意外事件没有相互关系，对于合同当事人的影响，不存在相互促进的现象，这些责任/事件被称为非连带相关责任/事件。对于非连带相关责任/事件，应按请求补偿一方的责任、对方责任、不可抗力时间的顺序，决定责任承担次序。

（5）单一延误、交叉延误和共同延误

1）单一延误

单一延误是指在某一延误事件从发生到终止的时间间隔内，没有其他延误事件的发生，该延误事件引起的延误称为单一延误。

承包人因自身责任引起的延误不能索赔。对于非承包人原因引起的单一延误，该延误发生在关键线路则可索赔；非关键线路上的工作一般都存在机动时间，其延误是否会影响到总工期的推迟取决于其总时差的大小和延误时间的长短。如果延误时间少于该工作的总时差，发包人一般不会给予工期顺延，但可能给予费用补偿；如果延误时间大于该工作的总时差，非关键线路的工作就会转化为关键工作，从而成为可索赔延误。

2）交叉延误

当两个或两个以上的延误事件从发生到终止有部分时间重合时，称为交叉延误。如某工程进行中，在关键线路上发生了发包人违约的两个事件，本应该由发包人在 2013 年 9 月 1 日提供的图纸，直到 10 月 20 日才发到承包人手中；由发包人供应的主要材料设备本应在 10 月 15 日运抵现场，但直到 10 月 30 日才抵达。这两个由发包人造成的延误事件，有部分时间重合，而这交叉的时间，发包人在审批索赔报告时，只会确认一次，即此例可以索赔的时间从 9 月 1 日到 10 月 20 日的 50 天，以及 10 月 21 日到 10 月 30 日的 10 天，共计 60 天。

由于工期补偿是发包人针对总工期给予承包人的工作天数延长，因此总时差在不耽误总工期情况下可以自由支配的时间，就成为申请工期补偿的关键。对于工期补偿的基本处理原则是：在关键线路上发生的，非承包人责任导致的多个交叉延误事件，可以获得工期补偿；在非关键线路上发生的多个交叉延误事件，只有非承包人责任导致的对于某一项事件的工期延误扣除交叉时间后，仍超过其总时差的时间延误，才可从发包人获得相应的时间补偿。

3）共同延误

当两个或两个以上的延误事件从发生到终止的时间完全相同时，这些事件引起的延误称为共同延误。当发包人引起的延误或双方不可控制因素引起的延误与承包人引起的延误共同发生时，即可索赔延误与不可索赔延误同时发生时，可索赔延误就将变成不可索赔延误，这是工程索赔的惯例之一。共同延误是交叉延误的一种特例。

【例 5-4】 某项目施工采用了包工包料的总价合同。工程招标文件参考资料中提供的用砂地点距工地 4km。但是开工后，检查该砂质量不符合要求，承包人只得从另一距工地 20km 的供砂地点采购。而在一个关键工作面上又发生了几种原因造成了临时停工：5 月 20 日到 5 月 26 日承包人的施工设备出现了从未出现过的故障；应于 5 月 24 日交给承包人的后续图纸直到 6 月 10 日才交给承包人；6 月 7 日到 6 月 12 日施工现场下了该季节罕见的特大暴雨，造成了 6 月 11 日到 6 月 14 日该地区供电全面中断。

由于运砂距离的增加，承包人经过仔细计算后，向监理人提交了索赔报告，要求发包人将原用砂单价每吨提高 5 元人民币。同时由于以上几种情况的暂时停工，承包人在事件发生后及时提出了索赔要求，并在 6 月 15 日向监理人提交了延长工期 25 天，成本损失费 2 万元/天，利润损失费人民币 2000 元/天的索赔报告，共计索赔款 57.2 万元。

如果你是监理人，应如何处理此索赔要求？

分析： 这是一个交叉延误的问题。

1）承包人应对自己就招标文件的解释负责并考虑相关风险，承包人应对自己的报价正确性与完备性负责。因材料供应的情况变化是一个有经验的承包人能够合理预见到的，所以对承包人提高用砂单价的要求不予批准。

2）由于几种原因的共同延误，5 月 20 日到 5 月 26 日出现的设备故障是属于承包人应承担的风险，不予考虑承包人的费用索赔要求，在承包人的延误时间内，不考虑其他原因导致的延误，所以 5 月 24 日到 5 月 26 日拖交图纸不予补偿。5 月 27 日到 6 月 9 日是发包人延交图纸引起的，为发包人应承担的责任，批准给承包人相应的索赔要求，因 5 月有 31 天，故可以补偿工期 14 天，并给予相应经济补偿。在发包人拖交图纸影响期间，不考虑 6 月 7 日到 6 月 9 日特大暴雨的影响，从 6 月 10 日到 6 月 12 日特大暴雨是属于客观原因导致的，承包人因采取合理措施而增加的费用和（或）延误的工期由发包人承担，考虑给承包人成本损失经济补偿，并给予相应工期延长 3 天。供电中断是属于一个有经验的承包人也无法预见的情况，是属于发包人风险应给承包人相应补偿。但是 6 月 11 日到 6 月 12 日特大暴雨期间，不考虑停电造成的延误，所以从 6 月 13 日到 6 月 14 日给承包人 2 天工期延长和相应费用补偿。

3）承包人的成本补偿标准，即每天 2 万元，可批准补偿承包人延长工期 19 天，费用补偿 19 天×2 万元/天＝38 万元；另外还需考虑发包人未能按合同约定提供图纸导致工程竣工时间拖期，给承包人造成利润损失，可补偿利润 14 天×0.2 万元/天＝2.8 万元，共计经济补偿 40.8 万元。

4. 工期索赔值的计算方法

工期索赔值的计算，在实际工程中通常可以采用如下方法：

（1）网络分析法

在实际工程中，影响工期的干扰事件可能会很多，每个干扰事件的影响程度都不一样，有的直接在关键线路上，有的不在关键线路上，多个干扰事件的共同影响结果究竟是多少可能会引起合同双方很大的争议。网络分析法的思路是：假设工程按照双方认可的工程网络计划确定的施工顺序和时间施工，当某个或某几个干扰事件发生后，使网络中的某个工作或某些工作受到影响，使其持续时间延长或开始时间推迟，从而影响总工期，则将这些工作受干扰后的新的持续时间和开始时间等代入网络中，重新进行网络分析和计算，得到的新工期与原工期之间的差值就是干扰事件对总工期的影响，也就是承包人可以提出的工期索赔值。

【例 5-5】 某综合办公楼工程，地下 1 层，地上 10 层，钢筋混凝土框架结构，建筑面积 28000m^2，某承包人与发包人签订了工程施工合同，合同工期约定为 20 个月。承包人根据合同工期编制了该工程项目的施工进度计划，并且绘制出施工进度网络，如图 5-2 所示（单位：月）。

在综合办公楼施工中发生了如下事件：

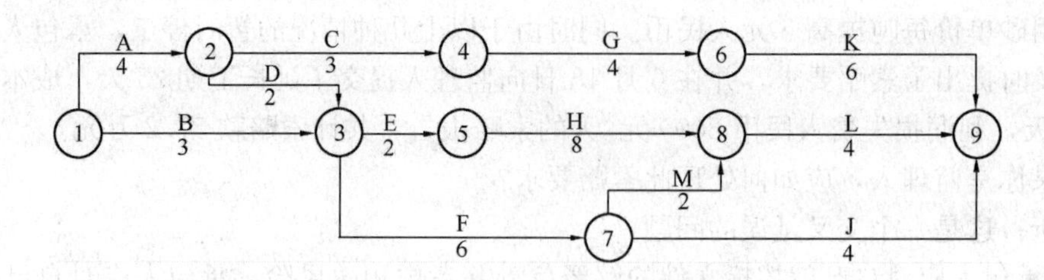

图 5-2　综合办公楼施工进度网络图

事件一：因发包人修改设计，致使工作 K 停工 2 个月；

事件二：因发包人供应的建筑材料未按时进场，致使工作 H 延期 1 个月；

事件三：因不可抗力原因致使工作 F 停工 1 个月；

事件四：因承包人原因工程发生质量事故返工，致使工作 M 实际进度延迟 1 个月。

问题：

（1）请指出该施工网络进度计划的关键线路。

（2）针对本案各事件，承包人是否可以提出工期索赔的要求？说明理由。

（3）上述事件发生后，本工程网络计划的关键线路是否发生改变？如有改变，指出新的关键线路。

（4）本案例工期可以顺延几个月，实际工期是多少？

分析：

（1）首先计算出原施工进度网络计划的关键线路。

（2）判别各延误事件是否发生在关键线路上。

（3）在关键线路上的延误事件，只有非承包人原因造成才能获得工期补偿。

（4）在非关键线路上的延误事件，非承包人原因造成且该工作造成的延误时间超过总时差才能获得工期补偿。

（5）实际工期计算时，需要把承包人原因造成的时间延误、非承包人原因造成的时间延误都要考虑进去。

解答：

（1）关键线路为：①→②→③→⑤→⑧→⑨

关键工作为：A、D、E、H、L。

（2）事件一：承包人不可提出工期索赔要求，因为该工作不影响总工期。

事件二：承包人可提出工期索赔要求，因为该工作在关键线路上，影响总工期，且属发包人责任。

事件三：承包人不可提出工期索赔要求，因为该工作不影响总工期。

事件四：承包人不可提出工期索赔要求，因为是承包人自身责任造成的。

（3）关键线路没有发生改变。

（4）可顺延工期 1 个月。实际工期是 21 个月。

（2）比例分析法

在实际工程中，干扰事件常常仅影响某些单项工程、单位工程或分部分项工程的工期，分析它们对总工期的影响，可以采用更为简单的比例分析法，即以某个技术经济指标作为比较基础，计算出工期索赔值。

1）按合同价所占比例计算

① 对于已知部分工程延期的时间：

$$工期索赔值=\frac{受干扰部分工程的合同价}{原合同总价}\times 该受干扰部分工期拖延时间 \quad (5\text{-}5)$$

② 对于已知额外增加工程量的价格：

$$工期索赔值=\frac{额外增加的工程量的价格}{原合同总价}\times 原合同总工期 \quad (5\text{-}6)$$

2）按单项工程工期延误的平均值计算

将各个单项工程延误的时间加总，计算平均值，并考虑一个修正值。

比例分析法简单方便，但有时不尽符合实际情况。比例分析法不适用于变更施工顺序、加速施工、删减工程量等事件的索赔。

（3）直接法

实际操作中确定工期补偿天数最简单的方法就是直接法。例如在干扰事件发生前由双方商讨，在变更协议或其他附加协议中直接确定补偿天数；或按实际工期延长记录确定补偿天数等。发包人向承包人进行工期索赔，直接法最适用。

（4）综合方法

实际索赔中，确定工期补偿天数比较复杂，有时需要将上述几种方法综合考虑。例如某工程在确定工期索赔问题时，有些干扰事件的工期索赔适宜采用比例分析法，有些比较适宜直接法，有些则适宜网络分析法，这时的工期索赔就需同时采用几种方法综合解决。

5.2.4 费用索赔

1. 费用索赔的内容

费用索赔包括发包人对承包人的索赔及承包人对发包人的索赔。

（1）发包人对承包人的索赔

1）因承包人原因导致质量缺陷且没有修复；

2）因承包人违约造成发包人的损失；

3）承包人违约按合同约定应支付的违约金等。

（2）承包人对发包人的费用索赔

承包人对发包人的费用索赔可包括人工费、材料费、机械费、措施费、企业管理费、利润、规费、税金、利息、违约金等。原则上说，因非承包人原因导致的工程成本增加都是可以索赔的费用。但对不同原因引起的索赔，承包人可索赔的具体费用是不完全一样的。哪些内容可索赔，要按照各项费用的特点、条件进行分析论证。

1）人工费索赔

承包人的人工费索赔，是指承包人完成了合同之外的额外工作所花费的人工费用、由于非承包人责任造成的工效降低所增加的人工费用、超过法定工作时间加班劳动、法定人工费增长以及非承包人责任造成的工程延期而导致的人员窝工费和工资上涨费等。

2）材料费索赔

承包人的材料费索赔包括：由于索赔事项导致的承包人材料实际用量超过计划用量而增加的材料费、由于材料市场价格大幅度上涨而增加的材料费、由于非承包人责任的工程延期导致的材料价格上涨和相应的采购保管费用增加。若承包人管理不善造成材料损坏或失效则不能索赔。承包人应该建立健全物资管理制度，记录建筑材料的进货日期和价格，建立领料耗用制度，以便索赔时能准确地分离出索赔事项所引起的材料额外耗用量。为了证明材料单价的上涨，承包人应提供可靠的订货单、采购单或官方公布的材料价格调整指数。

3）机械费索赔

承包人的机械费索赔包括：由于完成额外工作增加的机械费、由于非承包人责任工效降低增加的机械费、由于发包人或监理人原因导致的施工机械的停窝工费。窝工费的计算，如系租赁设备，一般按实际租金和调进调出费的分摊计算；如系承包人自有设备，一般按台班折旧费计算，而不能按台班费计算，因台班费中包括了设备使用费。

4）企业管理费索赔

企业管理费主要指施工企业为组织生产和经营进行管理活动所需的费用。管理费索赔的计算目前没有统一的方法，在国际工程中管理费索赔的计算一般为：

$$\text{对某一工程提取的管理费}=\text{同期内公司的企业管理费}\times\frac{\text{该工程的合同额}}{\text{同期内公司的总合同额}} \tag{5-7}$$

$$\text{该工程的日管理费}=\frac{\text{该工程向总部上缴的管理费}}{\text{合同实施天数}} \tag{5-8}$$

$$\text{管理费索赔额}=\text{该工程的日管理费}\times\text{工程延期的天数} \tag{5-9}$$

5）财务保险费索赔

工程延期时，施工管理用财产、车辆等的保险费用相应增加，承包人按照保险公司向其收取的保险费向发包人单独索赔，但应提供给发包人办理保险手续的有关文件、收费标准、收费清单等资料。

6）利润索赔

利润是指施工企业完成所承包工程获得的盈利。2013 版施工合同规定，因下列情况导致工期延误和（或）费用增加的，由发包人承担由此延误的工期和（或）增加的费用，且发包人应支付承包人合理的利润：

① 发包人未能按合同约定提供图纸或所提供图纸不符合合同约定的；

② 发包人未能按合同约定提供施工现场、施工条件、基础资料、许可、批准等开工条件的；

③ 发包人提供的测量基准点、基准线和水准点及其书面资料存在错误或疏漏的；

④ 发包人未能在计划开工日期之日起 7 天内同意下达开工通知的；

⑤ 发包人未能按合同约定日期支付工程预付款、进度款或竣工结算款的；

⑥ 监理人未按合同约定发出指示、批准等文件的；

⑦ 因发包人原因造成监理人未能在计划开工日期之日起 90 天内发出开工通知的；

⑧ 因发包人原因引起的暂停施工；

⑨ 发包人要求在工程竣工前交付单位工程；

⑩ 因发包人原因造成工程不合格的；

⑪ 发包人提供的材料或工程设备不符合合同要求的；

⑫ 保修期内，因发包人使用不当或其他非承包人原因造成工程的缺陷、损坏；

⑬ 因发包人违约解除合同；

⑭ 专用合同条款中约定的其他情形。

2013版清单规范规定，如果发包人提出的工程变更，因为非承包人原因删减了合同中的某项原定工作或工程，致使承包人发生的费用和（或）得到的收益不能被包括在其他已支付或应支付的项目中，也未被包含在任何替代的工作或工程中，则承包人有权提出并得到合理的利润补偿。

对于工程暂停的索赔，由于利润通常是包括在每项实施工程内容的价格之内的，而延长工期并未影响削减某些项目的实施，也未导致利润减少，因此在工程暂停的费用索赔中不能考虑利润损失。利润索赔额的计算通常取原报价单中的利润率。

7）规费和税金索赔

规费和税金的索赔主要是因为承包人的索赔导致了工程总价的增加而产生的规费和税金的增加。规费和税金的索赔一般是按照施工当地的费率标准计取。

8）利息索赔

利息的索赔通常发生于发包人拖期付款产生的利息、发包人错误扣款产生的利息。利息索赔时的利率可采用当时银行的贷款利率。

9）违约金

工程实施中若发生发包人不按照合同约定组织竣工验收、颁发工程接收证书，发包人未按合同约定接收全部或部分工程时，承包人可要求发包人支付违约金。违约金的具体计算方法和上限可在专用合同条款中约定。

2. 费用索赔的依据、证据

（1）市场行情资料，包括市场价格、官方的物价指数、工资指数、中央银行的外汇比率等；

（2）投标前发包人提供的参考资料和现场资料；

（3）工程结算资料、财务报告、财务凭证等；

（4）各种会计核算资料。

3. 干扰事件对费用索赔的影响分析

（1）发包人对承包人进行费用索赔常见的干扰事件

1）违约

承包人完成的工程项目质量不符合要求或者未按合同工期竣工等，会受到发包人的索赔，要求承包人按合同约定支付违约金；承包人违约解除合同后，因解除合同给发包人造成的损失，发包人也会要求索赔。

2）下调工程量或工程费率取费标准

在采取单价合同，工程量按实结算的工程中，工程量清单中提供的工程量只作为参考，当实际发生工程量少于工程量清单中的工程量，则发包人会要求索赔减少此部分费用；当法律法规规定，调整工程中某一项或者几项费率，也会导致发包人向承包人索赔。

3）物价变化

2013版清单规范规定，合同履行期间，出现工程造价管理机构发布的人工、材料、工程设备和施工机械台班单价或价格与合同工程基准日期相应单价或价格比较出现涨落，且符合有关规定的，如工程材料、设备单价变化超过5%，施工机械台班单价变化超过10%，则超过部分的价格应予调整。此条规定，当物价向下波动超过一定幅度，会导致发包人向承包人索赔。

(2) 承包人对发包人进行费用索赔常见的干扰事件

1) 工期拖延

对非承包人原因造成的工期拖延，承包人在提出工期索赔的同时，还可以提出一定的费用索赔。其费用索赔可能是下面几种费用的一种或几种的组合：

① 人工损失费。现场工人的停工、窝工费以及工人调离现场或调回现场的费用，以及由于人工上涨所导致的损失。

② 材料损失费。包括因工期延长导致材料价格上涨的损失以及不易保存材料因施工延误而加大的材料损耗和检测费用。如水泥出厂日期超过3个月（快硬硅酸盐水泥超过1个月）要复测，并按试验结果使用，如果检测结果不合格，就可能降级使用或者不能使用，出现损失费用。

③ 机械闲置费。包括施工机械窝工费以及机械租赁费上涨。计算机械闲置费时，如系租赁设备，一般按实际租金和调进调出费的分摊计算；如系承包人自有设备，一般按台班折旧费计算，而不能按台班费计算，因台班费中包括了设备使用费。

④ 已完工程修复费。不可抗力事件发生后造成已完工程损坏的清理、修复费用。

⑤ 施工降效费。在工程某个阶段，由于发包人的干扰造成工程虽未停工，但却在一种混乱的低效率状态下施工，例如发包人打乱施工次序，局部停工造成人力、设备的集中使用。由于不断出现加班或等待变更指令等状况，完成工作量较少，这样不仅工期拖延，而且也有费用损失，包括劳动力、设备低效率损失，企业管理费损失。

2) 工程变更

① 项目特征描述不符

合同履行期间，出现实际施工设计图纸（含设计变更）与招标工程量清单任一项目的特征描述不符，且该变化引起该项目的工程造价增减变化的，应按照实际施工的项目特征重新确定相应工程量清单项目的综合单价，计算调整的合同价款。

② 工程量清单缺项

招标工程量清单中出现缺项，则新增的缺项项目应按2013版清单规范规定确定单价，调整分部分项工程费；若缺项项目引起措施项目发生变化的，则承包人提交的实施方案被发包人批准后，应计算调整相应的措施费用。

③ 工程量变更

工程量增加包括合同内的工程变更，也包括合同内的附加工程增加，往往与设计变更、监理人指令、不可预见因素有关。工程量增加的费用调整计算参考5.1节。

④ 合同外增加工程

合同外增加工程是指不在合同范围内，且与本工程无直接联系的工程。对于发包人提出的合同外增加工程，承包人可以拒绝也可选择承担。若选择承担，则由承包人按施工时市场价格提出新的报价，双方协商一致后执行，发包人无权强令承包人按原合同价格执行。

3) 加速施工

加速施工会导致发生加速施工费从而使承包人施工成本上升。若因非承包人原因导致的加速施工，承包人有权提出索赔。加速施工费包含下列情况：

① 实行比原标准更高的工资制度。如多发奖金、加班工资、超额作业津贴等。

② 配备比正常进度更多的劳动力。如为加速施工多雇佣工人、多安排技术熟练工、由一班制改为两班甚至三班制。为增加的工人多购置工具、用具、增加服务人员与临时设施等。

③ 施工机械设备增加，周转材料增多。如增加混凝土搅拌机、垂直提升设备，因加速施工使现浇混凝土结构的支撑和模板减少周转次数，增加支撑和模板投入量。

④ 采用高价的施工方法。如现浇混凝土工程中采用泵送商品混凝土等。

⑤ 材料供应不能满足加速施工要求时，发生窝工或高价采购材料的情况。

⑥ 加速施工中的各工种交叉干扰加大施工成本。

4）暂停施工

因发包人原因引起的暂停施工，发包人应承担由此增加的费用和（或）延误的工期，并支付承包人合理的利润。暂停施工期间，承包人应负责妥善照管工程并提供安全保障，由发包人原因增加的费用，由发包人承担，承包人可索赔。承包人可索赔的费用包括：人员的遣散费、重新雇佣费，施工机械设备的重新进出场费，重新施工准备费等。

5）合同终止

由于发包人违约导致合同终止，造成承包人实际损失而发生的索赔费用，按照2013版施工合同示范文本规定，发包人应在解除合同后28天内支付下列款项，并解除履约担保：

① 合同解除前所完成工作的价款；

② 承包人为工程施工订购并已付款的材料、工程设备和其他物品的价款；

③ 承包人撤离施工现场及人员遣散的费用；

④ 按照合同约定在合同解除前应支付的违约金；

⑤ 按照合同约定应当支付给承包人的其他款项；

⑥ 按照合同约定应退还的质量保证金；

⑦ 因解除合同给承包人造成的损失。

6）发包人违约事件

发包人未能按合同约定完成自己应承担的工作给承包人造成损失的，承包人可以向发包人提出费用索赔。

7）政府政策、法规变化

政府政策、法规变化若对工程施工费用产生影响，发、承包双方必须遵照执行。如《深圳市建设工程计价费率标准（2012）》规定，从2013年1月11日起，将建设工程计价标准中除环卫工程外税金的税率由3.41％调整为3.48％，发承包人必须执行，则承包人可以就此向发包人索赔税率差的费用。

4. 费用索赔的计算方法

索赔费用的计算方法有：实际费用法、总费用法和修正总费用法。

(1) 实际费用法

实际费用法是费用索赔计算中最常用的方法。这种方法的计算原则是以承包人为某项索赔工作所支付的实际开支为根据，向发包人要求费用补偿。由于实际费用法所依据的是实际发生的成本记录、单据以及法律法规文件，所以在施工过程中，承包人系统而准确地收集整理记录资料是非常重要的。

(2) 总费用法

总费用法计算工程索赔金额的公式为：

$$\text{索赔金额}=\text{工程实际总费用}-\text{工程投标报价总费用} \tag{5-10}$$

采用总费用法计算工程索赔金额时，因为实际发生的总费用中可能包括了因承包人责任增加的费用（如施工组织不善增加的费用），也可能因为承包人为了中标在投标时有意对总费用报价过低，所以这种方法一般很难被发包人接受。通常认为，只有具备以下条件时采用总费用法是合理的：

1）已开支的实际总费用经过审核，认为是比较合理的。

2）承包人的原始报价比较合理的。

3）费用的增加是由于发包人原因造成的，其中没有承包人管理不善的责任；

4）合同争执不适合采用分项计算法，如发包人原因造成工程性质发生根本性变化，原合同报价已完全不适用；在多干扰因素作用下，难以分清各索赔事件的具体影响和索赔额度；由于该项索赔事件的性质以及现场记录的不足，难以采用更精确的计算方法等。

(3) 修正总费用法

修正总费用法是对总费用法的改进，即在总费用计算的原则上，去掉一些不合理的因素，使其更合理。修正的内容如下：

1）将计算索赔款的时段局限于受到外界影响的时间，而不是整个施工期；

2）只计算受影响时段内的某项工作所受影响的损失，而不是计算该时段内所有施工工作所受的损失；

3）与该项工作无关的费用不列入总费用中；

4）对投标报价费用按受影响时段内该项工作的实际单价进行核算，乘以实际完成的该项工作的工程量，得出调整后的报价费用。

修正总费用法索赔额的计算公式为：

$$\text{索赔金额}=\text{某项工作调整后的实际总费用}-\text{该项工作的报价费用} \tag{5-11}$$

5.3 工程变更与索赔案例分析

5.3.1 案例1（办公楼工程变更案例）

背景资料

某综合实验办公楼工程，发包人（甲方）在某市建设工程交易中心公开招标后，确定承包人（乙方）为该工程的施工总承包单位，并于2013年1月签订了综合单价合同。合同约定：

1. 合同中已有适用于变更工程的价格，按合同已有的价格计算、变更合同价款；
2. 合同中只有类似于变更工程的价格，可参照类似价格变更合同价款；
3. 合同中没有类似变更工程的价格，按照标底编制办法计算、变更合同价款；

4. 工程的量、价计算规则按照国家《建设工程工程量清单计价规范》GB 50500—2013 和该市建设工程消耗量标准及建筑价格信息执行；

5. 关于市场价格出现波动时单价是否调整，合同中无约定。

因甲方要求，该综合实验楼中的 7、8 层功能由办公室变为实验室。强电系统工程由实验室专业设计公司进行了深化设计，甲方于 2014 年 1 月提出强电系统设计变更，要求乙方按照新的施工图纸施工。

2014 年 3 月乙方在按照新的设计图纸施工前，就设计变更项目中的电线电缆价格向甲方发出联系单，主要内容是：7、8 层功能的变化，导致整个强电系统图发生了重大变化，与原设计图纸完全不一样，应重新编制工程量清单，由甲乙双方协商重新组价。并提出电线电缆使用 2014 年 2 月份该市建筑价格信息（简称信息价）中的价格结算，否则不能按照新的施工图纸施工。

甲方对此联系单的回复是：实验室深化设计所导致施工项目的变化应属于设计变更，按照合同约定，招标时清单中有的子目，应按照签订合同时的价格执行；清单中没有的子目，按照 2013 年 2 月份信息价执行（招标控制价 2013 年 3 月份编制）。

对于甲方的回复，乙方并没有认可，但为了工程顺利实施，甲乙双方经过谈判同意搁置该变更，并签订相关协议，该变更的价款问题待结算时再做处理。2014 年 5 月，该工程甲乙双方就工程价款其余部分都已谈妥，只有上述变更部分的协商仍无法达成协议，为此甲乙双方提请第三方调解。

问题

1. 关于变更工程价格的调整，国家是怎样规定的？

2. 做为调解人应如何解决该问题？

知识点

1.《建设工程工程量清单计价规范》关于工程的量、价计算规则

2. 工程变更价款的处理原则

3. 具体变更工程价款的处理

案例剖析

问题 1

关于变更工程价格的调整，《建设工程工程量清单计价规范》GB 50500—2013 的规定是：

1. 已标价工程量清单或预算书有相同项目的，按照相同项目单价认定。

2. 已标价工程量清单或预算书中无相同项目，但有类似项目的，参照类似项目的单价认定。

3. 变更导致实际完成的变更工程量与已标价工程量清单或预算书中列明的该项目工程量的变化幅度超过 15%的，由合同当事人商定确定变更工作的单价。变更工作单价的调整的原则为：当工程量增加 15%以上时，其增加部分的工程量的综合单价应予调低；当工程量减少 15%以上时，减少后剩余部分的工程量的综合单价应予调高。

调整参考公式：

（1）当 $Q_1 > 1.15\,Q_0$ 时，$S = 1.15\,Q_0 \times P_0 + (Q_1 - 1.15\,Q_0) \times P_1$

（2）当 $Q_1 < 0.85\,Q_0$ 时，$S = Q_1 \times P_1$

式中　S——调整后的某一分部分项工程费结算价；

Q_1——最终完成的工程量；

Q_0——招标工程量清单中列出的工程量；

P_1——按照最终完成工程量重新调整后的综合单价；

P_0——承包人在工程量清单中填报的综合单价。

如果工程量变化引起相关措施项目相应发生变化，如按系数或单一总价方式计价的，工程量增加的措施项目费调增，工程量减少的措施项目费调减。

4. 已标价工程量清单或预算书中无相同项目及类似项目单价的，按照合理的成本与利润构成的原则，由合同当事人商量确定变更工作的单价。变更工作单价的调整原则是由承包人根据变更工程资料、计量规则和计价办法、工程造价管理机构发布的信息价格和承包人报价浮动率提出变更工程项目的单价，报发包人确认后调整。

承包人报价浮动率参考计算公式：

招标工程：报价浮动率 L=(1－中标价/招标控制价)×100%

非招标工程：报价浮动率 L=(1－报价值/施工图预算)×100%

5. 合同履行期间，出现工程造价管理机构发布的人工、材料、工程设备和施工机械台班单价或价格与合同工程基准日期相应单价或价格比较出现涨落，应按照合同工程发生的人工数量和合同履行期与基准日期人工单价对比的价差的乘积计算或按照人工费调整系数计算调整人工费。承包人采购材料和工程设备的，应在合同中约定可调材料、工程设备价格变化的范围或幅度，如没有约定，则材料、工程设备单价变化超过5%，施工机械台班单价变化超过10%，则超过部分的价格应予调整。该情况下，应按照价格系数调整法或价格差额调整法计算调整的材料设备费和施工机械费。

问题2

作为调解人，可以按照以下方式确定变更价款：

1. 本合同是双方在某市建设工程交易中心招投标平台下完成招投标程序后，在协商一致基础上的真实意思表示，是在现行国家法律法规及行规框架下签订的，是合法的民事行为，双方的权利义务行为都应符合合同条款的内容，都应在利于合同执行的基础上做出。

2. 按照合同中的规定，有相同子目的，应按照投标报价执行，已标价工程量清单或预算书中无相同项目，但有类似项目的，参照类似项目的单价认定。已标价工程量清单或预算书中无相同项目及类似项目单价的，按照合理的成本与利润构成的原则，由合同当事人商量确定变更工作的单价。

3. 因合同中没有条款约定市场价格出现波动时单价是否调整，考虑本案中施工材料价格上涨较多，参考《建设工程工程量清单计价规范》GB 50500—2013的规定，如果工程造价管理机构发布的电线电缆价格与合同工程基准日期相应单价或价格比较变化超过5%，超过的部分应按照价格系数调整法或价格差额调整法予以调整。

4. 对承、发包双方的建议

(1) 承、发包双方应重视合同管理，尤其是合同中工程变更的管理。双方在签订合同时应尽量将合同条款完善，表达方式及内容清楚且无异议，避免履行中争议。

(2) 发包人在招标时应考虑时间较长的合同执行时工程履约风险，尤其是人工、材料、机械台班导致承包方风险增大而无法承担合同，整个工程延期的风险。合同内容中应适当考虑变更幅度超过一定范围后，人工、材料、机械台班价格的合适调整方法。

(3) 承包人在投标时，应注意招标文件中的有关合同条款，在投标时就应该考虑工程变更的有关合同条款，尤其是变更时材料价格的计算问题。

5.3.2 案例2（土方工程索赔案例）

背景资料

某基坑土方开挖工程，发包人通过公开招标确定了中标人，并于2013年6月20日与该中标人签订了施工合同。招标时发包人提供的工程量清单，挖土方的工程量为64000m³，土方运距20km。承包人投标时，按照发包人提供的工程量清单进行了报价，分部分项综合单价（直接工程费+管理费+利润）报价为43.03元/m³，其中人工费单价91元/工日；规费和税金的费率为综合单价的7%。按照当地建设造价管理部门公布数据，利润推荐费率为5%。合同约定：

1. 计划开工日期为7月1日，竣工日期为9月30日，合同工期90日历天；

2. 工程量增加15%以上时，其增加部分工程量的综合单价为投标报价的95%；

3. 措施费包干使用，增加部分不考虑措施费增加；

4. 若出现窝工，人工费按投标单价的30%考虑，机械费按照市场租赁价格计取。

开工前，承包人所报施工方案与进度计划已获得监理人及发包人批准。该土方工程方案的内容具体为：挖土方采用租赁一台斗容量为1.2m³的单斗挖掘机械施工，挖掘机租赁费为3250元/台班。

在施工过程中发生了如下事件：

1. 发包人比合同约定晚提供图纸3天，造成人员窝工15个工日；

2. 7月15日，租赁的挖掘机出现故障，修理2天，造成人员窝工10个工日；

3. 基坑开挖后，因遇到软土层，8月15日接到监理人的停工指令，进行地质复查，配合用工20个工日；

4. 8月19日接到监理的复工令，于8月20日复工，同时接到基坑开挖深度加深的设计变更通知单，由此增加土方开挖量12800m³；

5. 9月20日至9月22日，因下罕见大雨迫使基坑挖土方暂停，造成人员窝工10个工日；

6. 9月23日用28个工日修复冲坏的永久道路，9月24日恢复挖掘工作，基坑于10月20日开挖完毕。

问题

1. 如何辨别索赔事件是否成立？

2. 对本工程进行工期和费用索赔分析与计算。

3. 判断承包人是否延误工期。

知识点

1. 索赔原因及性质

2. 工期和费用索赔计算

案例剖析

问题1

索赔原因与性质分析统计见表5-3。

索赔原因与性质分析统计表 **表 5-3**

事件编号	原因分析	延误性质	索赔是否成立
1	发包人比合同约定晚提供图纸，发包人责任	可原谅延误	成立
2	租赁的挖掘机大修延迟开工，承包人责任	不可原谅延误	不成立
3	施工地质条件变化是一个有经验的承包人所无法合理预见的	可原谅延误	成立
4	基坑开挖加深是由于设计变更引起的，由发包人承担责任	可原谅延误	成立
5	恶劣天气造成的工程延误属于不可抗力，双方各自承担风险	可原谅延误	成立
6	因不可抗力引起的工程损坏及修复，属于发包人应承担的风险	可原谅延误	成立

问题 2

事件 1 属于可原谅且可补偿损失的延误，所以工期与费用均可获得补偿。由于晚提供图纸是因发包人责任导致，故承包人除可索赔人工窝工费外，还可索赔因延误导致的利润损失和增加的规费与税金。

索赔工期：ΔT_1＝3 天

索赔费用：ΔQ_1＝人工窝工费＋利润损失＋规费＋税金

＝15(工日)×91(元/工日)×30%×(1＋7%)

＋64000m^3×43.91 元/m^3÷1.05×0.05÷90(天)×3×(1＋7%)

＝5211.11 元

事件 3 属于可原谅且可补偿损失的延误，所以工期与费用均可获得补偿。由于地质条件变化不属于发包人责任导致，故承包人只能索赔配合用工费和由此产生的规费与税金、机械窝工的租赁费。

索赔工期：ΔT_3＝5 天(8 月 15 日至 19 日)

索赔费用：ΔQ_3＝人工费＋机械费

＝20(工日)×91(元/工日)×(1＋7%)＋3250(元/台班)×5(天)

＝18197.4 元

事件 4 属于可原谅且可补偿损失的延误，工期与费用均可要求补偿。由于设计变更通知导致了挖土工程量的增加，故承包人可按合同约定办法计算相关增加的费用。

索赔工期：ΔT_4＝12800m^3÷64000m^3×90(天)＝18(天)

索赔费用：ΔQ_4＝[(12800＋64000－64000×1.15)m^3×43.03 元/m^3×0.95

＋64000 m^3×0.15×43.03 元/m^3](1＋7%)

＝581972.14(元)

事件 5 属于不可抗力造成，承包人只能得到工期补偿但不能得到费用补偿。

索赔工期：ΔT_5＝3 天(20 至 22 日)

事件 6 索赔的延误类型与事件 3 相同。

索赔工期：ΔT_5＝1 天(23 日)

索赔费用：ΔQ_5＝人工费＋机械费

＝28(工日)×91 元/(工日)×(1＋7%)＋3250(元/台班)×1(天)

＝5976.36(元)

共计索赔工期：3＋5＋18＋3＋1＝30 天

共计索赔费用：5211.11＋18197.4＋581972.14＋5976.36＝611357.01 元

问题 3

承包人没有延误工期。

因为按照合同约定工期 90 日历天，该工程应于 9 月 28 日完工，但可索赔工期 30 天，只要承包人在 10 月 28 日前完工即符合合同工期规定，而承包人在 10 月 20 日就完工了，因此没有延误工期。

练 习 题

单项选择题

1.《建设工程工程量清单计价规范》GB－50500－2013 规定的变更范畴不包括(　　)。

A. 增加合同中约定的工程量　　B. 将中标人的工作交给其他人实施

C. 改变工程的时间安排或实施顺序　　D. 更改工程有关部分的标高

2. 由于承包人使用的施工设备数量不足影响了工程进度，监理人要求承包人增加施工设备。此时(　　)。

A. 承包人可以拒绝

B. 承包人应执行，但应给予经济补偿

C. 承包人应执行，但应给予费用和工期补偿

D. 承包人应执行，由此增加的费用和工期由承包人承担

3. 属于按索赔处理方式分类的索赔是(　　)。

A. 合同中默示的索赔　　B. 综合索赔

C. 工期索赔　　D. 总承包人与分包人之间的索赔

4. 根据 2013 版施工合同规定，承包人递交索赔报告 28 天后，发包人未对此索赔要求作出任何表示，则应视为(　　)。

A. 工程师已拒绝索赔要求

B. 承包人需提交现场记录和补充证据资料

C. 承包人的索赔要求已成立

D. 需等待发包人批准

5. 施工中如果出现设计变更和工程量增加的情况，(　　)。

A. 发包人应在 14 天内直接确认顺延的工期，通知承包人

B. 工程师应在 14 天内直接确认顺延的工期，通知承包人

C. 承包人应在 14 天内直接确认顺延的工期，通知监理人

D. 承包人应在 14 天内将自己认为应顺延的工期报告监理人

6. 发包人因承包人的施工质量不合格要求其返工，并对延误的工期处以罚款，这种做法属于(　　)。

A. 调解　　B. 索赔　　C. 反索赔　　D. 变更

7. 根据 2013 版施工合同规定，发包人应在知道或应当知道索赔事件发生后 28 天内通过监理人向承包人提出(　　)。

A. 现场同期记录　　B. 索赔意向通知书

C. 索赔报告　　　　　　　　　　　　　　　D. 索赔证据

8. 施工索赔分类中，将承包商的索赔划分为工程延误索赔、工程变更索赔、合同被迫终止索赔、工程加速索赔、意外风险和不可预见因素索赔等，是依据(　　)进行分类的。

A. 索赔的合同依据　　　　　　　　　　　B. 索赔的目的

C. 索赔事件的性质　　　　　　　　　　　D. 索赔的起因

9. 某工程项目采用 2013 版施工合同文本签订合同。在施工中，现场出现了图纸中未标明的地下障碍物，需要作清除处理。按照合同条款的约定，承包人应在索赔事件发生后 28 天内向工程师递交(　　)。

A. 索赔报告　　　　　　　　　　　　　　B. 索赔意向通知书

C. 索赔依据和资料　　　　　　　　　　　D. 工期和费用索赔的具体要求

10. 如设计变更超过原设计标准或批准的建设规模时，(　　)应及时办理规划、设计变更等审批手续。

A. 发包人　　　B. 承包人　　　C. 设计人　　　D. 监理人

11. 下列有关变更估价原则，说法错误的是(　　)。

A. 承包人应在收到变更指示后 14 天内，向监理人提交变更估价申请

B. 监理人应在收到承包人提交的变更估价申请后 7 天内审查完毕并报送发包人

C. 发包人应在承包人提交变更估价申请后 14 天内审批完毕

D. 因变更引起的价格调整应计入竣工结算款中支付

12. 如果施工索赔事件的影响持续存在，承包商应在该项索赔事件影响结束后的 28 日内向工程师提交(　　)。

A. 索赔意向通知　　B. 索赔报告　　　　C. 施工现场的记录　　D. 索赔依据

13. 下列有关变更权内容中，不正确的是(　　)。

A. 发包人和监理人均可以提出变更

B. 未经许可，承包人不得擅自对工程的任何部分进行变更

C. 涉及设计变更的，应由设计人提供变更后的图纸和说明

D. 如变更超过原设计标准或批准的建设规模时，承包人应及时办理规划、设计变更等审批手续

14. 按照 2013 版清单规范的规定，当实际工程量比合同约定工程量增加(　　)以上时，其增加部分工程量的综合单价应予调低。

A. 5%　　　　　B. 10%　　　　C. 15%　　　　D. 20%

15. 按照 2013 版清单规范的规定，下列有关变更估价原则内容中，不正确的是(　　)。

A. 当工程量增减超过一定数值时，增减部分工程量的综合单价应予调整

B. 如果工程量变化引起相关措施项目相应发生变化，如按系数或单一总价方式计价的，工程量增加的措施项目费调增，工程量减少的措施项目费适当调减

C. 合同履行期间，施工图纸与招标工程量清单任一项目的特征描述不符，且该变化引起该项目的工程造价增减变化的，可调整合同价款

D. 因发包人原因导致工期延误的，则计划进度日期后续工程的价格或单价，采用实

际进度日期工程的价格或单价

16. 按照 2013 版清单规范的规定，合同履行期间，出现工程造价管理机构发布的人工、材料、工程设备和施工机械台班单价或价格与合同工程基准日期相应单价或价格比较出现涨落，如合同没有约定可调材料、工程设备价格变化的范围或幅度，则(　　)，超过部分的价格应予调整。

A. 材料、工程设备单价、施工机械台班单价变化超过 5%

B. 材料、工程设备单价变化超过 5%，施工机械台班单价变化超过 10%

C. 材料、工程设备单价、施工机械台班单价变化超过 10%

D. 材料、工程设备单价变化超过 10%，施工机械台班单价变化超过 5%

17. 索赔分为工期索赔和费用索赔，是根据(　　)分类的。

A. 按索赔事件的性质　　B. 按索赔的目的

C. 按索赔的合同依据　　D. 按索赔处理的方式

18. 对干扰事件发包人没有违约，承包人提出要求，希望发包人从工程整体利益的角度给予一定的补偿，此种索赔称为(　　)。

A. 合同内索赔　　B. 合同外索赔

C. 道义索赔　　D. 不可抗力索赔

19. 下列有关发包人的索赔内容不符合《建设工程施工合同（示范文本）》规定的是(　　)。

A. 发包人应通过监理人向承包人发出通知并附有详细的证明

B. 发包人未在 28 天内提出索赔要求，则丧失要求赔付金额和（或）延长缺陷责任期的权利

C. 发包人应在发出索赔意向通知书后的 28 天内，直接向承包人正式递交索赔报告

D. 承包人应在收到索赔报告或有关索赔的进一步证明材料后 28 天内，将索赔处理结果答复发包人

多项选择题

1. 施工合同履行过程中，由于(　　)原因造成工期延误，工期可以相应顺延。

A. 工程量增加

B. 合同内约定应由承包人承担的风险

C. 发包人不能按专用条款约定提供开工条件

D. 设计变更

E. 一周内非承包人原因停水、停电、停气造成停工累计超过 8 小时

2. 按照 2013 版清单规范的规定，除发包人和承包人合同条款另有约定外，下列变更估价方式正确的是(　　)。

A. 已标价工程量清单或预算书有相同项目的，按照相同项目单价认定

B. 已标价工程量清单或预算书中无相同项目，但有类似项目的，参照类似项目的单价认定

C. 变更导致实际完成的变更工程量与已标价工程量清单或预算书中列明的该项目工程量的变化幅度超过 15%的，由合同当事人商定确定变更工作的单价

D. 已标价工程量清单或预算书中无相同项目及类似项目单价的，按照合理的成本构

成的原则，由合同当事人商定确定变更工作的单价

E. 已标价工程量清单中没有适用也没有类似于变更工程项目，且工程造价管理机构发布的信息价格缺价时，合同当事人按照市场价格确定变更工程项目的单价

3. 按照 2013 版施工合同规定，除发包人与承包人专用合同条款另有约定外，变更的范围包括(　　)。

A. 对合同中任何工程量的改变

B. 工程任何部分标高的改变

C. 改变工程的时间安排或实施顺序

D. 删减部分约定的承包工作交给其他人完成

E. 改变违约责任的承担方式

4. 按索赔的合同依据进行分类，索赔可以分为(　　)。

A. 工程加速索赔　　B. 工程变更索赔

C. 合同内索赔　　D. 合同外索赔

E. 特殊的经济索赔

5. 发包人对承包人的费用索赔主要包括(　　)。

A. 承包人原因导致质量缺陷，而又不及时修复所增加的费用

B. 因承包人违约而造成发包人损失的实际发生的额外费用

C. 因承包人违约，按合同约定应支付的违约金

D. 质量保修金

E. 不可抗力原因，承包人不能按工期完工导致发包人损失的实际费用

6. 根据 2013 版施工合同规定，下列(　　)情况导致的工期延误和（或）费用增加的，承包人不能索赔利润。

A. 发包人提供的施工图纸不符合合同约定

B. 地质条件变化

C. 特殊风险和人力不可抗拒灾害

D. 发包人未能在计划开工日期之日起 7 天内同意下达开工通知

E. 因发包人原因引起的暂停施工

7. 当承包人向监理人递交索赔报告后，监理人应认真审核索赔的证据。承包人可以提供的证据包括(　　)。

A. 经工程师认可的施工进度计划　　B. 汇率变化表

C. 施工会议记录　　D. 招标文件

E. 合同履行中的来往信函

8. 依据 2013 版施工合同规定，下列有关设计变更说法中正确的有(　　)。

A. 发包人需要对原设计进行变更，应提前 14 天书面通知承包人

B. 承包人为了便于施工，可以要求对原设计进行变更

C. 承包人在变更确认后的 14 天内，未向监理人提出变更价款报告，视为该工程变更不涉及价款变更

D. 监理人确认增加的工程变更价款，应在工程验收后单独支付

E. 合同中没有适用和类似变更工程的价款，由承包人提出变更价格，经监理人确认

后执行

9. 在工程索赔中，发包人可因(　　)原因向承包人提出索赔。

A. 施工组织不当出现窝工

B. 施工机械配置不足导致工期延误

C. 承包人负责采购的材料不合格导致工程返工

D. 工程质量要求提高导致的工期延误

E. 地质条件变化导致的费用增加

10. 发包人提出的工程变更，因为非承包人原因删减了合同中的某项原定工作或工程，致使承包人发生的费用或（和）得到的收益不能被包括在其他已支付或应支付的项目中，也未被包含在任何替代的工作或工程中，则承包人有权提出并得到合理的利润补偿。此处合理的利润是指(　　)。

A. 社会平均水平的利润

B. 当地定额规定的利润取费水平

C. 合同订立时当事人双方确认的利润取费比例

D. 建筑市场的收益惯例水平

E. 承包人年平均利润

11. 下列有关索赔意向通知书和索赔报告，内容正确的是(　　)。

A. 索赔意向通知书仅需载明索赔事件的大致情况

B. 索赔意向通知书需准确的数据和翔实的证明资料

C. 索赔报告需详细说明索赔事件的发生过程和实际造成的影响

D. 索赔报告应详细列明承包人索赔的具体项目及依据

E. 索赔报告必要时还应附具影音资料

12. 下列有关承包人的索赔程序内容符合 2013 版施工合同规定的是(　　)。

A. 承包人应在知道或应当知道索赔事件发生后 28 天内，向监理人递交索赔意向通知书

B. 承包人应在发出索赔意向通知书后 28 天内，向监理人正式递交索赔报告

C. 索赔事件具有持续影响的，承包人应在索赔事件最后一次发生后 28 天内递交索赔通知

D. 在索赔事件影响结束后 28 天内，承包人应向监理人递交最终索赔报告

E. 索赔报告应详细说明索赔理由以及要求追加的付款金额和（或）延长的工期

13. 承包人索赔时，可以要求的赔偿，说法正确的是(　　)。

A. 可以要求延长工期

B. 可以要求发包人支付实际发生的额外费用

C. 可以要求发包人支付合理的预期利润

D. 可以要求发包人按合同的约定支付违约金

E. 只能要求一项费用补偿

14. 发包人索赔时，可以要求的赔偿，说法正确的是(　　)。

A. 可以要求延长工期

B. 要求承包人支付实际发生的额外费用

C. 要求承包人支付合理的预期利润

D. 要求承包人按合同的约定支付违约金

E. 可以要求延长质量缺陷修复期限

15. 按照2013版施工合同规定，导致工期延误的，由发包人承担延误工期的情况是(　　)。

A. 发包人未能按合同约定提供图纸

B. 发包人提供的测量基准点、基准线和水准点及其书面资料存在错误或疏漏的

C. 发包人未能在实际开工日期之日起7天内同意下达开工通知的

D. 发包人或监理人发布暂停施工指令导致延误

E. 发包人要求在工程竣工前交付单位工程

简述及分析题

1. 简述变更的范围。

2. 试分析下列情况中，在采用2013版施工合同文本条件下，承包人可以索赔的工期。

1）发包人比合同约定晚提供施工场地1个月；

2）发包人未及时提供某专业施工图纸造成工地全面停工2个月；

3）合同规定，某项非关键工作由发包人提供材料，该非关键工作有总时差1个月，发包人晚提供材料2个月；

4）当地遭遇百年不遇大雨，停电导致工期延误1周；

5）施工电梯验收不过关，导致大部分材料需人工搬运，延误工期1周。

3. 某办公楼由主楼和辅楼组成，发包人（甲方）与承包人（乙方）签订了施工合同。经甲方批准的施工网络进度计划如图所示：

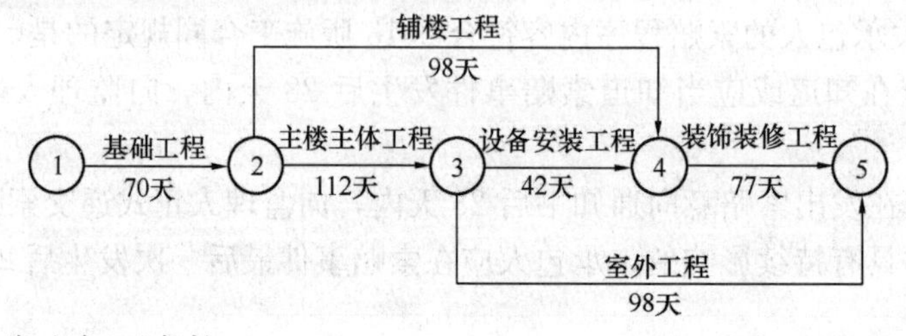

施工过程中发生如下事件：

事件1：在基坑开挖后，发现局部有软土层，重新调整了地基处理方案，经批准后组织实施，乙方为此增加费用5万元，基础施工工期延长3天。

事件2：辅楼施工时，甲方提出修改设计，乙方按设计变更要求拆除了部分已完工程后重新施工，造成乙方多支付人工费1万元，材料和机械费用2万元，辅楼工期因此拖延7天。

事件3：主楼施工中，因施工机械故障造成停工，主楼工期拖延7天，费用增加6万元。

问题

1）原施工网络计划中，关键工作是哪些？计划工期是多少？

2）针对上述每一事件，乙方如提出工期和费用索赔，索赔是否成立？请简述理由。

3）乙方共可得到索赔的工期为多少天？费用为多少元？

练习题参考答案

第1章　练　习　题

单项选择题

1. B　2. D　3. C　4. A　5. C　6. B　7. A　8. A　9. D　10. C
11. D　12. D　13. B　14. C　15. D　16. B　17. D　18. C　19. C　20. C
21. C　22. B

多项选择题

1. ABC　2. BCDE　3. BCDE　4. BCDE　5. ACD
6. ABDE　7. ABD　8. AC　9. AC　10. ABCE
11. BCDE　12. BD　13. BC

简述及分析题

1. 参考答案

申请领取施工许可证应当具备的条件：已经办理该建筑工程用地批准手续；在城市规划区的建筑工程，已经取得规划许可证；需要拆迁的，其拆迁进度符合施工要求；已经确定建筑施工企业；有满足施工需要的施工图纸及技术资料；有保证工程质量和安全的具体措施；建设资金已经落实；法律、行政法规规定的其他条件。

2. 参考答案

中标人的投标应当符合下列条件之一：能够最大限度地满足招标文件中规定的各项综合评价标准；能够满足招标文件的实质性要求，并且经评审的投标价格最低；但是投标价格低于成本的除外。

3. 参考答案

（1）合同生效后，当事人就质量、价款或者报酬、履行地点等内容没有约定或者约定不明确的，可以协议补充。

（2）当事人有关合同内容约定不明确的可按下列规定执行：

质量要求不明确的，按照国家标准、行业标准履行；没有国家标准、行业标准的，按照通常标准或者符合合同目的的特定标准履行。

价款或者报酬不明确的，按照订立合同时履行地的市场价格履行；依法应当执行政府定价或者政府指导价的，按照规定履行。

履行地点不明确，给付货币的，在接受货币一方所在地履行；交付不动产的，在不动产所在地履行；其他标的，在履行义务一方所在地履行。

履行期限不明确的，债务人可以随时履行，债权人也可以随时要求履行，但应当给对方必要的准备时间。

履行方式不明确的，按照有利于实现合同目的的方式履行。

履行费用的负担不明确的，由履行义务一方负担。

（3）执行政府定价或者政府指导价的，在合同约定的交付期限内政府价格调整时，按照交付时的价格计价。逾期交付标的物的，遇价格上涨时，按照原价格执行；价格下降时，按照新价格执行。逾期提取标的物或者逾期付款的，遇价格上涨时，按照新价格执行；价格下降时，按照原价格执行。

第2章　练　习　题

单项选择题

1. C　2. B　3. A　4. C　5. C　6. C　7. D　8. A　9. B　10. C
11. D　12. A　13. D　14. C　15. A　16. C　17. A　18. D　19. A　20. D
21. B　22. C　23. A

多项选择题

1. ACD　2. ACDE　3. ABCE　4. ACDE　5. BCDE
6. ABC　7. BCE　8. CDE　9. BCE　10. BC
11. ABCE　12. ABCD　13. ACDE　14. ABCE　15. ACE
16. BD

简述及分析题

1. 参考答案

1）招标人已经依法成立；

2）初步设计及概算应当履行审批手续的，已经批准；

3）招标范围、招标方式和招标组织形式等应当履行核准手续的，已经核准；

4）有相应资金或资金来源已经落实；

5）有招标所需的设计图纸及技术资料。

2. 参考答案

1）投标人须知；

2）评标办法；

3）合同主要条款；

4）工程量清单（采用工程量清单招标的应当提供）；

5）设计图纸；

6）技术标准与要求；

7）投标文件格式；

8）投标辅助材料。

3. 参考答案

1）不正确；正确顺序（3）（2）（1）（4）（6）（5）（7）（8）（9）（10）。

2）招标流程方案中存在不妥之处的判断与理由：

招标流程3不妥之处：招标文件中规定中标人需提交履约保函，保证金额为中标总额的20%。理由：履约保证金不得超过中标合同金额的10%。

招标流程 4 不妥之处：向提出问题的招标文件购买人发出招标文件的书面澄清文件。理由：投标预备会上所有的澄清、解答均应当以书面方式发给所有购买招标文件的潜在投标人。

招标流程 5 不妥之处：2013 年 9 月 28 日 9 点投标截止，10 点开标。理由：自招标文件开始发出之日起至投标人提交投标文件截止之日止，最短不得少于 20 日。

招标流程 7 不妥之处：评标委员会成员包括建设单位纪委书记、工会主席，以及从招标人提供的专家名单中随机抽取的 4 位技术、经济专家。理由：评标委员会成员为 5 人以上单数，技术、经济专家不少于评委总数的 2/3，题目中为 6 人。而且依法必须招标的一般项目的评标专家，可从依法组建的评标专家库中随机抽取；特殊招标项目可以由招标人从评标专家库中直接确定。

招标流程 9 不妥之处：与中标候选人就中标价格进行谈判。理由：在确定中标人前，招标人不得与投标人就投标价格、投标方案等实质性内容进行谈判。

招标流程 10 不妥之处：招标人与中标人在开标后 30 天内签订书面合同。理由：招标人在中标通知书发出以后 30 天内与中标人签订书面合同。

4. 参考答案

投标人	经济标				技术标	总分
	报价	工期	企业信誉	施工经验		
权重	30%	20%	5%	10%	35%	
A	70	90	60	60	90	79.5
B	90	90	40	45	85	81.25
C	50	100	75	70	95	79
D	废标					
E	100	95	30	35	75	80.25
F		废标				

B 投标人中标。

第 3 章　练　习　题

单项选择题

1. B　2. B　3. C　4. C　5. C　6. A　7. C　8. D　9. D　10. A
11. C　12. C　13. D　14. B　15. C　16. A　17. A　18. C　19. D　20. C
21. C　22. A　23. C　24. D　25. D　26. B　27. A　28. A　29. A　30. A

多项选择题

1. ABDE　2. ACDE　3. ABCE　4. ACDE　5. ABD
6. BCDE　7. BD　8. ACDE　9. CDE　10. BE
11. ADE　12. ABE　13. ABD　14. CDE　15. ADE

案例分析题

1. 参考答案

1）合同有效。因为中江公司与商业银行的抵押合同作为双方真实意思的表示，并且进行了抵押登记，是有效的。

2）抵押物作价转让合同是无效的。本案中江公司与商业银行的抵押物作价转让协议由于侵犯了化学公司的优先购买权，应宣告无效。

3）中江公司与化学公司所签订的门面房租赁合同继续有效，化学公司仍有继续承租权，商业银行无权要求化学公司限期搬出。

2. 参考答案

1）冯某主张不成立，因为他援引的《××市商品房预售合同管理办法》属于地方行政法规，不属于国家法律，对合同不产生效力。

2）房地产开发公司提供了该市建委的证明，该工程施工中遇到异常地质，因此依合同约定不承担延期交楼的违约责任。

3）不安抗辩权是指双务合同中应先履行义务方对另一方财产明显恶化，可能危及其债权实现时，拒绝履行债务的权利。冯某仅凭房地产开发公司本年4月中旬没动工而行使不安抗辩权是不恰当的。

4）房地产开发公司可不通知冯某入住，因为合同中没有该方面的条款，即房地产开发公司无通知买房者入住的义务。

5）房地产开发公司构成违约。因房地产开发公司享有解除合同的权利，但并不等于合同已解除。在合同没解除的情况下就将房屋另售他人已经构成违约。

第4章　练　习　题

单项选择题

1. A　2. D　3. B　4. C　5. C　6. D　7. A　8. B　9. C　10. A
11. C　12. D　13. B　14. B　15. C　16. B　17. D　18. A　19. B　20. D
21. A　22. C　23. C　24. B　25. C　26. A　27. B　28. C　29. A　30. C
31. A　32. B　33. C　34. A　35. C　36. D　37. D　38. B　39. A　40. C

多项选择题

1. CD　2. ABE　3. ABE　4. ABC　5. ABDE
6. BCD　7. BCD　8. BCDE　9. ABC　10. ACD
11. ABCD　12. ABD　13. ABCE　14. BCD　15. ABDE
16. ABD　17. BC

简述及分析题

参考答案

（1）工程预付款金额＝6240×25％＝1560万元。

（2）工程款付款的起扣点：6240－1560÷60％＝3640万元，从表中可以看到第9月累计完成工程量为3930万元＞3640万元，工程预付款应从第9月开始起扣。

（3）第1至7月工程师合计应签发的工程款为3000万元

第 8 月工程师应签发的工程款为 420 万元

第 9 月应扣的工程预付款为：（3930－3640）×60％＝174 万元

第 9 月应签发的工程款为：510－174＝336 万元

第 10 月应扣工程预付款为：770×60％＝462 万元

第 10 月应签发的工程款为：770－462＝308 万元

第 11 月应扣工程预付款为：750×60％＝450 万元

进度款支付至合同金额 85％，暂停支付工程款，即 6240×85％＝5304 万元

第 11 月应签发的工程款为：5304－3000－420－510－770－450＝154 万元

第 12 月应签发的工程款为：0 元

（4）调整后的竣工结算价款为：

$$6240\times\left(25\%+20\%\times\frac{105}{100}+12\%\times\frac{127}{120}+8\%\times\frac{105}{115}+21\%\times\frac{120}{108}+14\%\times\frac{129}{115}\right)$$

＝6554.62 万元

（5）质量保修金为：6554.62×5％＝327.73 万元

（6）结算完，承包人还可获得：6554.62×(1－5％)－5304＝922.89 万元

（7）合适。因为总价合同较适用于工期较短、技术不复杂、投资规模较小，设计图纸资料齐全的项目，成本加酬金合同较适用于抢险救灾项目，除此之外的合同较适用于单价合同。本题工程项目难度较大，技术含量较高，适用单价合同。

第 5 章　练　习　题

单项选择题

1. B　2. D　3. B　4. C　5. D　6. C　7. B　8. C　9. B　10. A
11. D　12. B　13. D　14. C　15. D　16. B　17. B　18. C　19. C

多项选择题

1. ACDE　2. ABC　3. ABC　4. CDE　5. ABC
6. BC　7. ABCE　8. AC　9. ABC　10. ABCD
11. ACDE　12. ABDE　13. ABCD　14. BDE　15. ABDE

简述及分析题

1. 参考答案

按照 2013 版施工合同规定，除发包人与承包人合同条款另有约定外，合同履行过程中发生以下情形的，应按照示范文本约定进行变更：

1）增加或减少合同中任何工作，或追加额外的工作；

2）取消合同中任何工作，但转由他人实施的工作除外；

3）改变合同中任何工作的质量标准或其他特性；

4）改变工程的基线、标高、位置和尺寸；

5）改变工程的时间安排或实施顺序。

2. 参考答案

事件编号	原因分析	延误性质	索赔是否成立
1	比合同约定晚提供施工场地 1 个月	发包人原因	成立
2	未及时提供某专业施工图纸造成工地全面停工 2 个月	发包人原因	成立
3	发包人晚提供材料	发包人原因	成立
4	当地遭遇百年不遇大雨，停电	不可抗力	成立
5	施工电梯验收不过关	承包人原因	不成立

1）可索赔工期 1 个月；

2）可索赔工期 2 个月；

3）虽然发包人晚提供材料 2 个月，但该非关键工作有总时差 1 个月，可索赔工期 1 个月；

4）可索赔工期 1 周；

5）不能索赔。

3. 参考答案

1）关键工作为：基础工程、主楼主体工程、设备安装工程、装饰装修工程，计划工期 301 天。

2）事件 1：可以提出工期索赔和费用索赔。因局部软土层情况的出现非施工单位责任，且该工程在关键线路上。可索赔工期 3 天，费用 5 万元。

事件 2：可以提出费用索赔。因乙方增加费用是由甲方设计变更造成的，但该工程不在关键线路上，且延长 7 天工期不影响整个工期，所以不应提出工期索赔。可索赔人工费 1 万元，材料和机械使用费 2 万元。

事件 3：工期和费用均不应提出索赔，因该事件完全是由乙方自身原因造成的。

3）乙方总计可索赔工期 3 天，费用 8 万元。

参 考 文 献

［1］ 中华人民共和国建筑法.

［2］ 中华人民共和国招标投标法.

［3］ 中华人民共和国合同法.

［4］ 建设工程质量管理条例.

［5］ 建设工程施工合同(示范文本)GF—2013—0201.

［6］ 建设工程工程量清单计价规范 GB 50500—2013.

［7］ 朱宏亮，成虎. 工程合同管理. 北京：中国建筑工业出版社，2006.

［8］ 董平，胡维建. 工程合同管理. 北京：科学出版社，2009.

［9］ 梁鑑，潘文，丁本信. 建设工程合同管理与案例分析. 北京：中国建筑工业出版社，2004 .

［10］ 苟伯让. 建设工程合同管理与索赔. 北京：机械工业出版社，2003.

［11］ 叶朱，俞敏. 合同法案例精解. 上海：东方出版中心，2001.

［12］ 陈正. 工程招投标与合同管理. 南京：东南大学出版社，2005.

［13］ 周吉高. 建设工程施工合同示范文本应用指南与风险提示. 北京：中国法制出版社，2013.

［14］ 李建设，吕胜普. 土木工程索赔方法与实例. 北京：人民交通出版社，2005.

［15］ 刘力，钱雅丽. 建设工程合同管理与索赔. 北京：机械工业出版社，2004.